機械材料工学

工学博士 野口 徹
工学博士 中村 孝 共著

工学図書株式会社

まえがき

　本書は**機械工学系学生のための材料工学の教科書**である。専門課程の初年次（2年生）あるいは2年次（3年生）で，初歩の材料力学をすでに履修しているか，あるいは履修中であることを想定して執筆した。単位数は**第1章〜第7章前半までを2単位，7章後半以降を2単位**と考えている。一部，学部の教科書としては高度な内容があるかもしれない。これらの部分は，理論の成り立ちのみを理解して，あとは必要に応じて参照するか，大学院での教材として戴きたい。

　筆者は北海道大学機械工学科で機械材料に関する講義を長年担当してきた。教科書には恩師である長岡金吾博士（北海道大学名誉教授）の著書「機械材料学」(工学図書)を使用した。しかし，約30年の歳月を経て，新しい教科書の執筆が必要な状況となってきた。

　第1の理由は大学における履修単位数の減少である。かつて，選択を含めて7単位であった材料関係の講義が，現在は必修2単位，選択1単位の計3単位である。この限られた時間数で，機械工学に必要とされる材料学の基礎知識を習得し，応用できる学力を養うためには，かなり整備された教材が必要である。**第2の理由**は材料分野でのここ30年間の技術的な進歩への対応である。筆者は1984年から約1年間米国に滞在したが，この時，D.R.Askeland 博士のScience and Engineering of Materials に接した。この本は材料科学全般についての入門書であり，750頁の大著であるが，教科書としての丁寧さ，基礎理論から応用，先端技術への誘導の巧みさに感銘を受けた。以来，このような考え方に基づいた機械工学のための教科書の執筆を構想してきたが，この度，長岡先生のお許しを戴き，名著であった「機械材料学」の後を継いで本書を上梓することになった。共著者として，研究室の中村孝 助教授の協力を得た。中村助教授は第9章，第10章および第12章を執筆している。

目　　　次

第1章　機械材料総論
1.1　はじめに ―材料と文明，社会― ……………………………………… 1
1.2　材料の目的と機能 …………………………………………………… 2
1.3　材料の分類 …………………………………………………………… 4
1.4　材料の製造 ―鉄鋼を例として― …………………………………… 6
　　1.4.1　製鉄（8）　1.4.2　製鋼（9）　1.4.3　連続鋳造（10）　1.4.4　圧延加工（12）
1.5　材料の加工法と材料特性 …………………………………………… 14
　　1.5.1　種々の加工法（14）　1.5.2　加工法と材料特性（17）
第1章の練習問題 ………………………………………………………… 18

第2章　材料の微視構造
2.1　原子構造と結合力 …………………………………………………… 20
　　2.1.1　物質・原子の成立ち（20）　2.1.2　元素の周期表（22）
　　2.1.3　原子の結合（22）　2.1.4　固体原子の結合（23）
　　2.1.5　結合エネルギと原子間距離（25）
2.2　結晶構造 ……………………………………………………………… 26
2.3　格子定数，原子半径と密度 ………………………………………… 29
　　2.3.1　格子定数（29）　2.3.2　単位胞中の原子数（29）
　　2.3.3　最近接原子と配位数（29）　2.3.4　格子定数と原子半径（30）
　　2.3.5　密度（30）　2.3.6　充填率（30）
2.4　ミラー指数 …………………………………………………………… 31
　　2.4.1　面の表示（31）　2.4.2　等価な面（32）　2.4.3　方向の表示（32）
　　2.4.4　六方晶系の場合（33）　2.4.5　稠密面と稠密方向（33）
2.5　結晶分析，X線回折 ………………………………………………… 34
　　2.5.1　格子面間隔（34）　2.5.2　ブラッグの回折角（34）
2.6　格子欠陥 ……………………………………………………………… 35
2.7　結晶構造，結晶粒と材料の性質 …………………………………… 37

第2章の練習問題 ………………………………………………………… 38
第3章　合金とその組織
3.1　合金による組織と性質の変化 ……………………………………… 42
3.2　合金の形態 …………………………………………………………… 43
3.3.　相律 …………………………………………………………………… 45
3.4.　固溶系合金とその状態図 …………………………………………… 45
　　3.4.1　冷却曲線（45）　3.4.2　固溶系の状態図（46）　3.4.3　てこの法則（47）
3.5.　共晶系の状態図 ……………………………………………………… 48
3.6.　固相で部分的に溶け合う合金の状態図 …………………………… 51
3.7.　包晶系，偏晶系，化合物生成系の状態図 ………………………… 54
　　3.7.1　包晶系(54)　3.7.2　偏晶系，2液相分離系(54)　3.7.3　化合物生成系(55)
3.8.　3成分系合金の状態図 ……………………………………………… 56
3.9.　状態図と合金の性質 ………………………………………………… 57
第3章の練習問題 ………………………………………………………… 58

第4章　熱処理の基礎
4.1　凝固と凝固組織 ……………………………………………………… 62
　　4.1.1　核生成と過冷（62）　4.1.2　成長（64）　4.1.3　凝固組織と鋳造組織（64）
4.2　拡散 …………………………………………………………………… 66
4.3　状態図と冷却速度 …………………………………………………… 70
4.4　析出と共析変態 ……………………………………………………… 70
4.5　熱処理 ………………………………………………………………… 72
　　4.5.1　焼なまし（72）　4.5.2　再結晶（72）　4.5.3　溶体化処理と時効（73）
　　4.5.4　鋼の焼入れ（74）　4.5.5　焼もどし（75）

第4章の練習問題 ………………………………………………………… 75

第5章　材料強度の基礎
5.1　応力-ひずみ曲線 ……………………………………………………… 78
5.2　結晶すべりと塑性変形 ……………………………………………… 83
　　5.2.1　弾性変形（83）　5.2.2　塑性変形（83）　5.2.3　結晶内でのすべり（84）

5.3 結晶の理論せん断強度 ……………………………………… 85
5.4 転位によるすべり変形 ………………………………………… 87
　5.4.1 転位すべり（87）　5.4.2 転位の増殖（89）
5.5 金属の変形挙動と転位 ………………………………………… 90
　5.5.1 加工硬化と転位（90）　5.5.2 上降伏点，ひずみ時効と転位（91）
5.6 双晶変形 ………………………………………………………… 91
5.7 材料の破壊 ……………………………………………………… 92
5.8 ぜい性破壊とじん性 …………………………………………… 95
5.9 切欠強度 ………………………………………………………… 96
5.10 金属のへき開強度 ……………………………………………… 99
5.11 グリフィスの理論 ……………………………………………… 100
　5.11.1 潜在き裂の伝播による破壊（100）　5.11.2 金属に対する適用（102）
5.12 材料の強化方法 ………………………………………………… 102
第5章の練習問題 …………………………………………………… 104

第6章　材料試験

6.1 強度評価と試験条件 …………………………………………… 107
6.2 単位および有効数字 …………………………………………… 108
　6.2.1 単位（108）　6.2.2 有効数字（108）
6.3 引張試験 ………………………………………………………… 109
6.4 圧縮試験 ………………………………………………………… 111
6.5 曲げ試験 ………………………………………………………… 112
　6.5.1 抗折試験（113）　6.5.2 屈曲試験（114）
6.6 せん断試験 ……………………………………………………… 114
6.7 ねじり試験 ……………………………………………………… 114
6.8 硬さ試験 ………………………………………………………… 115
　6.8.1 ブリネル硬さ（116）　6.8.2 ビッカース硬さ（116）
　6.8.3 ロックウエル硬さ（117）　6.8.4 ショア硬さ（118）
　6.8.5 引掻き硬さ（118）　6.8.6 硬さ相互，および硬さと引張強さの関係（119）

6.9 衝撃試験 ………………………………………………………………… 120
 6.9.1 衝撃試験法（120） 6.9.2 エネルギ遷移曲線（121）
6.10 破壊じん性試験 ……………………………………………………… 121
 6.10.1 破壊力学の基礎と破壊じん性（121） 6.10.2 破壊じん性試験（124）
 6.10.3 破壊じん性値の応用（126）
6.11 疲労および疲労試験 ………………………………………………… 126
 6.11.1 疲労の基礎（126） 6.11.2 疲労試験法（129）
 6.11.3 疲労限度線図（130） 6.11.4 疲労強度に影響する要因（131）
6.12 高温強度およびクリープ試験 ……………………………………… 134
 6.12.1 高温強度（134） 6.12.2 クリープ変形およびクリープ破断（135）
 6.12.3 クリープ試験（137） 6.12.4 クリープ強度の増加法（138）
 6.12.5 リラクゼーション（139）
6.13 摩耗および摩耗試験 ………………………………………………… 139
6.14 材料欠陥と非破壊検査 ……………………………………………… 141
 6.14.1 金属材料中の欠陥（141） 6.14.2 欠陥の成因と種類（141）
 6.14.3 非破壊検査法（142）
第6章の練習問題 ……………………………………………………… 144
第7章　鉄鋼材料
7.1 鉄鋼材料とは ………………………………………………………… 148
7.2 鉄-炭素系状態図と鉄鋼の組織 …………………………………… 149
 7.2.1 鋼の状態図と標準組織（149） 7.2.2 鋼の組織と性質（152）
 7.2.3 鋳鉄とその組織（153）
7.3 鋼の熱処理 …………………………………………………………… 154
 7.3.1 鋼の組織に対する冷却速度の効果（154） 7.3.2 恒温変態曲線（154）
 7.3.3 S曲線，CCT曲線と焼入れ（155） 7.3.4 焼もどし（160）
 7.3.5 焼なまし（162） 7.3.6 焼ならし（162） 7.3.7 質量効果と焼入性（162）
 7.3.8 表面硬化法（164）
7.4 構造用鋼・炭素鋼 …………………………………………………… 165

7.4.1　一般構造用圧延鋼材（166）　7.4.2　機械構造用炭素鋼（167）

7.5　低合金鋼 ··· 169

　7.5.1　合金添加の効果（169）　7.5.2　低合金鋼の種類（170）　7.5.3　高張力鋼（172）

7.6　鋳鋼と鍛鋼 ··· 173

　7.6.1　鋳鋼（173）　7.6.2　鍛鋼（174）

7.7　特殊用途鋼 ··· 174

7.8　ステンレス鋼 ·· 176

7.9　耐熱鋼 ·· 178

7.10　工具鋼 ·· 180

7.11　耐摩耗高マンガン鋼 ··· 180

7.12　超高張力鋼 ·· 182

7.13　鋳鉄 ··· 182

　7.13.1　鋳鉄の組織（183）　7.13.2　片状黒鉛鋳鉄（186）

　7.13.3　球状黒鉛鋳鉄（186）　7.13.4　白鋳鉄（187）

　7.13.5　高合金耐熱鋳鉄（188）　7.13.6　可鍛鋳鉄（189）

　7.13.7　その他の鋳鉄（189）

第7章の練習問題 ·· 190

第8章　非鉄金属材料

8.1　アルミニウム合金 ·· 194

　8.1.1　アルミニウム合金の特性と分類（194）

　8.1.2　非熱処理強化型鍛練用アルミニウム合金（196）

　8.1.3　熱処理強化型鍛練用アルミニウム合金（198）

　8.1.4　鋳造用アルミニウム合金（200）

8.2　マグネシウム，ベリリウムおよびリチウム合金 ··············· 202

　8.2.1　マグネシウム合金（203）　8.2.2　鍛練用マグネシウム合金（204）

　8.2.3　鋳物用マグネシウム合金（205）　8.2.4　ベリリウム合金（205）

　8.2.5　リチウム合金（206）

8.3　銅合金 ··206

8.3.1 銅合金の特性と分類（206） 8.3.2 工業用純銅（207） 8.3.3 黄銅（211）

8.3.4 青銅およびりん青銅（212） 8.3.5 その他の銅合金（213）

8.4 チタン合金 ··· 214

8.4.1 純チタン（214） 8.4.2 チタン合金（215）

8.5 ニッケルおよびコバルト合金 ·· 218

8.5.1 純ニッケルおよびモネル（218） 8.5.2 耐熱合金（219）

8.5.3 凝固制御による耐熱合金の製造（220）

8.6 錫，鉛および亜鉛合金 ··· 222

8.6.1 軸受合金（222） 8.6.2 はんだ（223）

8.6.3 亜鉛ダイカストおよび鍛練用亜鉛合金（223）

8.7 その他の非鉄特殊用途合金 ··· 224

8.7.1 ジルコニウム（224） 8.7.2 高融点金属（225）

第8章の練習問題 ·· 226

第9章 高分子材料

9.1 高分子材料の構造 ·· 228

9.1.1 基本単位（228） 9.1.2 重合反応（229）

9.1.3 平均分子量と重合度（231） 9.1.4 高分子の結合形態（233）

9.1.5 結晶性高分子と非結晶性（非晶質）高分子（234）

9.2 高分子材料の一般的分類 ·· 236

9.2.1 熱可塑性高分子材料（236） 9.2.2 熱硬化性高分子材料（236）

9.2.3 エラストマー（236）

9.3 高分子材料の機械的特性 ·· 237

9.3.1 応力-ひずみ曲線（237） 9.3.2 融点とガラス転移点（239）

9.3.3 弾性率と温度依存性（240） 9.3.4 可塑剤（242）

9.4 各種の高分子材料 ·· 242

9.4.1 熱可塑性高分子（242） 9.4.2 熱硬化性高分子（247）

9.4.3 エラストマー（248）

9.5 高分子材料の成形加工法 ·· 250

第9章の練習問題 ··· 252

第10章　セラミックス材料

10.1　セラミックスの構造 ·· 254
　10.1.1　イオン結合型セラミックス（254）　10.1.2　共有結合型セラミックス（258）
10.2　セラミックスの機械的性質 ·································· 263
　10.2.1　応力-ひずみ曲線図（263）　10.2.2　塑性変形（264）
　10.2.3　弾性率（267）　10.2.4　熱衝撃抵抗（268）
10.3　強度のばらつきの取扱い ···································· 268
　10.3.1　ワイブル分布による取扱い（268）　10.3.2　寸法効果（270）
　10.3.3　正規分布による取扱い（271）
10.4　各種のセラミックス ······································· 272
10.5　セラミックスの製法 ······································· 276
　10.5.1　結晶質セラミックスの製法（276）　10.5.2　ガラスの成形法（277）

第10章の練習問題 ·· 278

第11章　複合材料

11.1　複合材料の種類と基礎的特性 ································ 280
　11.1.1　構造による複合材料の分類（280）
　11.1.2　母材による複合材料の分類と特性（281）
11.2　代表的な強化繊維 ··· 283
11.3　繊維強化複合材料とその特性 ································ 286
　11.3.1　体積率と複合則（286）　11.3.2　一方向強化材の強度（288）
　11.3.3　短繊維強化材の強度（289）　11.3.4　繊維強化複合材料の製造，成形（290）
　11.3.5　代表的な繊維強化複合材料と応用例（290）
11.4　粒子分散複合材料 ··· 292
　11.4.1　粒子分散強化複合材料（292）　11.4.2　粒子充填複合材料（292）
11.5　積層複合材料 ··· 293
11.6　In-situ 複合材料 ··· 293

第11章の練習問題 ·· 294

第12章　機能性構造材料

12.1　形状記憶合金 …………………………………………………… 296

　12.1.1　形状記憶合金とは（296）　12.1.2　形状記憶の原理（296）

　12.1.3　形状記憶合金の種類と用途（298）

12.2　アモルファス合金 ………………………………………………… 300

　12.2.1　アモルファス合金とは（300）　12.2.2　アモルファス合金の製法（300）

　12.2.3　機械的性質の特徴（302）　12.2.4　その他の特性（304）

　12.2.5　アモルファス合金の種類と用途（305）

12.3　水素吸蔵合金 …………………………………………………… 305

　12.3.1　水素吸蔵合金とは（305）　12.3.2　水素吸蔵の機構（306）

　12.3.3　水素吸蔵特性（307）　12.3.4　水素吸蔵合金の応用（308）

12.4　その他の機能性構造材料 ………………………………………… 309

練習問題解答 ……………………………………………………… 311

巻末資料

資料-1　元素の周期律表（長周期型） ……………………………………321

資料-2　おもな金属元素の物理的性質 ……………………………………322

資料-3　単位の換算表 ………………………………………………………323

資料-4　引張試験片 …………………………………………………………325

索　引 ……………………………………………………………… 326

第1章　機械材料総論

1.1　はじめに－材料と文明，社会－

　人類はその誕生以来種々の道具を用いてきた。**人類は火と道具を用いる動物**とも定義できるであろう。以来，種々の道具と，その発展形である種々の機械・装置が今日の人類の文明を作り上げた。その道具，機械はすべて何らかの材料で作られている。そして，ある時代に用いられる材料は，その時代の人々の生活，文明のレベルを大きく支配した。

　人類の歴史を**石器時代，青銅器時代，鉄器時代**というように分類するのは，生産手段として，また武器としての道具が，主としてどの材料によって作られていたかによる分類である。

　石器，土器が狩猟，農耕と穀物備蓄を可能とし，集落生活を形成させた。古代国家の成立には大量の青銅製武器が必要であり，産業革命は鉄鋼の大量生産によって可能であった。産業技術の進歩はまた鉄鋼の製造技術を飛躍的に進歩させた。

　今日の高度技術社会は，**材料，エネルギおよび情報の3本の柱**によって成り立っている。そこにもまた高度の材料技術が関与している。

　21世紀を迎え，我々の地球は**温暖化，汚染，人口爆発からエネルギ問題等**，種々の困難に直面している。地球環境の保全と調和しうる新しい文明，技術の在り方が問われ，新しい技術の発展が必要とされている。

　機械工学は人類が必要とする物質とエネルギおよび情報にかかわるあらゆる機械装置やシステムを創成設計し，製造するための学問領域である。したがって上のような困難に対処するための機械技術者，研究者の使命と責任は大きい。その中で，材料力学，熱力学など，機械工学を構成する多くの分野とともに，材料工学の果たすべき役割もまた非常に広範囲に及ぶ。高耐熱性・耐食性材料の開発はより高効率のエネルギ変換を可能にするであろう。

　軽量で高強度の材料によって，燃料消費が少なく安全性信頼性の高い**輸送**

機械や**産業機械**，種々の**民生用機械**を作ることができる。これらは化石燃料および各種資源の節約と環境汚染の軽減に繋がる。種々のガスを含めた有害物質の減量や廃棄物の再利用にも**材料技術**が貢献できる。電磁素子，光素子を含めた新しい機能材料が**情報技術**，**福祉技術**の飛躍的な発展を可能にするかもしれない。

宇宙空間や深海などに人類の活動の場を広げるにも新しい材料技術が必要である。材料の可能性はほとんど無限である。

本書では，特に機械工学に関連して必要とされる材料について，その特性を判断，評価し，また新たな材料を探索，構想する上で必要な**基本的な事項**と**工学的手法**について記述する。

1.2 材料の目的と機能

物質（matter）を，何らかの使用目的，意図をもって取扱うとき，これを**材料**（material）と呼ぶ。材料には，その目的をはたすための**機能**（function）が期待される。機能は材料のもつ性質，特性（property）のうち，我々が応用しうる部分である。

材料は，その主たる目的，機能によって次の2つに分けることができる。

- ○**構造材料**（structural matreials）—機械・構造物の構造体を形成し，主として荷重を負担することを目的とする材料。強度を期待される材料。
- ○**機能材料**（functional materials）—電磁気，化学，光学など，強度以外の機能を主として担うための材料。

最近は，構造材料であって，かつ特殊な機能（変形特性，外力応答性，電磁気特性，耐熱，耐食などの化学的特性）を併せ持つ材料が**機能性構造材料**として注目されている。

構造材料に要求される，あるいは問題となる性質には次のようなものがある*。

---

* 各項目の詳細については第5章，6章および該当する材料の章で述べる。

(1) **機械的性質**（mechanical properties）―構造物が使用環境中で自重および作用荷重に耐え，予定される寿命までその機能を発揮し，全うするに必要な力学的性質。これはまた，(6)の加工性とも関連する。機械的性質はさらに次のような材料特性に分けられる。

　静的特性―引張強さ，降伏強度，伸び，応力－ひずみ曲線，たて弾性係数（弾性率），ポアソン比，硬さ，比強度，比弾性率（比剛性）

　動的特性，低温特性―衝撃強さ，じん性（破壊じん性値），低温強度，遷移温度

　繰返し荷重に対する特性―疲労強度，疲労限度，切欠感受性

　高温特性―耐熱性，高温強度，耐クリープ性

　その他―耐摩耗性，振動減衰能

　信頼性―上の諸性質のばらつきの程度。$\dfrac{標準偏差}{平均値}$ が指標となる。

このような機械的性質を総称して**強度**（strength）という場合もある。

構造の強度を発現し，また材料を製造加工するために，さらに材料の熱的あるいは種々の機能を実現するために(2)〜(6)のような性質が要求される。その他(7)および(8)も重要な材料評価の指標である。

(2) **熱的性質**（thermal properties）

　熱伝導率，比熱，熱膨張係数，輻射率，耐火性，融点，再結晶温度，凝固潜熱 等

(3) **物理的性質，核的性質**（physical and nuclear properties）

　原子量，比重，結晶系，粘性，透明度，反射率，放射線安定性，半減期 等

(4) **化学的性質**（chemical properties）

　耐食性・耐酸アルカリ性，水素ぜい性感度，ガス吸収能，ガス透過性，生体適合性・安定性 等

(5) **電気的および磁気的性質**（electric and magnetic properties）

　電気伝導率，磁性，透磁率，磁気ヒステリシス 等

(6) **加工性**（formability）切削性，塑性加工性，熱処理性，焼入性，鋳造性，

溶接性 等
(7) 経済性（価格），市場性（入手し易さ）
(8) リサイクル性，廃棄性，対環境性

　どのような優秀な素材でも，製品に加工成形ができなければ材料としては使えない。また，価格や入手し易さは材料選択の大きな要因になる。価格は加工性（加工に要する費用，エネルギ）を含めて考える必要がある。また価格は生産量や，その時点での技術水準に大きく依存する。当初貴重で高価であった材料が，技術の進歩に伴って普遍的で安価な材料となる例は多い。今日ではまた，リサイクル性や廃棄物の環境に及ぼす影響も材料評価の指標のひとつである。廃棄処理，再利用まで考慮した材料の選択，利用，価格を考える必要がある。

1.3　材料の分類

　機械・装置には，作動流体や熱媒体等として液体（水，油等），気体（ガス，蒸気等）も用いられるけれども，ここでは通常固体の材料のみを取扱う。固体材料は次のように分類できる。

(1) 金属材料

　【高融点重合金】―主として構造用，耐熱用

　　○鉄(Fe)合金（鉄，鋼，鋳鉄）：最も一般的な構造材料

　　○銅(Cu)合金（黄銅系，青銅系，他）：耐食性構造材料，電気材料

　　○ニッケル(Ni)合金，コバルト(Co)合金：耐熱性構造材料

　　○耐熱合金（タングステン(W)合金，モリブデン(Mo)合金）：耐熱材料

　　○貴金属合金(白金(Pt)合金，パラジウム(Pd)合金等)：高度の耐食性材料
　　　　　　　（金(Au)合金，銀(Ag)合金）：ろう付け材料，導電材料

　【低融点重合金】―主として鋳造用，軸受けメタル用，ろう付け材料

　　○亜鉛(Zn)合金　○鉛(Pb)および錫(Sn)合金　○アンチモン(Sb)およびビスマス(Bi)合金　等

【軽合金】―軽量構造材料，耐食材料

　○アルミニウム(Al)合金（密度2.7g/cm^3）

　○マグネシウム(Mg)合金（密度1.7g/cm^3）

　○チタン(Ti)合金（密度4.5g/cm^3）等＊

【金属間化合物】

　○Ti-Ni,Ti-Al等：耐熱耐食性強度材料

　○WC等：切削工具

(2) 高分子材料

　○プラスチック

　　熱可塑性樹脂（塩化ビニル，ポリエチレン 等）：軽量構造材料，耐食材料

　　熱硬化性樹脂（エポキシ，エボナイト 等）：同上，複合材料基材

　○ゴム（天然ゴム，ブタジェン，イソプレン，ネオプレン 等）：緩衝材，摩擦材

(3) 無機材料（セラミックス）

　○エンジニアリングセラミックス（アルミナ，窒化けい素 等）：耐熱耐食性強度材料，耐摩耗材料

　○陶磁器，ガラス，レンガ等：絶縁材料，耐熱・耐火材料，耐食材料

　○黒鉛等：耐熱材料，潤滑材

(4) 複合材料

2種類あるいはそれ以上の材料の巨視的複合による材料。一般には母材とそれに混合される分散材（強化材）から成っている。母材をもとに分類すれば，

　○高分子基複合材料（FRP等）：軽量構造材料

　○金属基複合材料（FRM等）：耐熱軽量構造材料

　○セラミック基複合材料（CCコンポジット等）：耐熱構造材料，耐摩耗

　＊　本書では密度の単位としてSI単位であるkg/m^{3}ではなく，水の密度（1.0g/cm^3）との比較が容易なg/cm^3（10^{3}kg/m^3）を用いる。

材料

各母材に対してそれぞれ，分散材として高分子材料，金属，セラミックスが考えられる。また，強化材の形態から，粒子強化，繊維強化，積層強化などがある。ベニヤ板，鉄筋コンクリートなども，従来から用いられている複合材料である。

表1-1に，代表的な材料（金属，高分子材料，セラミックス）の基本的な特性値を示した。

金属材料，高分子材料およびセラミックスの一般的な特性はおよそ次のように整理できる。

金属材料：弾性率（剛性）と強度が大きい。延性に富み，塑性加工ができる。電気伝導度，熱伝導度が高い。耐熱性がある。不透明。重い（密度が大きい）。腐食しやすい。高温度では強度が低下する。

高分子材料：軽い（密度が小さい）。加工性に優れる。耐食性。安価。透明なものがある。熱，電気の絶縁性。弾性率が低い。強度が低い。耐熱性が劣る。

セラミックス：金属よりも軽い。弾性率が高い。強度が高い。硬さ，耐摩耗性。耐熱性，耐食性に優れる。熱，電気の絶縁性。透明なもの（ガラス）がある。もろい（衝撃強度，欠陥がある場合の強度が小さい）。加工が困難である。

ただし，それぞれの材料の欠点を克服する種々の技術が開発され，これらの一般常識には従わない材料が出現し，実用化されつつある。耐熱性，耐食性の高い金属，密度の低い金属，耐熱性があり，強度が高い高分子，導電性を持つ高分子，一定の延性を示すセラミックス，機械加工可能なセラミックス等がその例である。

1.4　材料の製造－製鉄と製鋼を例として－

材料はまず，目的にあう形の素材として製造されなければならない。金属材料では，酸化物，硫化物等の形で金属を含有する鉱石から，**製錬**

表1-1 おもな固体材料の諸物性値（室温値。純度，化学成分，加工法等によって異なる。）

材料	密度 g/cm³	たて弾性係数 GPa	熱膨張係数 10^{-6}/K	熱伝導率 W/m.K	電気抵抗 10^{-8} Ω.m
【金属】					
鉄	7.87	207	11.7	75	8.7
炭素鋼，低合金鋼	7.8〜7.9	204〜210	11〜12	46〜50	17〜18
ステンレス鋼	7.5〜8.1	190〜200	17.3	17	72
（オーステナイト系）					
鋳鉄（片状黒鉛）	7.1〜7.3	100〜140	10.5	46〜80	70〜80
鋳鉄（球状黒鉛）	6.9〜7.3	150〜180	10.5	25〜35	50〜55
アルミニウム	2.7	70	22.5	222	2.9
アルミニウム合金	2.7〜2.8	70〜73	22	167	3.5
マグネシウム合金	1.7〜1.8	45	25	160	4.5
銅	8.96	127	16.2	395	1.7
黄銅（七三）	8.5	112	19.8	126	6.2
青銅（5Sn）	8.8	108	18.0	84	9.6
チタン	4.5	117	8.5	17	4.2
ニッケル	8.9	214	13.3	92	6.6
モネルメタル（70Ni）	8.8	179	14.4	25	48.2
タングステン	19.3	402	4.3	200	4.9
鉛	11.3	18	29.3	35	19.3
亜鉛	7.1	100	39.7	113	5.5
【高分子】					
ポリエチレン	0.91〜0.97	0.2〜0.7	180	0.3	
塩化ビニル	1.4〜1.7	0.4	190	0.13	
フェノール樹脂	1.3	4	72	0.17	
ナイロン	1.15	3	100	0.25	
アクリル	1.2	3	90	0.2	
【セラミックス】					
アルミナ	3.8	343	5.4	0.7	
コンクリート	2.4	45〜50	12.6	1.3	
ガラス	2.5	35〜70	9	0.8	〜10^{16}
黒鉛（無定形）	1.8〜1.9	5〜30	28	39	1500
炭素繊維	2.2	200〜400	-1〜-1.5	200〜500	200〜2000

出典：長岡金吾　機械材料学　工学図書（1985）p12
　　　日本機械学会，金属材料の弾性係数（1980）
　　　玉井康勝，工業材料の物性（養賢堂）（1966）
　　　堀内良他2名訳，材料工学入門（内田老鶴圃）（1985）p36, p62

（smelting）によって製造する．取出された素材は不純物を除き成分を調整する**精錬**（refining）を行い，実際に利用可能な形状寸法に加工されて材料となる．ここでは鉄鋼の場合を例に述べる．

1.4.1 製鉄（iron making）

現在用いられている鉄鋼製造法は，鉄鉱石からまず高炭素の**銑鉄**（pig iron）を製造し，さらにこれから炭素量を調整して鋼を製造する**間接製鋼法**である．

製鉄では**鉄鉱石**と**コークス**を原料とし，高炉（溶鉱炉, blast furnace）で連続的に還元して**鉄**を得る．**図1-1**は高炉の概略図である．予備的に処理して純度を高めた鉄鉱石とコークス，それに造滓（さい）材としての**石灰石**を交互に炉頂から装入する．炉の下部の羽口からは熱風を吹込む．コークスの燃焼で生じたCOガスが上昇し，下降しながら加熱された**鉄鉱石**が還元され，**鉄**となる．

$$Fe_2O_3 + 3CO \rightarrow 2Fe(C) + 3CO_2 \qquad (1\text{-}1)$$

鉄は炭素を吸収して融点が低下し（4％Cでおよそ1150℃），溶融した銑鉄となる．ここでFe(C)は鉄中に炭素が溶けていることを示すものとする．すなわち，製鉄におけるコークスは，熱源，還元剤，加炭剤の3つの役割を果している．溶けた銑鉄（**溶銑**）は一定時間ごとに出銑口から取出される．鉱石中の石英等の脈石部分は，石灰石と結合し，軽い液状の**鉱滓**（**スラグ**, slug）となって溶銑の上に浮き，取除かれる．

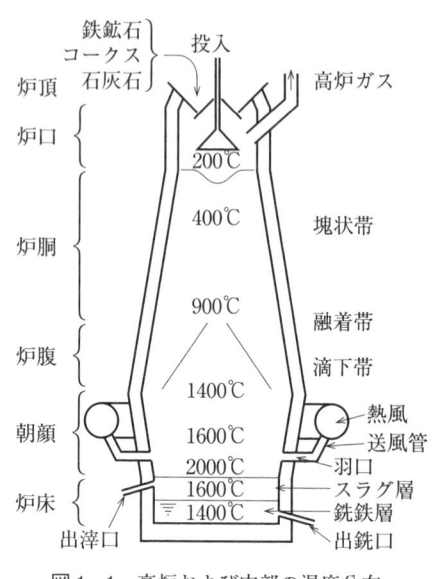

図1-1 高炉および内部の温度分布

1.4.2 製鋼 (steel making)

製鉄で得られる鉄は高炭素でもろい銑鉄である。したがって，これをより高強度でねばりのある鋼 (steel) に変える必要がある*。この処理を**製鋼**という。鋼は炭素量が一般に0.1以下～1.5％の範囲である。製鋼では銑鉄を原料として，これに酸素を吹込み，炭素を除去する。

$$Fe(C) + O_2 \rightarrow Fe + CO_2 \qquad (1\text{-}2)$$

製鋼は**転炉** (converter) によって行われる。**図1-2**は転炉 (上吹底吹複合の場合) の概念図である。転炉では炭素量を調整するほか，不純物やガスを取除く精練，脱ガス，脱酸処理が行われる。脱酸の程度によって，**キルド鋼** (高脱ガス)，**リムド鋼** (普通脱ガス) の別がある。

製鋼に**電気炉**を用いる場合もある。銑鉄あるいはスクラップを原料とし，これを溶融し，炭素量および他の合金成分を調整して鋼を製造する。我国では年間におよそ1億トンの鉄鋼が製造されるが，その約30％がスクラップによる**電気炉製鋼**である (1998年現在)。

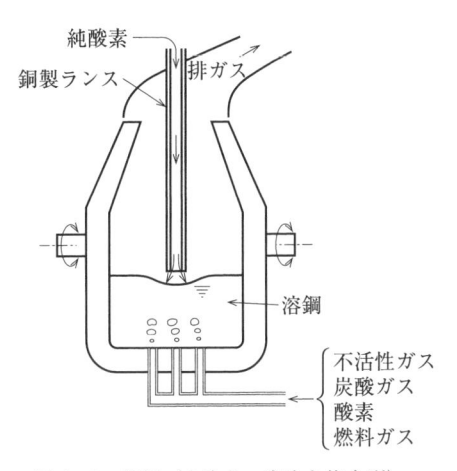

図1-2 転炉 (上吹き・底吹き複合型)

高炉による以外の製鉄法も研究されている。**図1-3**は**溶融還元炉**を用いた製鉄法の概念図であるが，これも**間接製鋼法**である。鉄鉱石から直接に鋼を得る**直接製鋼法**を実現することができるならば，設備の簡略化だけでなく，地球環境に有害とされるCO_2ガス放出の大幅な軽減が期待できるけれども，なお構想の域を出ていない。

---

* 他に，銑鉄を高炭素のまま鋳物 (鋳鉄) の材料として用いる場合がある。

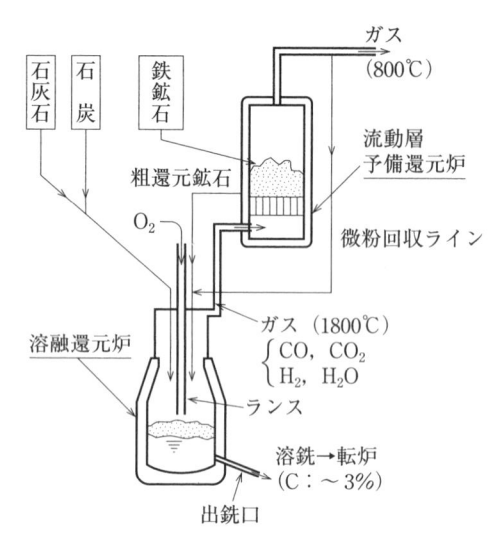

図1-3 溶融還元による製鉄の概念図(DIOS法)
(日本鉄鋼協会,製銑技術検討会報告書:魅力ある製鉄技術を求めて(1993))

古来の製鉄法である**たたら法**は,木炭により砂鉄を還元し,種々の炭素量の鋼を同時に得る一種の**直接製鋼法**である.この場合,炭素量が少ない鋼は溶融せず,海綿状の鉄のなかにスラグを抱き込んだ状態になる.鍛錬によってこれを絞り出し,種々の炭素量の鋼として用いた.

1.4.3 連続鋳造

溶鋼は**連続鋳造**(continuous casting)によって,適当な断面寸法の鋼片に成形される.**図1-4**はその概念図である.溶鋼は底の無い水冷鋳型に連続的に注がれ,凝固しながら下方へ引抜かれる.内部まで凝固した段階で適当な寸法に切断し,**鋼片**(bilett, bloom)とする.

従来は,**図1-5**のような鋳型内で溶鋼を凝固させて**インゴット**(ingot)と呼ばれる鋼塊を作り,圧延,切断を繰返す**分塊圧延法**が用いられていた.鋼塊のうち,脱ガスが十分でない**リムド鋼**ではインゴット周辺に気泡が生じ,これを圧着させる必要がある.十分脱ガスしたキルド鋼では中心部に収縮孔を生じ,この部分を切除する必要がある.**連続鋳造法**ではこのような工程が

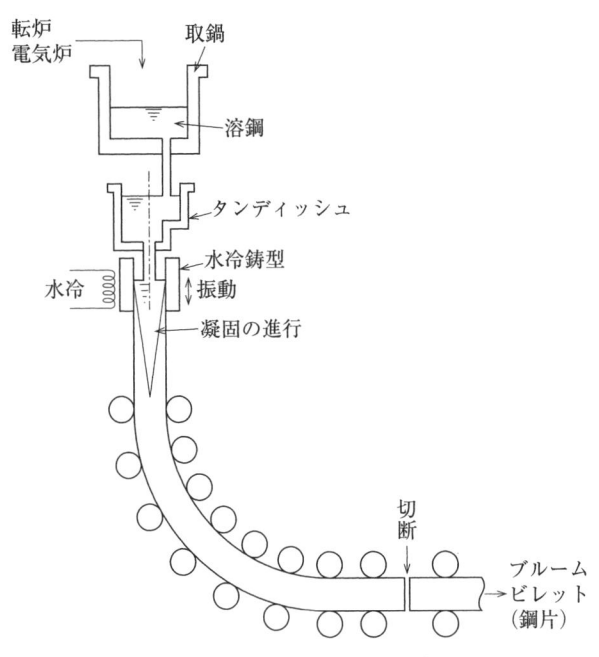

図1-4 連続鋳造による鋼片の製造

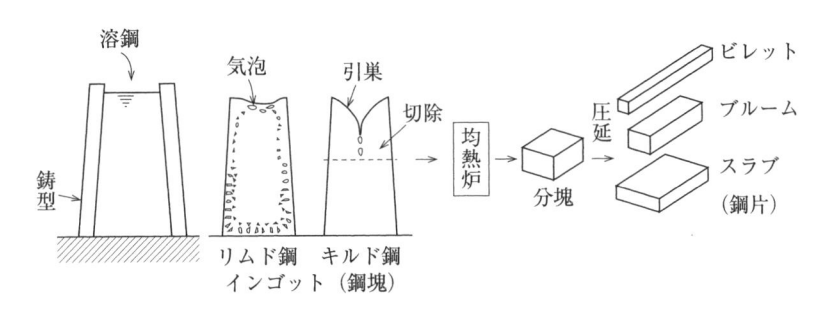

図1-5 インゴット－分塊・圧延による鋼片の製造

不要であり，歩留り（ぶどまり）*が良く，再加熱の必要がないから，生産性が著しく高い。

---

　　* 投入した材料の内，製品となる部分の割合。収率（yield）。

1.4.4 圧延加工

ビレットを高温（一般に850 ℃以上）でさらに圧延（rolling）し，平板，棒，形材，円管等に成形加工する。このような熱間圧延による成形過程を図1-6に示した。鋼種や使用目的によってはさらに，冷間（常温）加工によって薄板，線等に加工する。

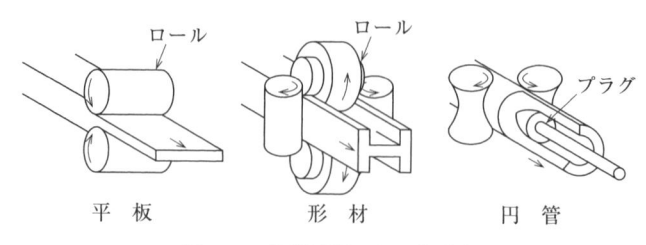

図1-6 熱間圧延による成形法

鉄鋼以外の金属も，原料鉱石，化学特性によってそれぞれ製錬・精錬され，素材とされる。アルミニウム，銅，チタンの製錬法の概略をそれぞれ図1-7〜1-9に示した。

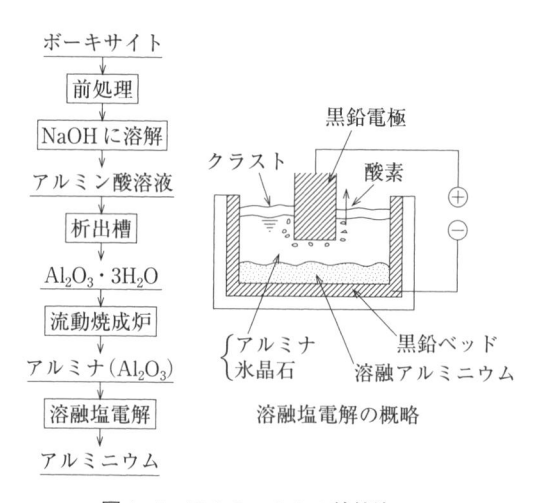

図1-7 アルミニウムの精錬法

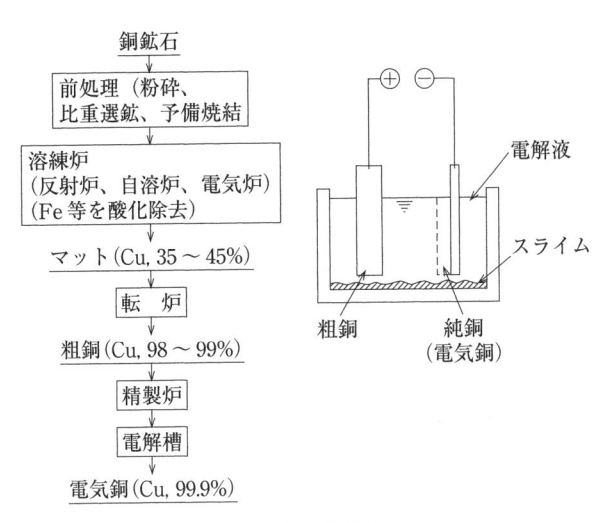

図1-8 銅の精錬法

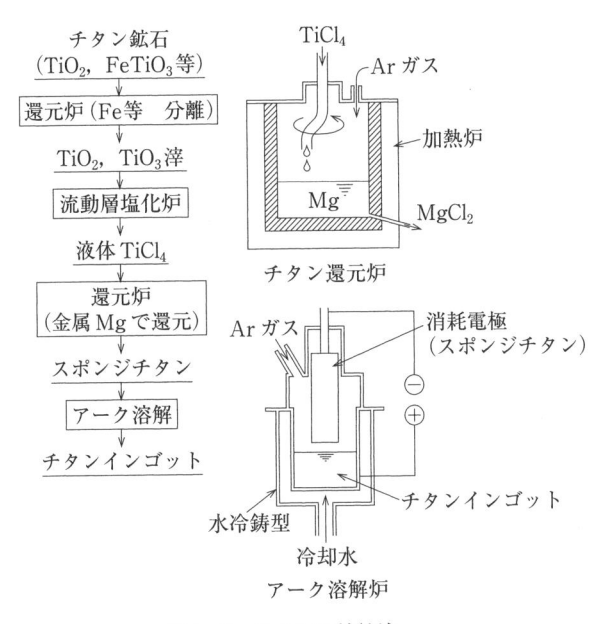

図1-9 チタンの精錬法

1.5 材料の加工法と材料特性
1.5.1 種々の加工法
　製錬され，素材となった材料*は，種々の加工法によって成形され，機械構造物の部材になる。材料は加工の際に熱あるいは力を受けるから，材料の組織（structure），性質・特性は用いられる加工法によって変化する。したがって，機械の設計，製造にあたっては，これを考慮して材料を選択する必要がある。金属材料のおもな加工法には次のようなものがある。（図1-10）

（1）鋳造（casting）溶かした金属を**鋳型**（mold）に流し込んで凝固させる。鋳型の種類により，砂型，金型，消失模型鋳型，ロストワックス，遠心鋳造等，多くの方法がある（図1-10（1））。

　鋳造は複雑な形状の成形に適する。しかし鋳造凝固組織ができ，外周部と内部で組織が異なる。凝固収縮による**引巣**（shrinkage，図1-5）やガス欠陥が生じる場合もある。したがって強度は圧延・鍛造品に比べて劣る。融点が高過ぎる，流れが悪い，凝固収縮が激しいなど，鋳造が困難な材料もある。酸化性の強いTiやMgなどの材料は真空あるいは不活性ガス中で鋳造される。

　最近は寸法精度の高い**精密鋳造**，高温強度に優れる**一方向凝固鋳造**など，種々の新しい技術が用いられる。

（2）溶接・溶断（welding, gas cutting）金属の一部を加熱溶融して接合あるいは切断する。

　溶接には熱源によって，ガス溶接，アーク溶接，抵抗溶接，レーザービーム溶接等がある。

　溶断には酸素，レーザーが用いられる。溶接部は一旦溶融し凝固するから，金属組織と特性が母材と異なる。また境界部分にも加熱冷却組織が生ずる。割れやガス欠陥が生ずることもある。

　溶接部を保護ガスで覆うような被覆溶接棒も用いられている。**肉盛り溶**

＊　この段階までの成形を**1次加工**という。これに対して，製品を作るための加工を**2次加工**という。

(1) 鋳造法の例

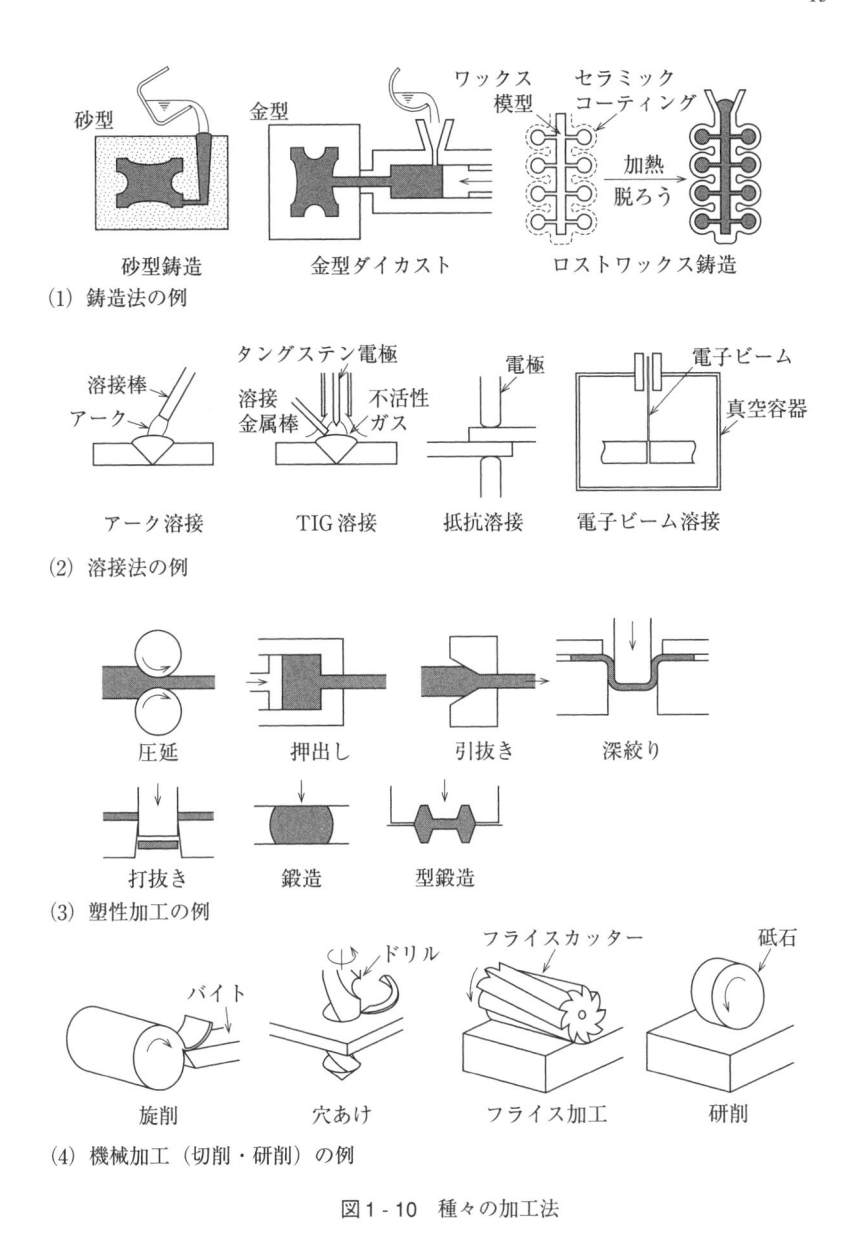

砂型鋳造　　金型ダイカスト　　ロストワックス鋳造

(2) 溶接法の例

アーク溶接　　TIG溶接　　抵抗溶接　　電子ビーム溶接

(3) 塑性加工の例

圧延　　押出し　　引抜き　　深絞り

打抜き　　鍛造　　型鍛造

(4) 機械加工（切削・研削）の例

旋削　　穴あけ　　フライス加工　　研削

図1-10　種々の加工法

接（facing）は欠陥や損傷の補修のほか，材料複合化の手法としても利用される。**図1-10**（2）は**溶接法**の例である。鋳造，溶接をまとめて**溶融加**

工ともいう。
(3) **塑性加工**（plastic working）固体材料の塑性変形能を利用した加工を**塑性加工**という。常温での**冷間加工**と，再結晶温度以上での**熱間加工**がある。おもな塑性加工法には次のようなものがある（**図1-10**(3)）。
    a) 圧延　　b) 押出し（extrusion）　　c) 引抜き（drawing）
    d) 深絞り（deep drawing）　　e) プレス成形（press forming）
    f) 打抜きプレス（punching）　　g) 鍛造（forging）
   型，ロール，ダイス等の工具による塑性加工のほか，液圧や爆発による高圧を用いた塑性加工，材料の**超塑性**（super plasticity）を用いた塑性加工もある。
   一般に塑性加工により，材料の強度は増加し，硬くなる。伸びは低下する。
(4) **機械加工，切削加工**（machining）切削工具で材料の表面を破壊除去する加工法で，次のようなものがある（**図1-10**(4)）。
    a) 旋削（turning）　　b) 平削り（planing）　　c) 穴あけ（drilling）
    d) フライス加工（milling）　　e) 研削（grinding, horning）
   研削は砥石のセラミック砥粒による高精度の切削加工である。切削加工は最も寸法精度の高い加工法で，また材質に及ぼす影響が少ない。しかし，形状，寸法，材料によっては加工が困難，あるいは経済的でない場合がある。
(5) **粉末冶金**（powder metallurgy）粉末状態の金属（green powder）を型に入れて圧縮成形した後，融点以下の高温下で**焼結**（sintering）し，製品とする（**図1-11**）。

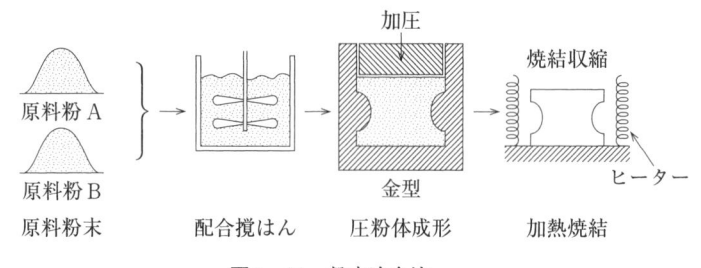

図1-11　粉末冶金法

複雑な輪郭形状の部材が寸法精度，表面精度良く製造できる。高融点のため鋳造できない材料の製造，内部の残留気孔を含油，通気性等に応用する場合，鋳造では均質になりにくい合金成分の場合等に応用される。

(6) **放電加工**（electro-discharge machining）電極と加工物の間で放電させ，金属を除去する加工法。高硬度で，切削加工できない材料の複雑形状の加工が可能である。電解液中で金属を溶かし除去する電解加工（electro-chemical machining）も，同類の加工法である。

(7) **表面処理**（surface treatment）耐食性，耐摩耗性，美観など表面性状向上のために，表面の処理を施すこともまた，加工の一種である。次のようなものがある。

　　a) メッキ（plating），b) 溶射（spraying，溶融状態の金属やセラミックス粉を吹き付けて積層皮膜を形成する），c) 化学処理（パーカライジング，アルマイト処理等。金属表面に化学的に強固な不動態被膜を形成する）

　　最近は **PVD**（Physical Vapour Deposition，物理蒸着法），**CVD**（Chemical Vapour Deposition，化学蒸着法）等，極めて薄いセラミックスあるいは金属間化合物の皮膜を形成する技術が用いられる。

1.5.2 加工法と材料特性

材料の強度およびその他の性質は，加工法によって変わる。例えば，同じ鋼の丸棒でも，鋳造で製造したものは凝固組織が発達し，結晶は粗く，強度が弱い。鋼塊を鍛造して丸棒にしたものでは組織が細かくなり，強度が増加する。これをさらに**冷間塑性加工**したもの，または**機械加工**で丸棒としたもの等では，それぞれ組織が異なり，これによって強度などの性質が異なる。溶接で接合すれば，溶けた部分および熱の影響を受けた部分の組織は母材部とは違ったものとなる。どの加工法を採用するかは，材料，形状，寸法，精度および求められる特性による。形状寸法によって加工法に制約がある場合があり，材料によっては採用しうる加工法が限られる。逆に加工法によって材料が規定される場合もある。さらに，加工法によってコストが異なり，そ

のコストは製造する数量によって大きく異なる。

以上のように，材料の選択は常に加工法を考慮してなされなければならない。そして，加工法は形状，寸法と寸法精度，すなわち設計と関連する。

図1-12はこれらの関係の概念図である。

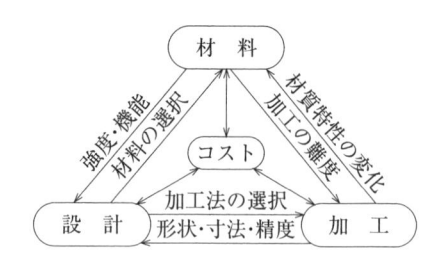

図1-12 材料の選択と設計，加工法の相互関係

第1章の練習問題（Exercises for Chapter 1）

1.1 What properties are of particular importance in materials for the following machine components or products?

(1) Crankshafts of automobile engines

(2) Transmission gears　　(3) Radiator pipes for refrigerators

(4) Turbine blades of jet engines

(5) Beer cans　　　　　　(6) Manhole covers

(7) Outer plates of ships　　(8) Screws for camera parts

1.2 Alumina, Al_2O_3, is light and wear resistant. Why is alumina not widely used for automobile gears?

1.3 About iron and steel making,

(1) What are the differences between iron making and steel making? What are the raw material(s) and the product(s) in each process?

(2) Steel is an alloy of iron and carbon. In what process and for what purpose, is carbon added to iron?

(3) Why is steel not made directly from iron ore ? What is the advantage of indirect steel making ?

(4) What is the purpose of degassing in steel making ?

(5) What is the advantage of continuous casting compared to ingot making processes ?

1.4 Give some examples of products processed by the following.
  (1) Machining (turning, milling etc)   (2) Plastic working
  (3) Casting   (4) Welding

1.5 Are the following processing suitable for the products listed with ?
  (1) Casting for steel gas tanks
  (2) Machining for aluminum sash
  (3) Machining for ceramic refractory blocks
  (4) Welding for automobile bodies
  (5) Plastic working for glass ware
  (6) Casting for tungsten carbide tools

1.6 What basic properties of metals are utilized in the following processing ?
  (1) Casting   (2) Machining   (3) Plastic working

K殻に2個の電子を持つ。ネオン（Ne）もL殻に8個の電子を持ち，不活性である。

原子番号が大きくなるに従って，電子は外側のM殻，N殻に移る。M殻には18個の電子が許されるけれども，M殻が閉殻にならずに，N殻に移る場合がある。鉄は原子番号26であるから，K殻に2，L殻に8，M殻に16の電子があるはずであるが，実際にはM殻には14個で，N殻に2個の電子がある。このM殻での電子の不足が鉄の磁気の原因である。

表2-2 元素の電子配置

元素		K	L		M			N				O			
	軌道数	0	0	1	0	1	2	0	1	2	3	0	1	2	3
		1s	2s	2p	3s	3p	3d	4s	4p	4d	4f	5s	5p	5d	5f
1	H	1													
2	He	2													
3	Li	2	1												
4	Be	2	2												
5	B	2	2	1											
6	C	2	2	2											
7	N	2	2	3											
8	O	2	2	4											
9	F	2	2	5											
10	Ne	2	2	6											
11	Na	2	2	6	1										
12	Mg	2	2	6	2										
13	Al	2	2	6	2	1									
14	Si	2	2	6	2	2									
15	P	2	2	6	2	3									
16	S	2	2	6	2	4									
17	Cl	2	2	6	2	5									
18	Ar	2	2	6	2	6									
19	K	2	2	6	2	6		1							
20	Ca	2	2	6	2	6		2							
21	Sc	2	2	6	2	6	1	2							
22	Ti	2	2	6	2	6	2	2							
23	V	2	2	6	2	6	3	2							
24	Cr	2	2	6	2	6	5	1							
25	Mn	2	2	6	2	6	5	2							
26	Fe	2	2	6	2	6	6	2							
27	Co	2	2	6	2	6	7	2							
28	Ni	2	2	6	2	6	8	2							
29	Cu	2	2	6	2	6	10	1							
30	Zn	2	2	6	2	6	10	2							
40	Zr	2	2	6	2	6	10	2	6	2		2			
50	Sn	2	2	6	2	6	10	2	6	10		2	2		

2.1.2 元素の周期表

最外殻が閉殻の場合，原子は安定であり，化学的活性を持たない。最外殻電子が8個の場合も，比較的安定であり，これを**安定オクテット**という。最外殻の電子がこれ以外の数のとき，原子は化学的に活性を有するようになり，結合力を持つ。活性最外殻電子を価電子（valence）という。最外殻電子の数によって，各原子（元素）の性質は周期的に変化する。**巻末資料-1**は**元素の周期表**（periodic table）（**長周期型**）である。同じ列に属する元素は同族であり，類似の性質を示す。

2.1.3 原子の結合

物質は原子または分子を基本粒子として構成されるが，その結合の状態に

よって，大きく**固体**（solid），**液体**（liquid），**気体**（gas）の3つの状態をとる。粒子間の結合力が大きく，一定の範囲以上には相互の移動が許されない状態が**固体**である。この場合も粒子は平均的位置の周りで振動あるいは揺動している。これを**熱運動**という。

熱運動が大きくなり粒子間の結合力を超えると，粒子の相互運動が可能になる。まず粒子の距離がおおむね保たれた状態で回転だけが許される状態になる。これは**液体**に相当する。熱運動がさらに大きくなると粒子は結合を断ち切って自由になり，また体積が急増する。これが**気体**である。

2.1.4 固体原子の結合

固体原子の結合の仕方には4つの種類がある。

(1) **イオン結合**（ionic bond）最外殻電子の数が閉殻あるいは安定オクテットよりも多い場合，原子はこれを放出して正の電荷を持ち，**陽イオン**（cation）になる。一方閉殻あるいは安定オクテットに満たない原子では電子を取入れて安定化し，**陰イオン**（anion）になる。両者は電気的引力により結び付く。これを**イオン結合**という。**図2-2**はNa原子とCl原子のイオン化とイオン結合（NaCl，食塩）の模式図である。すべてのNa原子がすべてのCl原子と隣り合う構造は**図2-2**(3)のようにして，立体的には**図2-2**(4)のようにして可能である。

(2) **共有結合**（covalent bond）共有結合は複数の原子が電子を共有し，双方の原子が安定状態を得ることによる結合である。例えばSi原子は**図2-3**

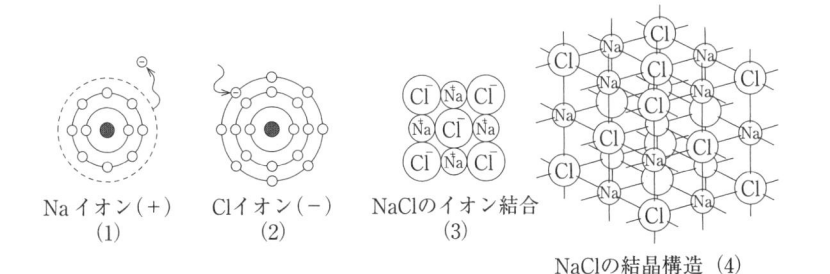

図2-2　NaとClのイオン結合およびNaCl型の格子の模式図

(1) Si と O の殻電子　　(2) SiO$_2$　　(3) SiO$_2$ の原子の立体配置

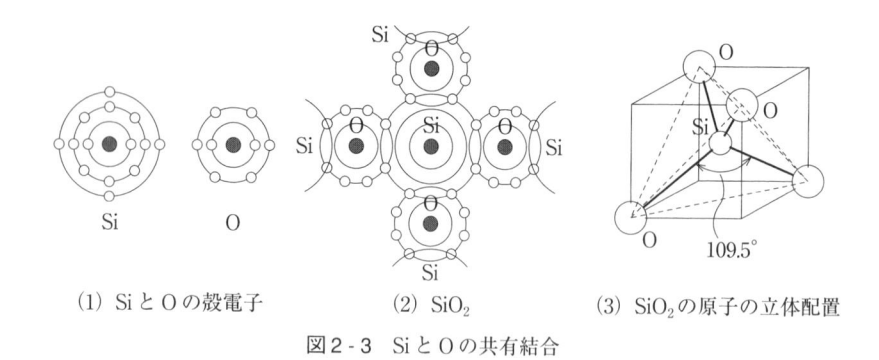

図2-3　Si と O の共有結合

(1) のように4個の価電子を持つ。この場合，4個のO原子に取囲まれるならば，**図2-3**（2）のように最外殻はすべて8個の電子となり，安定な状態となる。Si原子が4個のO原子に取り囲まれる状態は，**図2-3**（3）のように，O原子がSi原子を中心に相互に109.5度離れた4面体の頂点に位置する構造をとることによって可能である。

　価電子4個を有するC原子が4個のC原子によって取囲まれた状態もまた互いに安定な状態になる。この場合も4個のC原子は4面体の頂点の位置関係をとる。**図2-4**はこのようにしてできたダイヤモンドの構造である。このように，共有結合では結合力に方向性がある。それゆえ，外力に対して自由に変形することができない。共有結合の鉱物が硬いのはこのためである。

(3) 金属結合（metallic bond）金属の原子は最外殻電子が1，2，または3個である。これらの原子が価電子をすべて放出し，**電子雲**（electron cloud,

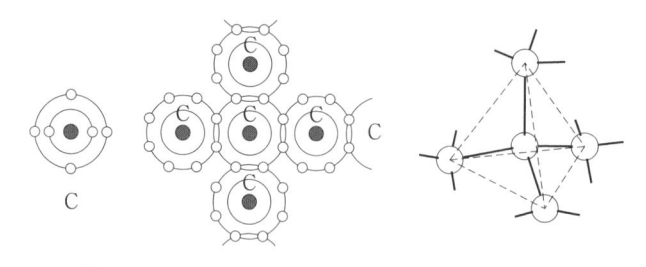

図2-4　Cの共有結合によるダイヤモンドの構造

electron sea）を形成し，これを原子全体で共有することによって結合する状態を**金属結合**という。**図2-5**はその模式図である。

　金属結合では，電子は自由に移動ができる。また金属結合には方向性がないから，原子は相互の位置を比較的自由に選ぶことができる。金属の変形能はこれに由来する。

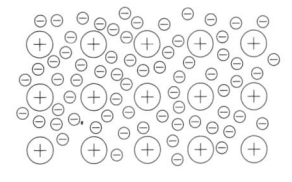

図2-5　金属結合

(4) ファンデルワールス結合（Van der Waals bond）　全体では電気的に中性な分子や粒子が同じ種類の粒子に接近すると，内部でその位置によって正電価と負電価に分れることがある。これを**分極**という。**分極**した電価による分子（粒子）間の結合を**ファンデルワールス結合**という。**図2-6（1）**は水分子の分極とファンデルワールス力による結合，**図2-6（2）**は高分子での結合の模式図である。ファンデルワールス力は弱く，これで結合した物質は強度が低く，また融点が低いものが多い。

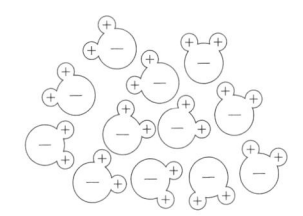

図2-6（1）　水分子の分極によるファンデルワールス結合

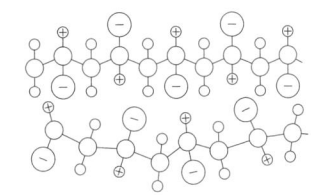

図2-6（2）　ファンデルワールス力による高分子の結合

2.1.5　結合エネルギと原子間距離

　2つの原子は，近づきすぎれば反発し，ある程度離れれば引力が働く。その中間に丁度バランスする位置がある。これが**原子間距離**（interatomic spacing）である。同種原子の場合，その距離の$\frac{1}{2}$が**原子半径**（atomic radius）rである。結合している原子を引離すにはエネルギが必要である。これを**結合エネルギ**（bonding energy）という。**図2-7**は原子またはイオン間のエネルギと原子間距離の関係である。エネルギは距離$2r$で最低になる。

　イオン結合の場合，イオン間の距離は両イオンの半径の和である。結合エ

ネルギはイオン結合，共有結合で大きく，金属結合ではこれより小さく，ファンデルワールス結合では最も小さい。両原子またはイオンが十分離れると，引力はほとんどゼロに近付く。これが分離あるいは破壊である。

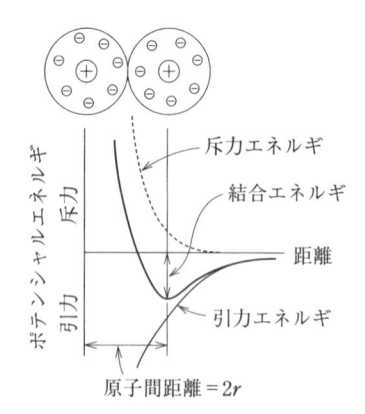

図2-7　原子またはイオン間のエネルギと原子間距離

2.2　結晶構造

原子の並び方は物質の構造を決定する重要な因子であり，材料として用いる場合の性質を左右する基本的要因である。原子の並び方には，**図2-8**のように，(1) 全く規則性のない無規則（no order），(2) ある程度規則性のある短範囲規則（short range order），および (3) 並び方に方向性と規則性がある長範囲規則（long range order）の別がある。(1) は気体に，(2) は液体あるいはガラス体，(3) は固体に相当する。溶融した金属が凝固する過程で，原子は短範囲規則から，(3) のような長範囲規則になる。このように，原子が規則的に並んだ状態を**結晶**（crystal）*という。また，格子の交点に原子があると見立てて，この格子を**結晶格子**（crystal lattice）と呼ぶ。

物質はそれぞれの原子分子の特性により固有の結晶構造をとる。結晶構造の最も小さい単位を単位胞（unit cell）という。**図2-9**は単位胞の例である。単位胞には，3つの辺が直角で長さが等しい**立方晶系**

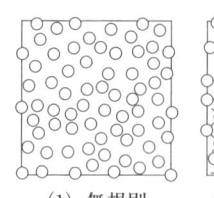

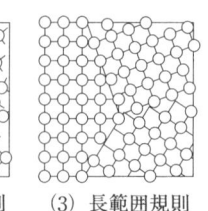

(1) 無規則　　(2) 短範囲規則　　(3) 長範囲規則

図2-8　原子の配列状態

＊　結晶でない非晶質（アモルファス）金属もある。2.7参照

(1) 単純立方　(2) 体心立方　(3) 面心立方　(4) 単純六方

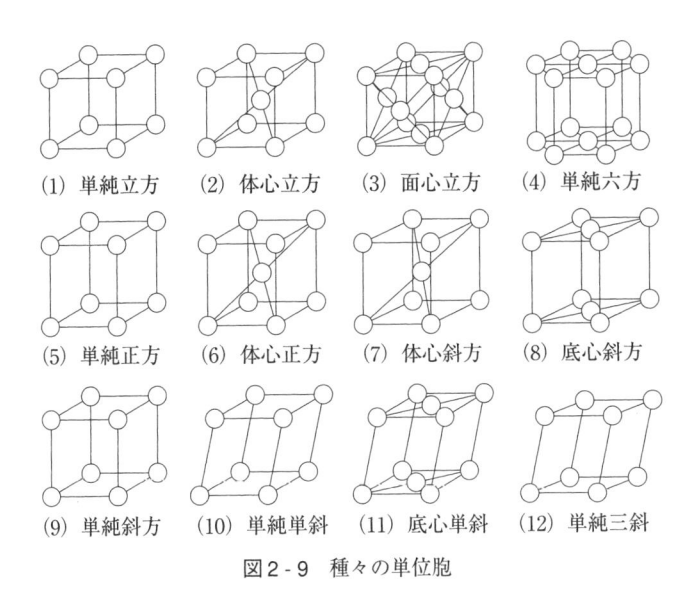

(5) 単純正方　(6) 体心正方　(7) 体心斜方　(8) 底心斜方

(9) 単純斜方　(10) 単純単斜　(11) 底心単斜　(12) 単純三斜

図2-9　種々の単位胞

(cubic)，1辺の長さが異なる**正方晶系**（tetragonal），3辺とも異なる**斜方晶系**（orthorhombic），辺間の角度が直角ではない**単斜系**（monoclinic）等がある．また，単位胞の頂点のみに原子がある**単純格子**，胞の中心に原子がある**体心格子**，各面の中心に原子がある**面心格子**および底面と上面の中心に原子がある**底心格子**がある．これらの組合わせによって多くの結晶格子ができる．これらの内，金属では**図2-10**に示す3つの結晶系，すなわち**体心立方晶**（body centered cubic，**BCC**），**面心立方晶**（face centered cubic，**FCC**）および**稠密六方晶**（close-packed hexagonal，**HCP**）が重要である．

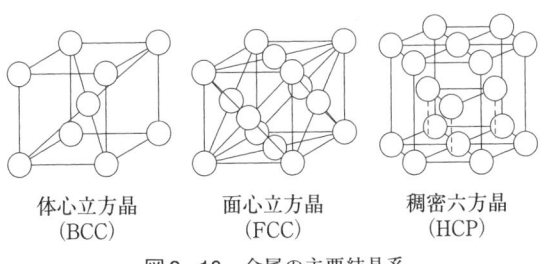

体心立方晶　　面心立方晶　　稠密六方晶
(BCC)　　　　(FCC)　　　　(HCP)

図2-10　金属の主要結晶系

面心立方晶は同寸法の球を最もきっちりと並べる場合の並べ方に相当する。これを**図2-11**に示す。すなわち，FCCは稠密（close packed）構造である。Al，Cu，Au，Ag，Ni等，多くの金属がこの結晶系をとる。

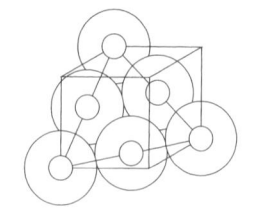

図2-11　面心立方の稠密構造

　稠密六方晶もまた稠密構造である。FCCとHCPの違いは，**図2-12**に示すように，第3段目が，第1段目の直上であるか，1原子ずれるかの違いである。金属ではZn，Mg，Co等がこの結晶系である。

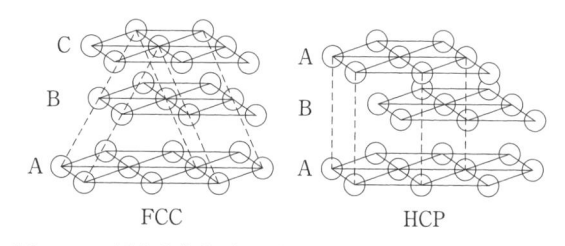

図2-12　面心立方晶（FCC）と稠密六方晶（HCP）の関係

　体心立方晶は稠密構造ではない。室温での鉄，Cr，Na，W　等がBCCである。各金属の結晶系を**巻末資料-2**に示してある。セラミックスもまた，特定のイオンに着目すれば，これらの結晶系のいずれかをとる場合が多い。

　ある元素は，温度その他の条件によって異なる結晶系をとる。鉄は室温ではBCCであるが，912℃以上でFCCとなり，1394℃以上で再度BCCとなる。Tiは室温でHCP，882℃以上でBCCである。このような変化を**同素変態**（allotropic transformation）という。

　結晶系は金属を材料として使う場合の特性に大きく影響する。同素変態あるいは合金化によって結晶系が変われば，性質もまた変化する。

2.3 格子定数，原子半径と密度

2.3.1 格子定数

結晶の単位胞において，その形状を決める原子の中心間距離を**格子定数** (lattice parameter, lattice constant) という。**図2-13** (1) の立方晶系では，格子定数はaひとつである。(2) の斜方晶系では，格子定数はa, b, cの3つであり，さらに単斜系では各面間の角度を表す必要がある。HCPの格子定数はa, cの2つである。金属の格子定数はおおむねÅ (10^{-7}mm) のオーダーである。格子定数は温度や外力によって変わり，不純物や合金元素の侵入によっても変化する。

2.3.2 単位胞中の原子数

単位胞中の原子数は次のように求められる。

単位胞の格子点あるいは格子面上の原子は隣接する単位胞によって共有されている。例えば**図2-9** (1) の**単純立方晶** (simple cubic, **SC**) では8個の原子があるけれども，いずれの原子も上下左右に隣接する8個の単位胞によって共有されている。したがって，単位胞中の原子数nは，

$$n = \frac{1}{8} \times 8 = 1$$

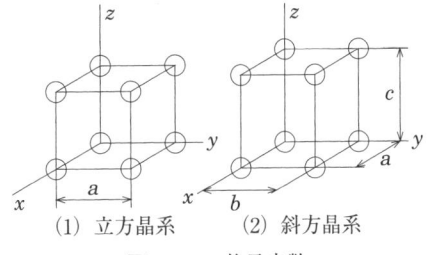

(1) 立方晶系　　(2) 斜方晶系

図2-13　格子定数

同様にして体心立方晶では　$n = \frac{1}{8} \times 8 + 1 = 2$, 面心立方晶では　$n = 4$, 稠密六方晶では　$n = 6$　である (**練習問題2.4**)。

2.3.3 最近接原子と配位数

結晶内で，最も近い距離にある同種原子を**最近接原子** (nearest neighbors) という。また，それと等しい位置関係にある原子の数を**配位数** (coordination number) という。配位数はSCでは6，BCCでは8，FCCでは12であり，これが最大である。

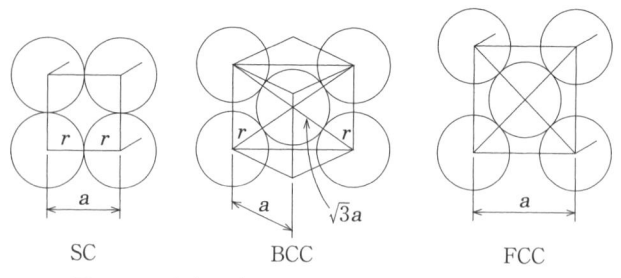

図2-14 立方晶系の格子定数と原子半径の関係

2.3.4 格子定数と原子半径

格子定数aと原子半径rの間には、**図2-14**より、次の関係がある。

- SC　　$a = 2r$
- BCC　$\sqrt{3}a = 4r,\ a = \dfrac{4r}{\sqrt{3}}$ 　　　　　　　　　　(2-1)
- FCC　$\sqrt{2}a = 4r,\ a = \dfrac{4r}{\sqrt{2}}$

2.3.5 密度

格子定数と原子半径、原子量から、結晶の密度ρを求めることができる。原子量$M(\mathrm{g})$はアボガドロ数$N(6.0225 \times 10^{23})$個の原子を含む。単位胞がn個の原子を含み、体積vであるとすれば、単位胞の質量は$n \times \dfrac{M}{N}$であるから、

$$\rho = \frac{nM}{Nv} \qquad (2\text{-}2)$$

が成立つ。立方晶系では$v = a^3$（a：格子定数）である。

例えば、FCCであるCuでは、**巻末資料-2**よりM=63.54、a=3.615 Å。FCCではn=4。これらから$\rho = 8.93\ \mathrm{g/cm^3}$が求められる。逆に密度と原子半径からBCC、FCC等の結晶系を定めることができる。

2.3.6 充填率

原子を球と見なせば、単位胞内には原子間の隙間があるから、原子によって占められる体積部分は1以下である。これを充填率（packing factor）という。

$$\text{SCでは}\ \frac{1}{8} \times \frac{4}{3}\pi r^3 \times \frac{8}{(2r)^3} = 0.5236$$

同様にして**BCC**では0.6802、**FCC**、**HCP**では0.7405である（**練習問題2.5**）。

2.4 ミラー指数

結晶の変形や破壊,腐食,結合等は結晶の特定の面と方向で生ずる。結晶を取扱うには,その面と方向を正しく表す必要がある。これにはミラー指数(Miller index)を用いる。

2.4.1 面の表示

面は次のように表す。図2-15のように,直交座標軸 x, y, z 上にそれぞれ間隔(格子定数)a, b, c で原子が配列する場合,

(1) ある面が x, y, z 軸を切る位置を a, b, c を単位として表し(A面では切片が $2a$, $3b$, $1c$ であるから2, 3, 1),

(2) その逆数をとる(A面では $\frac{1}{2}$, $\frac{1}{3}$, $\frac{1}{1}$)。

(3) 逆数が分数の場合は,これに適当な整数を乗じて,最も簡単な整数比で表す(A面では3, 2, 6)。ただし,逆数が整数の場合には,公約数があっても,これで除して簡単な比に直してはならない(4, 2, 2 を 2, 1, 1 としてはならない)。

(4) これを( )で囲み,**その面のミラー指数**とする。A面のミラー指数は(326)である。

(5) 面が原点を通る場合には,原点を通らないように平行移動する。

(6) 切片が負の場合は数字の上に - を付け,$\bar{1}$ のように表す。

軸と平行な面はその軸と交わらないから,指数は $\frac{1}{\infty} = 0$ である。例えば,図2-16のB面は(110)面である。

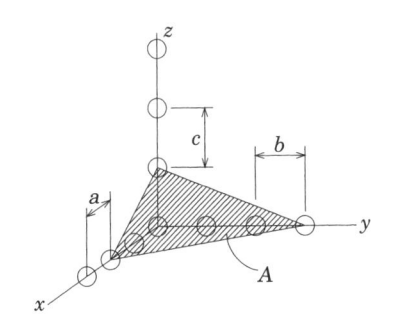

図2-15 結晶面のミラー指数

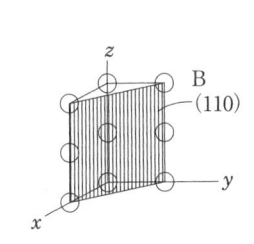

図2-16 軸に平行な面

2.4.2 等価な面

ある面と平行な面は同じ指数を持つ。ある指数を持つ面と，その符号がすべて逆の指数の面は**等価**（equivalent）である。すなわち，(111) と ($\bar{1}\bar{1}\bar{1}$) は等しい。

また，立方晶系では，座標軸を回転させて得られる面（指数の順序と符号を入替えて得られる面）は等価である。例えば**図2-17**の (010) 面と ($0\bar{1}0$) 面，(001) 面は等価である。等価な面を代表して{001}等と表す。ただし，各数値を整数倍した指数の面は等価ではない。例えば，(010) 面と (020) 面は等価ではない。**図2-18**のSCにおいて，(010) 面は原子が配列した面であるが，(020) 面には原子がない。

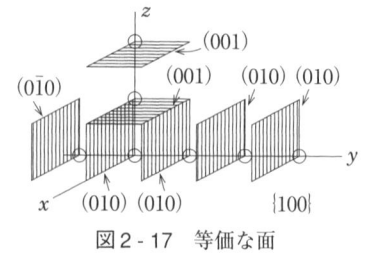

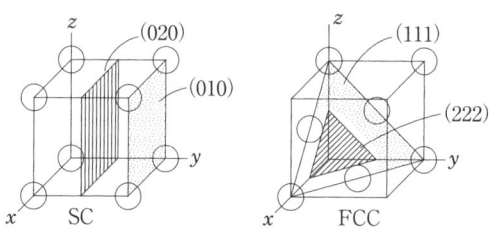

図2-17　等価な面

図2-18　等価でない面

2.4.3 方向の表示

結晶内での直線の方向は，直線と平行で原点を通る直線の立体座標を，前述の格子定数 a, b, c を基準として，最も簡単な整数比 $[uvw]$ として表す。**図2-19**のAの方向は $[111]$ 方向，Bは $[110]$ 方向である。負の指数の方向は正の指数の方向と逆向きである。

方向に関しては，各数値を整数倍した指数の方向は等価である。立方晶系では座標軸の交換によって同方向となる方向は等価であり，⟨111⟩ 等で表す。指数が等しい面 (pqr) と方向 $[pqr]$ は直交する。

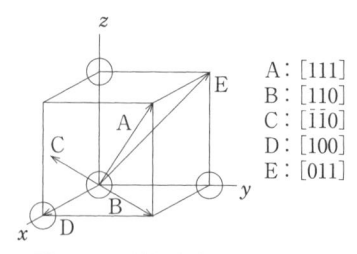

A: $[111]$
B: $[110]$
C: $[1\bar{1}0]$
D: $[100]$
E: $[011]$

図2-19　結晶方向のミラー指数

2.4.4 六方晶系の場合

六方晶系の面は，原点で120度で交わる3軸 w, x, y と垂直軸 z と面が交わる座標の逆数の整数比（例えば $(hkil)$）で表す。これを**ミラー・ブラヴェ指数**（Miller-Bravais index）という。平面と

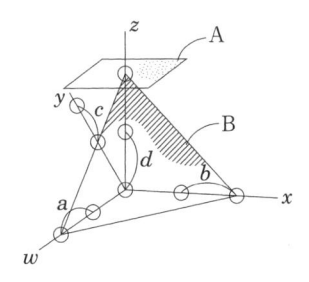

図2-20 六方晶系のミラー・ブラヴェ指数

w, x, y, 3軸との交点は直線上にあるから，これらの指数は独立ではなく，上の例では $i = -(h+k)$ の関係がある。**図2-20**のA面は（0001）面であり，B面は（11$\bar{2}$1）面である。

六方晶系の方向も原点から4軸での座標 (w, x, y, z) を結ぶ方向で表す。この場合，$y = -(w + x)$ の関係がある。しかしこの指数は混乱しやすいので，y 軸を無視し，(w, x, z) の3指数のみを用いる記述法もある。

2.4.5 稠密面と稠密方向

原子が最も密に並んでいる面および方向を**稠密面**および**稠密方向**（close-packed planes, directions）という。**FCC**の稠密面は（111）面であり，[110] 方向が稠密方向である。**HCP**では（0001）面が稠密面で [2$\bar{1}\bar{1}$0]（3指数表示では [100]）方向が稠密方向である。

結晶内では，方向によって結晶の並び方が異なるから，弾性率も，また強度も方向によって異なる。**表2-3**はその例である。普通の多結晶金属では多くの結晶方向が混在しているので，それらを平均した値が現れる。

表2-3 結晶方向による弾性率の違い（単位：GPa）

材料	[100]	[111]	無秩序
Al	65	78	71
Cu	68	196	128
Fe	135	285	212
Nb	15.5	8.3	10.5
W	42	42	42
MgO	25	34	32
NaCl	4.4	3.3	3.7

(D.R.Askeland:Science and Engineerring of Materials (1984), p58)

2.5 結晶分析,X線回折

特定の波長のX線を結晶に照射し,反射するX線の強度と反射角から結晶の面の間隔を知ることができる。

2.5.1 格子面間隔

立方晶では,ある面のミラー指数を(hkl)とすると,これと平行な面と面の間隔d_{hkl}は

$$d_{hkl} = \frac{a}{\sqrt{h^2+k^2+l^2}} \quad (a:格子定数) \tag{2-3}$$

で求められる。銅では$a_0 = 3.615$Å(巻末資料-2)であるから,稠密面間の間隔は

$$d_{111} = \frac{a}{\sqrt{1^2+1^2+1^2}} = 2.087 \text{ Å である。}$$

2.5.2 ブラッグの回折角

図2-21のように面間隔dの面に波長λのX線が入射角θで侵入し,反射す

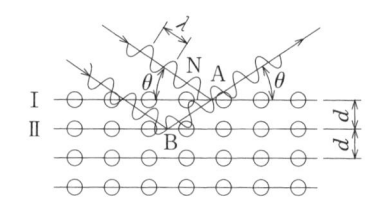

図2-21 結晶面におけるX線の反射

る場合,Ⅰ面から反射するX線とⅡ面から反射するX線の光路の差は,

$$AB - AN = \frac{d}{\sin\theta} - \frac{d}{\sin\theta} \times \cos 2\theta = \frac{d}{\sin\theta} \times (1 - 1 + 2\sin^2\theta)$$
$$= 2d\sin\theta$$

これが波長λの整数倍であれば反射X線は強く,それ以外では打消しあって弱められる。すなわち,

$$2d \sin\theta = n\lambda \tag{2-4}$$

これをブラッグ(Bragg)の**条件**といい,θを**回折角**(diffraction angle)という。図2-22のように試料を置き,後方に写真フィルムを置けば,2θの円錐に対応する位置に,感光度の強い部分が円弧状に現れる。これを**デバイ**

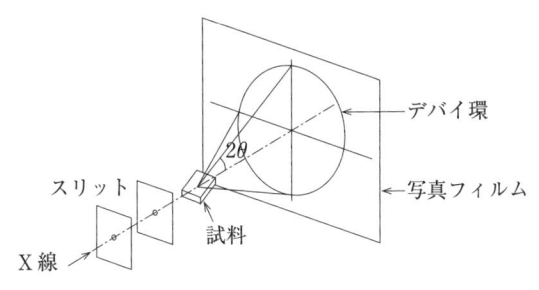

図2-22　X線の反射によるデバイ環

環（Debye ring）という。X線を用いれば格子面の間隔が分かる。また間隔の変化から格子面間のひずみを求め，これによって結晶に作用している応力を求めることができる。

2.6　格子欠陥

結晶内ではすべての原子が乱れなしに**図2-9**のように並んでいるわけではない。結晶には一定の割合で種々の欠陥が含まれる。これを**格子欠陥**（lattice defect）という。格子欠陥には次のようなものがある。

(1) 点欠陥（point defect）　空格子点（vacancy），格子間原子（interstitial atom），置換原子（substitutional atom，小さな置換原子と，大きな置換原子がある）。これらを**図2-23**に示した。

(2) 線欠陥　格子の欠陥部分が結晶内で線状に連っている場合，これを**線欠陥**（line imperfection）という。**転位**（dislocation）がその例である。**図2-24**（1）は**刃状転位**（edge dislocation）と呼ばれる線欠陥である。格

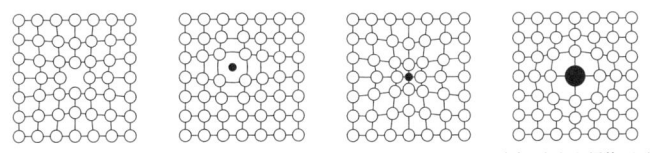

(1) 空格子点　(2) 格子間原子　(3) 小さな置換原子　(4) 大きな置換原子

図2-23　格子欠陥の例―点欠陥

(1) 刃状転位　記号　(2) らせん転位　記号　らせん状食い違い

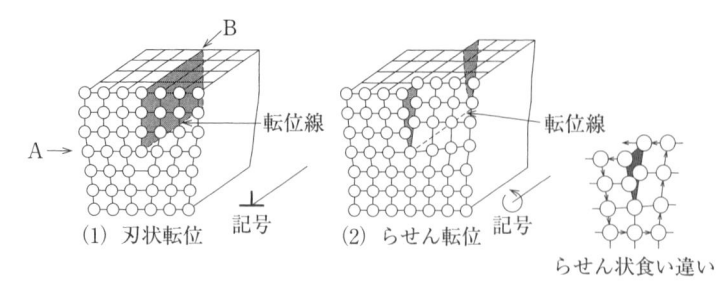

図2-24　線欠陥―刃状転位とらせん転位

子面Bは面Aより下側に対応する面がない。面Bの先端の線を**転位線**という。

　図2-24（2）は**らせん転位**（screw dislocation）である。転位線の上側で，左右の原子に転位線の方向の食違いが生じている。転位線の周りで原子をたどっていくと，1回転で1原子進むらせん状になっている。

(3) 積層欠陥　原子面の積重ね方の規則性に乱れがある場合に，**積層欠陥**（stacking fault）という。例えば，**図2-12**に示したように，FCCとHCPは同じ稠密結晶であるが，その積重ね方が，FCCではABCABCABCのように1/2原子間隔だけずれていく。一方HCPではABABABABと，1/2原子間隔ずれた面と元の面が交互に繰返される。**図2-25**のように，FCCで，ABCABABCAという積重ねがある場合，これは全く安定な構造であるけれども，一種の欠陥である。

　点欠陥は原子内での他の原子の移動，拡散に大きく関わっている。また線欠陥は結晶の変形の進行に大きな役割をはたす。積層欠陥も結晶の強度に関係する。

　結晶と結晶の境界は，このような欠陥の集合体と見ることができる。**図2-26**は結晶の方向がわずかにずれた**結晶粒界**（このような粒界を小

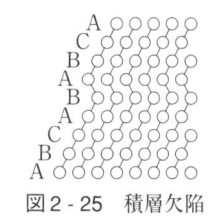

図2-25　積層欠陥

図2-26　小傾角境界

傾角境界，small angle boundary，という）で，刃状転位が縦に連なったものと理解される。

2.7 結晶構造，結晶粒と材料の性質

結晶構造は材料の性質を決める基本的な因子である。FCCは高密度で塑性変形しやすく，熱と電気の良導体である。BCCの性質は必ずしも明瞭ではなく，変形しやすいものと，硬くてもろいものとがある。耐熱性があり，低温で脆くなる場合がある。HCPは塑性変形しにくく，変形加工によって硬化する傾向がある。

同素変態で結晶系が変わると性質も不連続に変化する。図2-27は鉄の温度による長さの変化である。912℃で体心立方（BCC）のα鉄から面心立方晶（FCC）のγ鉄になる。このとき密度が大きくなるために，長さが不連続に変わる。高温のγ鉄は変形しやすい。鉄の塑性加工を高温で行うのはこのためである。1394℃で再度体心立方のδ鉄になる。

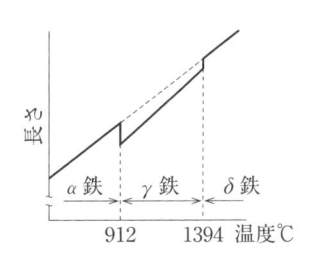

図2-27 鉄の格子変態と長さの変化

金属が液体の状態（溶湯，melt）から固体（solid）になる過程が**凝固**（solidification）である。このとき，原子は短範囲規則から長範囲規則になる。凝固ではまず溶液中に核（nucleus）ができ，これから結晶が成長する。**図2-28**（1）のように多数の核が生じれば，多数の結晶ができる。一般の金属固体はこのような**多結晶**（polycrystal）である。1個

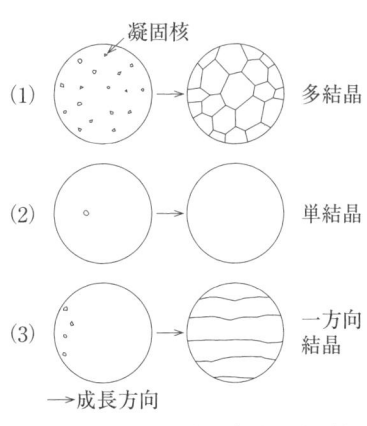

図2-28 凝固核の発生・成長と結晶粒

だけの結晶核が成長し，一定寸法の固体がひとつの結晶である場合を**単結晶**（single crystal）という．

　凝固の際に，結晶中には前節で述べたような種々の欠陥が形成される．結晶中の欠陥もまた材料の性質を大きく左右する．合金元素や不純物の原子は当然，何らかの格子欠陥を作る．またこれらの異物原子は欠陥に入り込み易く，これを介して移動する．転位があれば塑性変形がしやすくなる．しかし転位が多くなりすぎると逆に変形が困難になる．これらについては5章（5.4，5.5）で詳しく述べる．電気的な性質はわずかの格子欠陥や転位によって著しく影響される．

　結晶粒界は欠陥の集合部分であるから，変形や破壊を阻止する働きがある．したがって，一般に結晶粒が細かいほど強度が大きい．しかし，例えば高温でのクリープ強度（第6章，6.12）などでは，単結晶が高い強度を示す．

　結晶粒の大きさは，核ができる速度と結晶の成長速度の相対関係で決まり，これは凝固の際の冷却速度と後述の過冷度，ならびに不純物元素の量などによる．一般には冷却速度が速いほど結晶粒が細かくなる．核の発生と冷却，凝固速度を制御することによって，結晶粒の方向が一方向にそろった組織を得ることもできる．これを**一方向凝固**（uni-directional solidification）という．単結晶や一方向凝固結晶は，ガスタービンの羽根など超高温用の材料として用いられる．単結晶はまた電子素子材料としても広く利用されている．

　著しく早い冷却によって，結晶化しない状態の固体金属を得る技術もある．このようなガラス状の固体金属を**非晶質**（amorphous，**アモルファス**）**金属**という．普通の金属では得られない高い強度と，特殊な電気磁気的性質を持ち，特殊な用途に利用される．これについては第12章12.2で述べる．

第2章の練習問題（Exercises for Chapter 2）

2.1　Show that the direction angle between the two Si-O bonds in Fig2.3 (3) is 109.5 deg. .

2.2 Generally, metals are soft and ductile while ceramics are hard and brittle.
Explain the reasons for this based on the difference in atomic bonding.

2.3 Draw sketches of BCC, FCC, and HCP crystals.

2.4 Show that the number of atoms in BCC, FCC and HCP crystals are 2, 4 and 6.

2.5 Calculate the packing factors in BCC, FCC, and HCP crystals.

2.6 The wave length of chromium K-α radiation is 2.7896 Å. Determine the inter planar spacing when the diffracted line indicates $2\theta = 78.06°$.

2.7 What diffracted angle θ will be obtained when the metal in question 2.6 was irradiated by Co K-α with the wave length 1.7889 Å?

2.8 Determine the atomic radius of Ni, Al, Cu, α-iron, and Cr. The lattice constants and crystal systems are in Table 2 at the end of the volume.

2.9 Calculate the density of Ni from its atomic mass, 58.71, and the crystal system, FCC. Avogadro's number is 6.023×10^{23}.

2.10 Gold (Au) has an atomic mass of 196.97 and the FCC crystal system. Calculate the density of gold.

2.11 BCC tungsten (W) has an atomic mass of 183.85 and an atomic radius of 1.371 Å. Calculate the density of tungsten.

2.12 The lattice constant of chromium (Cr) is 2.884 Å, the density and atomic mass are 7.19g/cm^3 and 52.00. Determine the crystal system of chromium from these values.

2.13 The lattice constant of palladium (Pd) is 3.8902 Å, the density and atomic mass are 12.02 g/cm^3 and 106.4 . Determine the crystal system of palladium from these values.

2.14 When heating iron, the crystal system changes at 912℃ from BCC with a lattice constant of 2.866 Å to FCC with a lattice constant of 3.589 Å. Determine the volumetric change in %. Is it an expansion or contraction? Determine the linear expansion or contraction rate.

2.15 Determine the Miller indices of planes A,B, and C in Fig. 1.

2.16 Determine the Miller indices of planes D, E, and F in Fig. 2.

2.17 Determine the Miller indices of planes G, H, and I in Fig. 3.

2.18 Determine the Miller indices of directions J, K-N, and O in Fig. 4.

2.19 Determine the Miller Bravais indices of planes P, Q, and R in Fig. 5.

Fig.1

Fig.2

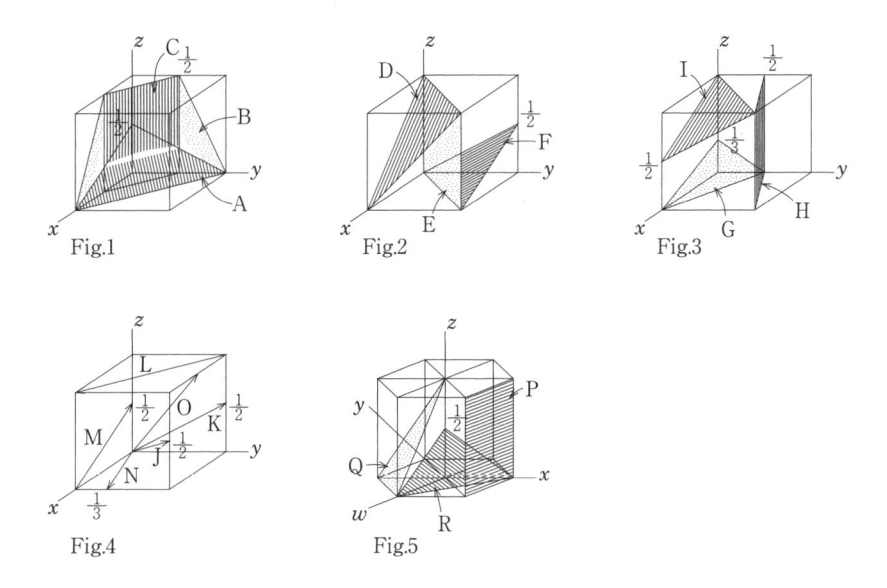

Fig.3

Fig.4

Fig.5

2.20 Draw the atomic arrangements in the following planes:
(1) plane (111) in FCC, (2) plane (100) in FCC, (3) plane (110) in BCC, (4) plane (020) in BCC, and (5) plane (0001) in HCP.

2.21 Determine the inter planar spacing of the (110) plane in BCC iron.

2.22 What kinds of defects are found in usual crystals ? Explain them with sketches.

2.23 The measured density of Cu is 8.930. The atomic mass and lattice constant of Cu are 63.54 and 3.615Å. From these values, estimate the ratio of vacancy atoms in the Cu crystal. Use 6.023×10^{23} for Avogadro's number.

第3章　合金とその組織

　金属材料は一般に純金属ではなく，これに他の成分元素を加えた合金の形で用いられる。金属は合金化することによって純金属とは異なる種々の特性を示すようになり，特に機械的性質については，それぞれの目的に合った，より好ましい性質を持たせることができるからである。本章では合金の種々の形態，組織の変化とその表し方，および合金化による性質の変化の基礎について述べる。

3.1　合金による組織と性質の変化

　純金属に他の元素を混ぜ，**合金**（alloy）にすると，**金属の組織**（structure）が変わる。結晶構造自体が変わる場合もあるし，複数の組織ができて共存する場合もある。合金の組織は純金属の組織よりも複雑である。このため合金は純金属にはない種々の性質を持つようになる。

　2種類の金属を合金にした場合，密度，比熱等は，それぞれの金属の混合割合いによって変化する。すなわち，次のような**線形混合則**（rule of mixture, linear mix rule）が成立つ。

$$合金の特性 = A金属の特性 \times A金属の混合割合(\%)$$
$$+ B金属の特性 \times B金属の混合割合(\%) \quad (3\text{-}1)$$

　このような特性を**組織鈍感性**（structural insensitive）といい，性質は連続的，加算的に変化する。これに対して，強度に対する合金の寄与はこれと著しく異なる。例えば純鉄に0.5％の炭素（黒鉛としての炭素の強度は鉄の$\frac{1}{10}$以下）を加えることによって強度は数倍に増加する。これは，炭素によって鉄の組織が変わり，その組織によって強度が支配されているからである。このような性質を**組織敏感性**（structural sensitive）という。この場合，性質は不連続，非加算的に変化する。合金の**濃度**（concentration）は，**全質量に対する合金の質量の割合**（mass％）で表わす。**モル濃度**（原子％，

atomic％）を用いる場合もある．合金濃度は目的と合金成分によって0.1％以下から50％（半々）に及ぶ．

3.2　合金の形態

金属中に合金元素を加えた場合，その存在の仕方には次の3種類がある．
(1) 固溶体（solid solution），**(2) 化合物**（compound），**(3) 遊離相**（free phase）

金属の組織の中で，原子レベルの配列が同じで，組成，性質がほぼ均一と見なされ，隣接する部分と明瞭に区別できる部分を**相**（phase）という．固溶体とは合金元素の原子（**溶質原子**，solute atom）が，基質となる**母相原子**（**溶媒原子**，solvent atom）中に分散し，溶け込んでひとつの相となる場合である．固溶体には，溶媒原子の格子点が溶質原子に置き代わった**置換型**（substitutional）と，溶質原子が溶媒原子の格子間に入込んだ**侵入型**（interstitial）とがある．これを**図3-1**（1）①および②に示す．金属と他の金属のように，原子半径が同程度の場合は置換型の固溶体になる．金属にH，C，N等，原子半径が小さい元素が溶け込む場合には侵入型になる．固溶体の溶質元素は原子レベルで母相と混合しており，通常の顕微鏡等で区別することができない．

固溶体は純金属に比べて硬い場合が多い*．これは直径の異なる原子によって結晶格子が歪むためである．**図3-2**はAu-Ag合金の濃度と強さの関係である．AuとAgはすべての濃度で固溶体を作り，強度は濃度約50％で最大になる．このような効果を**固溶強化**（solution hardening）という．

母相金属と合金元素が**金属間化合物**（intermetallic compound）を作る場合がある．その模式図を**図3-1**（2）に示した．金属間化合物は金属光沢を持ち，性質も金属的である．しかし，金属結合ではなく，イオン結合または共有結合であるため，金属よりも硬くてもろい．Fe_2Al，Cu_3Snなどが金属

＊　固溶によって軟化する場合もある．

①侵入型　　②置換型
(1) 固溶体　　　　(2) 金属間化合物　　(3) 遊離相

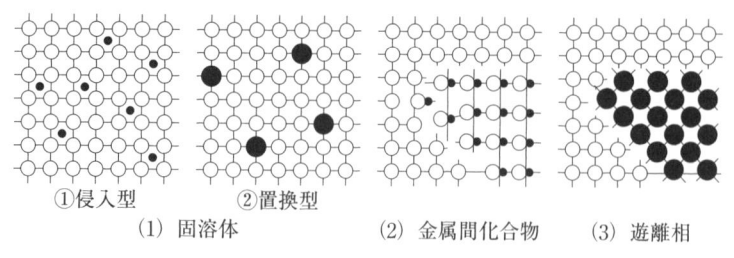

図 3-1　合金の形態

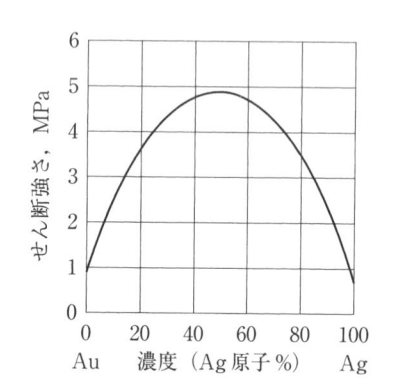

図 3-2　固溶体の濃度と強度（金－銀系合金の強さ）

間化合物の例である。金属とC，Si等の**半金属**（metalloid）との化合物も金属組織の中に頻繁に現れる。硬くてもろいが，組織の強化等に関して重要な働きをする。Fe_3C，Mn_3C，Mg_2Si等がその例である。

遊離相とは，合金元素が合金の中に単体として分離存在する場合である。溶融状態では溶け合うが，固相では全く溶け合わない，あるいは一部しか溶け合わない場合，余分の元素が単体として遊離する。この状態を**図3-1**（3）に示した。銅鉛軸受け合金の鉛，鋳鉄中の黒鉛は遊離相の例である。化合物および遊離相は母相と異なる相であり，光学顕微鏡等で明瞭に識別することができる。

3.3 相律

　合金の状態，存在の仕方は，成分元素の組合わせ，成分の数，濃度，温度，圧力等によって変化する。一定の温度で，2つの異なる相が量的，質的関係を変化させずに保たれる状態を**平衡状態**（equilibrium state）という。平衡状態をとる相の間には次の関係，**相律**（phase rule）が成り立つ。

$$f = c - p + 2 \tag{3-2}$$

　ここでcは系の**成分の数**，pは**平衡する相の数**，fは**自由度**（freedom）で，温度，圧力，濃度の内，選び得る変数の数である。相律はおよそ次のような意味を持っている。

　ある成分元素の化学ポテンシャルμはp個の相ですべて等しく，$\mu_1 = \mu_2 = \mu_3 \cdots, = \mu_p$である。釣合の式は $\mu_1 = \mu_2, \mu_2 = \mu_3, \cdots, \mu_{r-1} = \mu_p$の**($p-1$) 個**である。$c$個の元素について合計$c$**($p-1$) 個**の式が成立つ。一方，濃度に関する変数は相の数cに対して**($c-1$) 個**である（合計が一定であるから，c成分で$c-1$個の変数）から，p個の相ではp**($c-1$)** である。これに変数として温度と圧力が加わる。式の数と変数の数が一致する場合は状態はひとつに定まる。両者の数に差がある場合には，その差が自由度となる。したがって，

$$f = p(c-1) + 2 - c(p-1) = c - p + 2$$

　圧力が一定の場合には自由度が1つ低下し，

$$f = c - p + 1 \quad (圧力一定) \tag{3-3}$$

　$f = 2$は合金成分の濃度も温度も自由に選び得ることを示す。$f = 1$は濃度を指定すれば温度が一定値に定まり，逆に温度を指定すれば濃度が一定値になる場合である。$f = 0$では平衡する温度と濃度が共に一定値に定まってしまい，これらを自由に選ぶことができない。

3.4 固溶系合金とその状態図

3.4.1 冷却曲線

　凝固は，液相から固相への変化である。相の変化を**変態**（transformation）

と呼ぶ．純金属Aを溶融状態から冷却するとき，その温度－時間曲線は**図3-3** (1) ①のようになる．T_AはAの凝固温度（＝融点）である．純金属であるから$c＝1$，平衡凝固状態であるから，相の数pは液相と固相の2，したがって，

$$f＝1－2＋1＝0（圧力一定）$$

すなわち，凝固は一定温度で進行する．

次に，どんな濃度でも互いに固溶体を作る合金系A-Bを考える．元素Bの濃度がX％であるとき，これをA-X％B合金と表す．固溶体合金系A-Bの冷却曲線は**図3-3** (1) の②のようになる．これは，$c＝2$, $p＝2$（液相1，固相1）より$f＝1$で，濃度が決まれば凝固温度が決まること，逆に言えば，濃度が温度の関数であることを示している．この場合凝固は一定温度ではなく，凝固開始温度T_{L2}と凝固終了温度T_{S2}の温度範囲で進行する．温度範囲はBの初期濃度の増加に伴って③，④のように変化する．

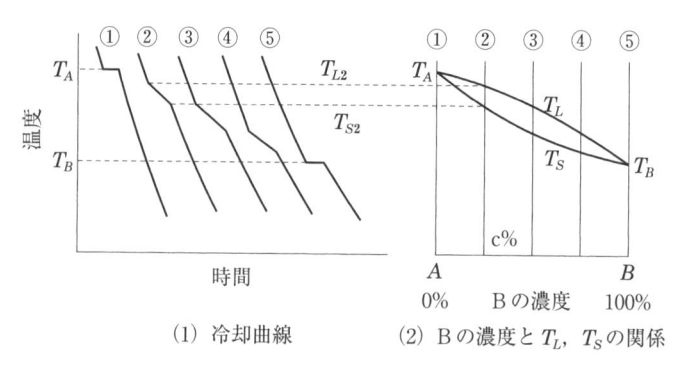

図3-3　種々の濃度のA-B合金の冷却曲線
（固相で完全に溶けあう場合）

3.4.2　固溶系の状態図

各濃度におけるT_LとT_Sを結ぶことによって，**図3-3** (2) ができる．これは，合金の温度と濃度と相の関係を示しており，**状態図**（phase diagram）という．曲線T_Lは**液相線**（liquidus），T_Sは**固相線**（solidus）と呼ばれる．T_Lより上では液相の状態，T_Sより下では固相の状態である．両者の中間で

は，液相と固相が平衡状態で共存している。

図3-4は固溶系の状態図と組織の変化を示したものである。**図3-4**で②の成分（濃度$c\%$）の合金を溶融状態から冷却するとき，温度T_{L2}に達すると凝固が始まる。このとき晶出する結晶（これを**初晶**, primary phase, という）の濃度はdである。低い濃度の固相を出すことにより，液相の濃度は増す。凝固が進むにつれて，液相の濃度はT_L線にそって増加する。

一方，固相の濃度は温度の低下にしたがってT_S線にそって増加する。例えば温度T_Xでは，固相の濃度は$e\%$である。ここで固相の中では，始めに晶出した低濃度の部分と，後から晶出した高濃度の部分は完全に混りあい，均一になると考える。液相の濃度も均一で，温度T_Xでは$f\%$である。温度T_{S2}ですべてが固相になり，凝固が終了する。この時の固相の濃度は，当然，始めと同じく$c\%$である

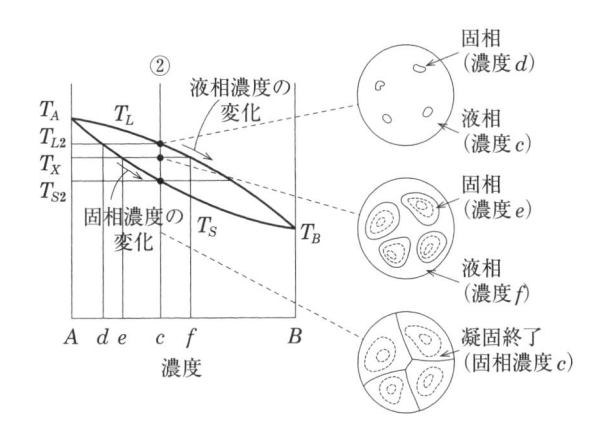

図3-4 固溶系の状態図と組織の変化

液相も固相もそれぞれ均一と考えるのは，均一に混り合うのに十分な時間がある場合を想定しているからである。これを**平衡**（equilibrium）状態という。時間が十分でない場合には，液相内，固相内に濃度の不均一が生ずる。

3.4.3 てこの法則

図3-4の凝固の途中を考える。これを**図3-5**に示す。合金の量を1kg，濃

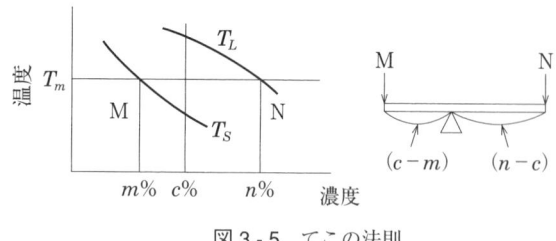

図3-5 てこの法則

度を c (%) とする。温度 T_m で平衡共存している固相の質量を M (kg), 濃度を m (%), 液相の量を N (kg), 濃度を n (%) とすると,

$$M + N = 1 \tag{3-4}$$

$$\frac{m}{100} \times M + \frac{n}{100} \times N = \frac{c(M+N)}{100} \tag{3-5}$$

より, $\dfrac{M}{M+N} = \dfrac{n-c}{n-m}$, $\dfrac{N}{M+N} = \dfrac{c-m}{n-m}$ \hspace{1em} (3-6)

が得られる。(3-6) 式が, 固相と液相の量 (割合) である。また, これより,

$$M(c - m) = N(n - c) \tag{3-7}$$

が成立つ。(3-7) 式は共存する両相の濃度と量の関係を示している。

 (3-7) 式はちょうど, 長さ $(n-m)$ の棒を端から $(c-m)$, $(n-c)$ の点で支持したてこ (挺子) にそれぞれ荷重 M, N が作用した時の釣合い関係に等しい。そこでこれを**てこの法則** (てこの理, lever rule) と呼ぶ。

 図3-6は固溶系合金の例であるSb-Bi合金の状態図である。他に, Au-Ag, Co-Ni等も, すべての濃度割合で固溶体を作る**全率固溶系合金**である。

3.5 共晶系の状態図

 液相では完全に溶け合うが, 固相では全く溶け合わない合金A－Bの冷却曲線は, **図3-7**(1) のようになる。また, これを結んだ状態図は**図3-7** (2) である。**図3-7** (2) の②の濃度の合金を冷却するとき, 温度 T_{L2} で凝固が始まる。BはAに全く溶けないから, 初晶として晶出するのは純金属のAである。この時, $c = 2$, $p = 2$ (固相Aと液相) であるから, $f = c - p + 1$ より,

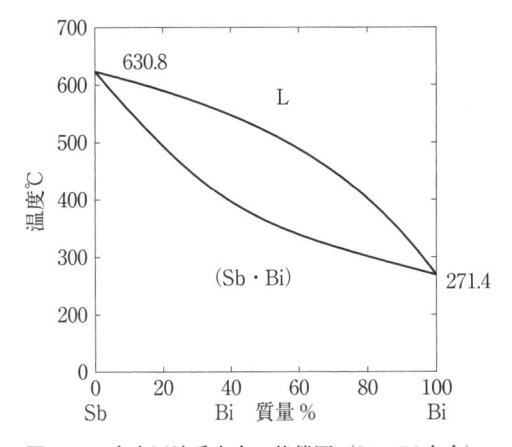

図3-6 全率固溶系合金の状態図（Sb-Bi合金）
（ASM: Metals handbook, 10th Ed.,Vol.3（1992））

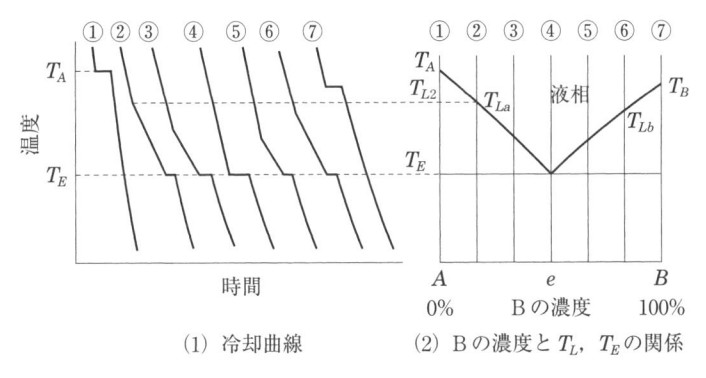

図3-7 互いに溶けあわないA-B合金の冷却曲線と状態図

(1) 冷却曲線　　(2) Bの濃度とT_L, T_Eの関係

$f=1$, すなわち, 凝固温度は濃度によって変わる変数である。この時, 残存液相の濃度は温度の低下とともにT_{La}線にそって増加する。これは③の合金でも同じである。濃度⑤の合金では, 初晶は純金属Bである。温度の低下に従って固相のBが増加し, 液相の濃度はT_{Lb}線にそって減少する。

③と⑤の中間の合金④, すなわち濃度e%の合金では, 純Aと純Bが同時に晶出することになる。この時, $c=2$, $p=3$（液相, 固相A, 固相B）であるから, $f=0$である。すなわち, この凝固反応は一定温度で進行する。これを**共晶反応**（eutectic reaction）といい, 温度T_Eで進行する。**図3-8**は

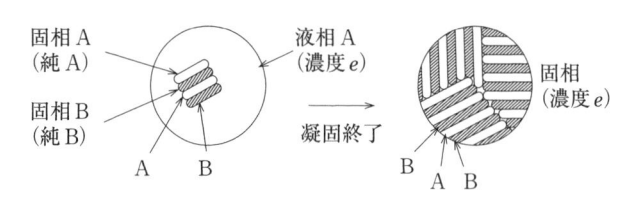

図3-8　共晶反応

　純Aと純Bの薄い層が交互に晶出した**共晶組織**である．他に棒状，粒状等の共晶組織がある．

　共晶系の状態図と組織の変化の関係を**図3-9**に示した．濃度e以下（**図3-7**の②および③）の合金では，凝固の進行によって液相の濃度が増加し，いずれは濃度e%に達する．また濃度e%以上（⑤および⑥）の合金では，凝固に従って液相の濃度が低下して濃度e%になる．この液相は共晶成分を持つから，一定温度T_Eで凝固し，共晶組織を晶出する．したがって，共晶濃度より低い濃度の合金では，凝固終了後の組織は，**図3-9**(1)のように，初晶Aと共晶組織（本書ではこれを記号**A/B**で表す）から成る．これを**亜共晶**（hypoeutectic）という．共晶成分より濃度が高い場合は，**図3-9**(3)のよ

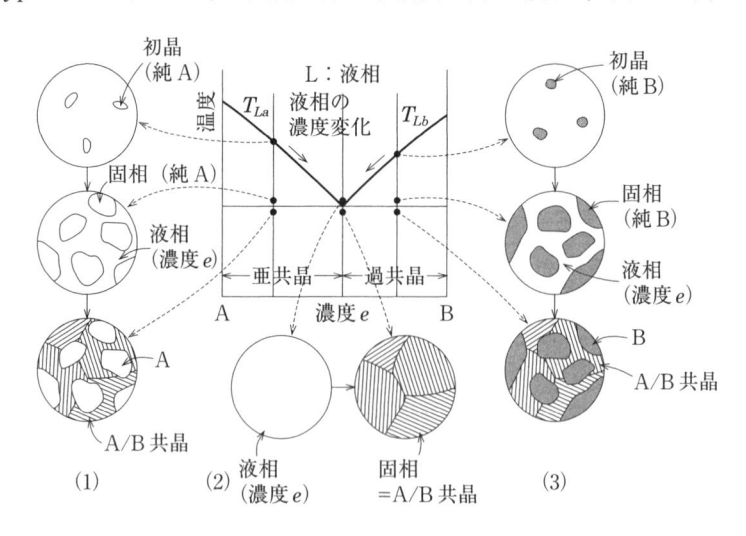

図3-9　共晶系の状態図と組織の変化

うに初晶Bと共晶組織A/Bの混合になる。これを**過共晶**（hypereutectic）という。共晶成分ではすべてが共晶組織A/Bである。共晶系の状態図についても，凝固途中で平衡状態にある2相の濃度と質量の間にはてこの理が成立つ。

3.6　固相で部分的に溶け合う合金の状態図

　液相では完全に溶け合い，固相では一定限度までは溶け合う合金A-Bの状態図は**図3-10**のようになる。Aの中には，濃度c％までBが固溶される。cを**固溶限度**という。Bの濃度が0～c％（点C）の範囲（例えば①の成分）では，**図3-4**の場合と同じく，温度T_{L1}で凝固が始まり，AにBが固溶した固溶体，α相が晶出する。温度T_{S1}で凝固が終了した後の組織は，始めの液相の濃度と等しい濃度のα相のみである。同様にBがd％（点D）～100％（例えば⑤）の範囲では，BにAが固溶した固溶体，β相が晶出し，凝固が終了する。

　Bが濃度c％（点C）を越えて含まれる場合（例えば②），まず温度T_{L2}で初晶α相が晶出する。温度が低下してT_Eに達すると，濃度c％のα固溶体と，濃度e％の液相が共存する。この温度で，液相からはα相とβ相が同時に晶出する共晶反応が起こる。αとβの共晶反応の模式図を**図3-11**に示し

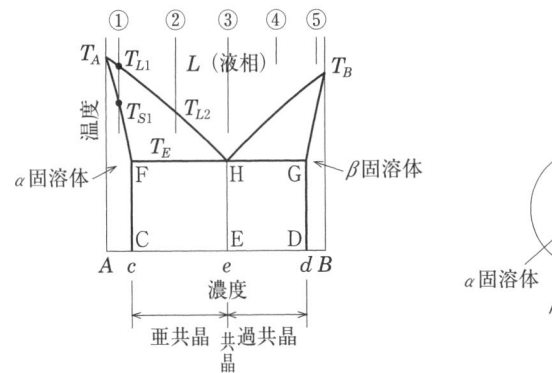

図3-10　部分的に溶けあう
　　　　　A-B合金の状態図

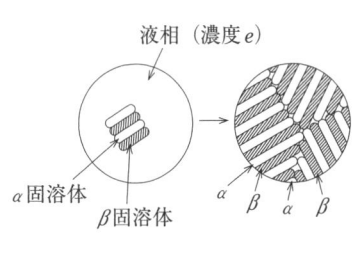

図3-11　点Hにおける
　　　　　固溶体αとβの共晶反応

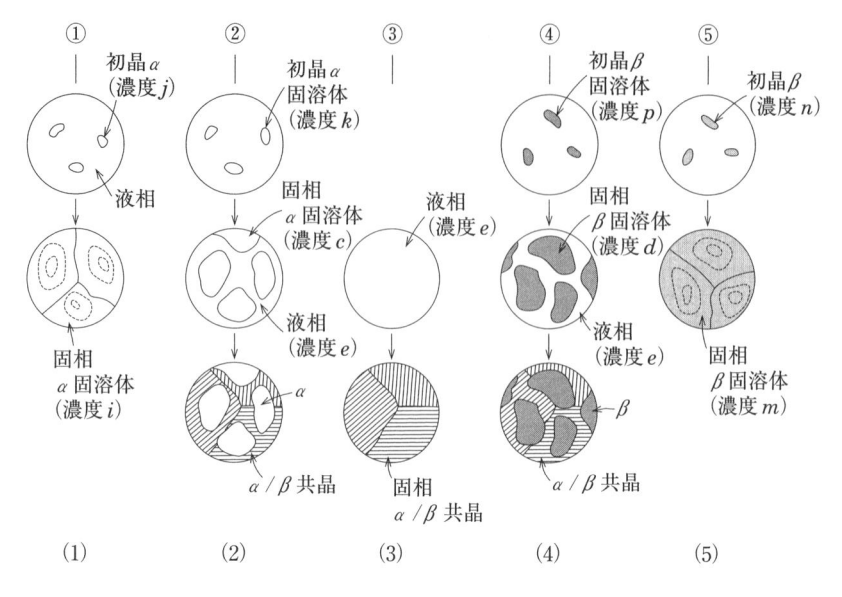

図 3-12 図3-10の状態図における組織の変化

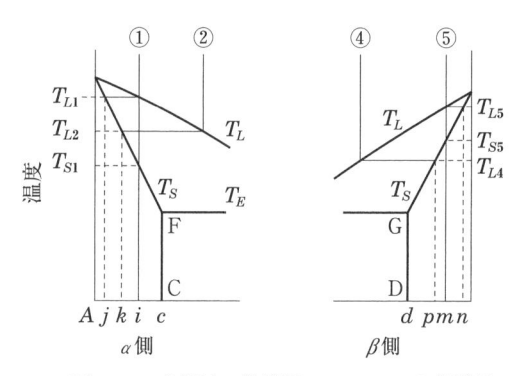

図 3-12（補足） 状態図3-10のα, β部詳細

た。凝固終了後の組織は**図3-12**(2)のように，初晶αと，αとβの共晶（本書ではこれを記号α/βで表す）の混合する組織である。**図3-7**(2)と**図3-10**の違いは，初晶が純Aではなく，固溶体αであること，共晶組織も純Aと純Bの共晶ではなく，固溶体αと固溶体βの共晶であるという点である。他は基本的に状態**図3-7**，3-9の場合と同じである。**図3-10**に対応する組織

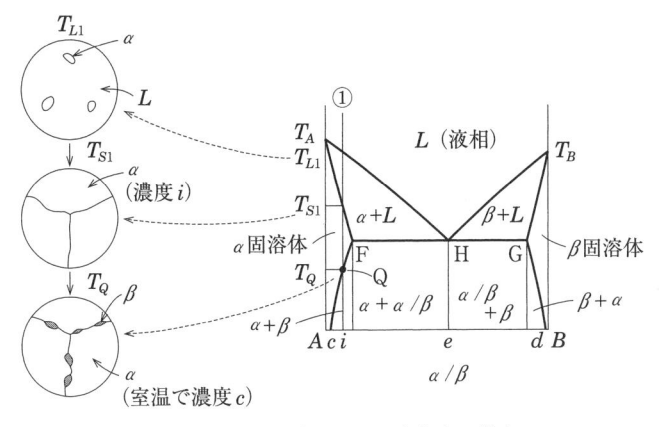

図 3-13 固溶限度が温度によって変化する場合の共晶系合金の状態図と組織の変化

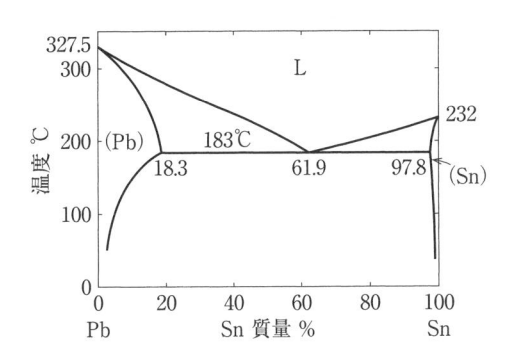

図 3-14 共晶系合金の状態図 (Pb–Sn)
(ASM: Metals handbook, 10th Ed. ,Vol.3 (1992))

の変化を**図3-12**に示した。

図3-10において，固溶限度（線分F-C，およびG-D，solvus）が温度によって変化する場合がある。この場合，状態図は**図3-13**のようになる。α 固溶体（温度 T_{L1} で晶出開始，T_{S1} で凝固終了）の温度が低下し，温度 T_Q に達すると，α 中に固溶しきれなくなったBが β 固溶体として**析出**（precipitate,固相から別の固相が生成する場合）する。析出は多くの場合**図3-13**のように α 相の結晶粒界で生じる。**図3-14**はこのような共晶系合金の例であるPb-Sn 合金（鉛錫はんだ）の状態図である。

3.7 包晶系,偏晶系,化合物生成系の状態図
3.7.1 包晶系

一旦生成した初晶と周りの液相が反応して,新たな固相をつくる場合がある。生成した固相が初晶を包み込む状態になるので,これを**包晶**(peritectic reaction)といい,**図3-15**のような状態図になる。包晶成分c%である①の溶液を冷却すると,温度T_{L1}で初晶の固溶体αが生ずる。温度がT_Pまで低下すると,αが液相Lと反応し,新たな固溶体βを作る。この時のαの濃度はd%,液相の濃度はe%であり,生成するβの濃度はc%である。**図3-15**に,各濃度,温度での組織の模式図を示した。包晶反応は低炭素域の鋼が凝固する際に生ずる(第7章,**図7-1**,Fe-C状態図)。

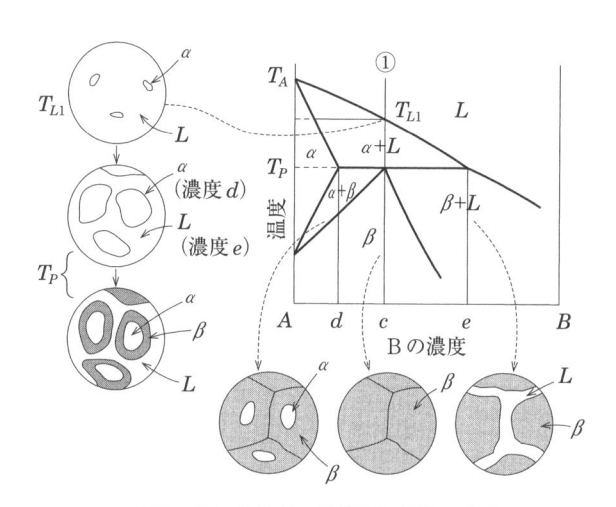

図 3 - 15 包晶系の状態図と組織の変化

3.7.2 偏晶系,2液相分離系

水と油のように,液相でも固相でもほとんど溶け合わず,2液相に分離する場合がある。**図3-16**は,液相で一部が溶け合うが2相に分離する場合の状態図である。①の濃度の溶液を冷却すると,温度T_1以下で,Aに富んだ溶液L_1とBに富んだ溶液L_2の2相に分離する。これらの液相を**共役液相**(conjugate solution)という。温度T_Bで液相L_2からBが分離晶出し,さら

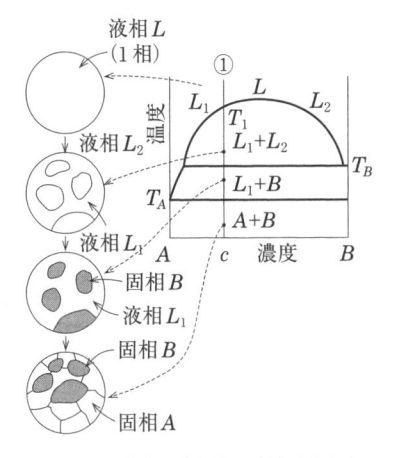

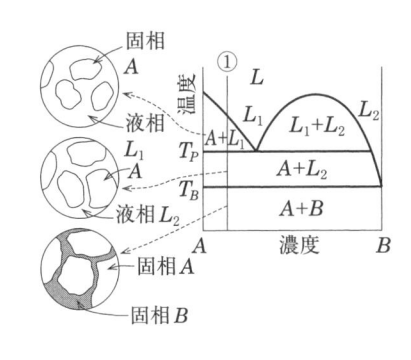

図3-16 液相でも固相でも溶けあわない場合の状態図と組織の変化―(1)液相分離系

図3-17 液相でも固相でも溶けあわない場合の状態図と組織の変化―(2)偏晶系

に温度T_Aでは液相L_1からAが晶出する。凝固後の組織はAとBがそれぞれ分離した相として混在する。L_1とL_2,あるいは先に晶出するBの密度に差がある場合には,重い相が沈下し,完全に分離する。Pb-Znはこのような**2液相分離型合金の例**である。

図3-17の場合,①の成分の液相を凝固させると,液相L_1からまず固相Aが晶出する。その後,温度がT_Pまで低下すると,固相Aと液相L_1が反応して液相L_2を生ずる。このような反応を**偏晶反応**(monotectic reaction)という。温度T_B以下では,L_2から固相Bが生じ,A,B,2つの固相が分離した組織になる。液相でも固相でも全く溶け合わない場合には,通常の溶融凝固の方法では合金ができない。重力の影響がない宇宙空間のような環境下では,このような2金属が均一に分散した合金を作ることができる可能性がある。

3.7.3 化合物生成系

状態図において,化合物は一定組成を表す温度軸に平行な直線になる。化合物は合金の1成分として取扱うことができるので,その組成を境界とする2つの状態図を合せた形になる。**図3-18**は金属A,金属Bがいずれも化合物$A_m B_n$と共晶組織を作る場合である。Mg-Siはこのような合金の例である。

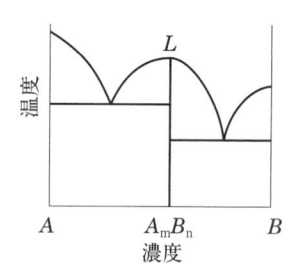

図3-18 化合物を生成する場合の状態図

3.8 3成分系合金の状態図

これまでの合金状態図はすべて成分が2つの場合（binary alloy）である。実際には3つ以上の成分による合金の場合も多い。Al-Cu-Mg合金，Fe-Ni-Cr合金等はその例である。

成分系が3つの場合，状態図は**図3-19**のような立体図として表すことができる。これを平面上に表現するには次の方法がある。

(1) 液相線（面）のみを表示する，
(2) 特定の温度断面で表示する，
(3) 特定の成分断面で表示する。
(4) 特定の変態温度面で表示する。

図3-20は特定温度における断面での表示の模式図である。図上の点でのA，B，Cの成分割合は，それぞれ座標軸AB，BC，CA上の座標の値で表される。

図3-21はAl-Ti-V合金の例である。

図3-22はひとつの成分の特定値での断面で表した場合で，Fe-C-Si合金

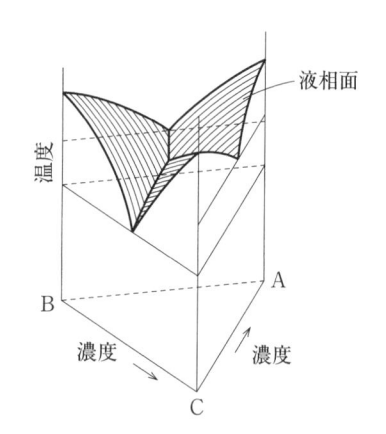

図3-19 3成分系A−B−C合金の状態図

の，Si 2%およびSi 4%の断面の例である。現在では**コンピュータグラフィック**により，3次元的に表示し，任意の温度および成分の断面で，2次元表示をすることが可能である。

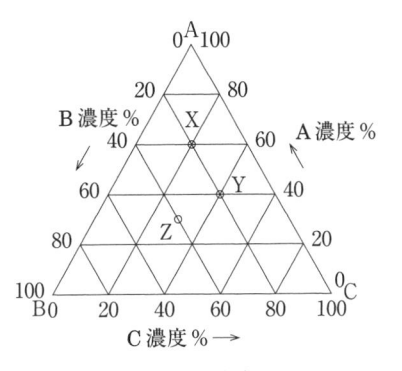

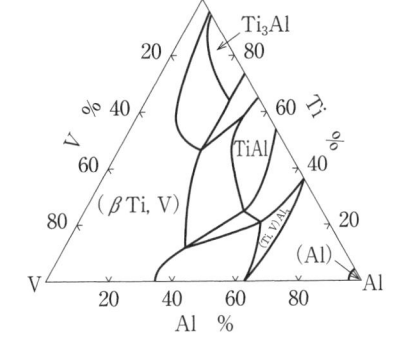

X：A − 20%B, 20%C 合金
Y：A − 20%B, 40%C 合金
Z：A − 40%B, 30%C 合金

図3-20　一定温度断面における3元素
　　　　合金成分の表示

図3-21　Al-Ti-V 3元合金の980℃における
　　　　状態図
（ASM: Metals Handbook 10th Ed., Vol.3（1992））

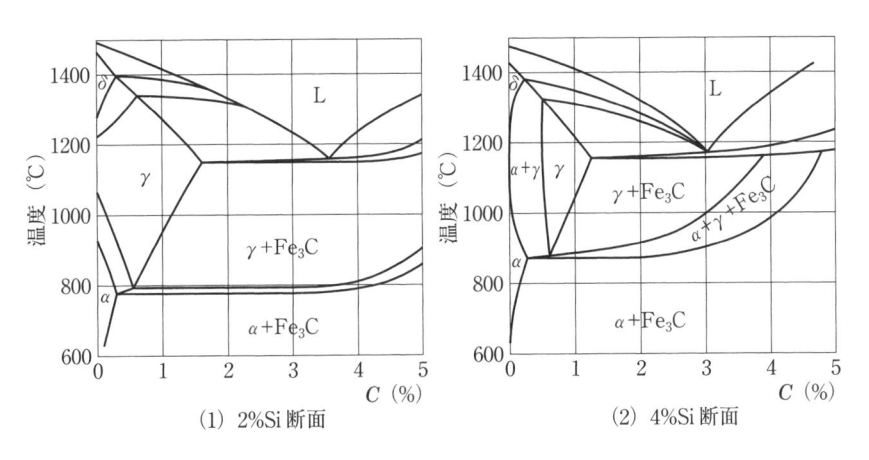

(1) 2%Si 断面

(2) 4%Si 断面

図3-22　Fe−C−Si 合金（鋳鉄）の状態図
　　　　(1) 2%Si 断面　(2) 4%Si 断面

3.9　状態図と合金の性質

　合金の性質は，凝固後および使用状態での金属組織に大きく依存する。**固溶系合金**の多くでは，結晶格子が歪むことによって強度が増加する。金属間化合物は一般に硬くてもろい。固溶体中に化合物の細かい粒子が分散すれば，固溶体は変形しにくくなり，硬く，強くなる。しかし化合物相の量が増えると合金はもろくなる。

共晶成分の合金は低い温度で融ける。また純金属と同じように一定温度で凝固するから，鋳造に適する。純金属あるいは固溶体と金属間化合物の**共晶組織**は，軟らかい相と硬い相が交互に貼合された微視的な複合材料と見なすことができる。適度に硬く，ねばり強く，構造材料として有用である。合金化によって格子系が変わる場合もある。

面心立方晶のγ鉄は通常高温でしか存在しないが，Ni，Crなどとの合金化により，室温でもγ相が現れる。これらの組織の変化によって，機械的性質はもとより，耐腐食性等の化学的性質や，電気磁気的性質も変わる。

機械技術の分野では極めて多くの金属材料を選択，使用し，また加工する必要がある。材料の処理，改善，さらにはより高性能の材料の開発を行うこともある。その場合，材質特性を判断し，あるいは予見する必要がある。判断の根拠になるのは金属組織であり，組織を判断する基礎は状態図である。機械的性質に限っても，状態図の形状によって，採用すべき**強度増加法**が異なる。これらについて，次章以下に詳しく述べる。

第3章の練習問題（Exercises for Chapter 3）

3.1 Give three ways that alloy elements may exist in crystals.

3.2 There are two kinds of solid solutions. Name them and explain details.

3.3 Can you identify the alloying elements in a solid solution under an optical microscope ? Explain the reasons.

3.4 Can you identify the alloying elements in intermetallic compounds under an optical microscope ? Explain the reasons.

3.5 Generally, metallic materials for mechanical use are alloyed, not pure metals. Why ?

How do the properties of metals change by alloying ?

3.6 Show that pure metal solidifies at a constant temperature by the phase rule.

3.7 Fig.1 shows a binary phase diagram of an alloy A-B which makes solid solution at any concentration. Draw cooling curves (time-temperature curves) of the following alloys:

(1) pure A, (2) A-40% B alloy and (3) B-20% A alloy

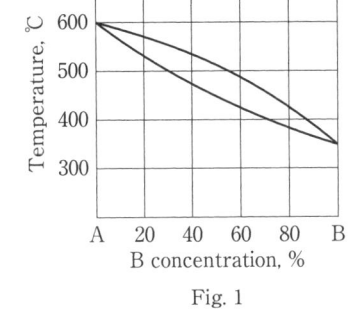

Fig. 1

3.8 In Fig.2, the A − C%B alloy is solidifying at the temperature T. Show that the lever rule is valid between the amount (mass) of solid and remaining liquid.

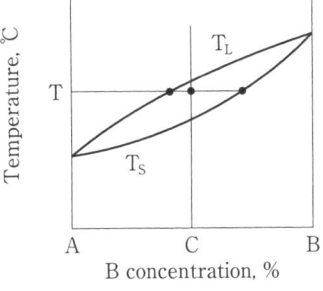

Fig. 2

3.9 Fig.3-6 is the phase diagram for Sb-Bi alloys.

(1) In cooling a Sb-30%Bi alloy, determine the temperature where solidification begins, and where the solidification finishes.

(2) Calculate the mass ratio (in %) of solid and liquid in Sb-30% Bi alloy at 500℃. What are the Bi concentration in the solid and the remaining liquid ?

(3) What are the temperatures where Sb-60% Bi alloy begins solidification and finishes solidification ?

What is the Bi concentration in the primary solid ? What is the Bi concentration in the solid when solidification is completed ?

3.10 What is an eutectic reaction ? Show that the eutectic solidification progresses at a constant temperature by the phase rule.

3.11 Fig.3 shows an eutectic binary phase diagram.

(1) Determine the liquidus temperature of an A-30% B alloy. What is primary solid ?

(2) Calculate the mass ratio of solid and liquid of the alloy in (1) at just above 300 ℃

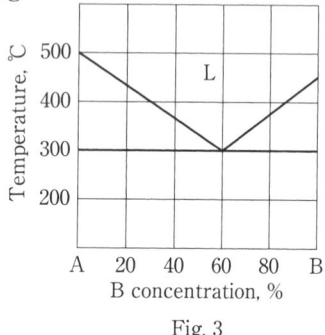

(3) What is the temperature where solidification is complete in the alloy in (1) ? What are the phases and their B concentration after completion of solidification ?

(4) Determine the temperatures where solidification begins and finishes in A-60% B alloy. How much is the B concentration in the solid?

(5) Explain the solidification process of a A-80%B alloy. What is the room temperature structure ? What is the B concentration and the mass ratio of the constituents.

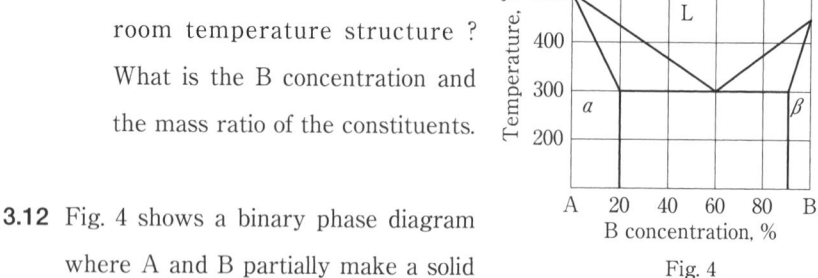

Fig. 3

3.12 Fig. 4 shows a binary phase diagram where A and B partially make a solid

Fig. 4

solution.

(1) Determine the liquidus temperature of A-30% B alloy. What is primary solid?

(2) What is the temperature where solidification is complete in the alloy in (1) .Tell the phases and their B concentration after solidification is complete.

(3) Determine the temperatures where solidification begins and finishes in A-60% B alloy. What is the B concentration in the solid?

(4) Explain the solidification process of a A-80% B alloy. What are the room temperature structures? What is the B concentration and the mass ratio of the constituents?

(5) Explain the solidification process of a A-5%B alloy.

3.13 In Fig.3-14:

(1) Explain the structural changes in cooling a Pb-10% Sn alloy from 350 ℃. What is (are) the constituent (s) at the room temperature. Give the sketch.

(2) Explain the structural changes in cooling a Pb-40% Sn alloy from 300 ℃. What is (are) the constituent (s) at the room temperature. Give the sketch.

(3) Explain the structural changes in cooling a Pb-62 % Sn alloy from 250 ℃. What is (are) the constituent (s) at the room temperature. Give the sketch.

(4) Explain the structural changes in cooling a Pb-99% Sn alloy from 300 ℃. What is (are) the constituent(s) at the room temperature. Give the sketch.

第4章 熱処理の基礎

前章での状態図によれば，金属・合金は溶融状態から冷却凝固する際に，合金成分とその濃度によって様々な相，組織を生成する。さらに，凝固後の固相状態においても，温度の変化に伴って種々の組織変化が生ずる。一方，状態図は平衡状態，すなわち冷却速度が非常に遅い状態での変化を表しているが，冷却の速度が速い場合にはこれとは異なった現象が生ずる場合がある。金属の性質は組織によって大きく影響されるから，このような合金成分の調整および加熱－冷却を利用して，組織を制御し，変化させることによって，種々の有用な性質を引出すことができる。このような操作を**熱処理**（heat treatment）という。本章では，その基礎となる金属組織の挙動について記述する。

4.1 凝固と凝固組織

多くの場合，材料はまず鋳造によって素材とされる。**図1-4**のような連続鋳造，あるいは**図1-5**のようなインゴットによって金属塊とする場合もあるし，**図1-10**（1）のような鋳造によって直接，部材の形状の素材を得る場合もある。前章の状態図でも凝固に伴って生ずる種々の組織について述べたが，本節では冷却凝固の過程をより詳細に記述する。

4.1.1 核生成と過冷

溶湯から初晶が晶出する場合，まず溶湯中に**核**（nucleus）が生成されることが必要である。これが成長（grow, growth）して結晶になる。

半径 r の球状核が生ずる場合を考える。体積自由エネルギ ΔF_v は体積に比例し，一方表面エネルギ σ は面積に比例して増加する。したがって，核の生成のための自由エネルギの変化 ΔF は，

$$\Delta F = \frac{4}{3}\pi r^3 \Delta F_v + 4\pi r^2 \sigma \tag{4-1}$$

融点（凝固温度）以下では体積自由エネルギは液相より固相の方が小さい

から，ΔF_v は負の値である。$\dfrac{d(\Delta F)}{dr} \geq 0$ ならば液相状態に戻る方がエネルギが減少するから，核は消滅する。核が存在しうる限界は $\dfrac{d(\Delta F)}{dr} \leq 0$ で与えられる。この関係を**図4-1**の模式図に示した。

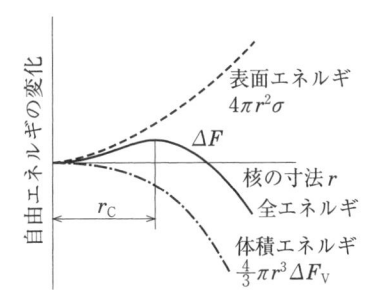

図4-1 凝固核の寸法rと自由エネルギの変化

$$4\pi r^2 \Delta F_v + 8\pi r\sigma \leq 0 \quad \text{より}$$

$$r\Delta F_v \leq -2\sigma \tag{4-2}$$

ΔF_v は負であるから，

$$r \geq \left|\frac{2\sigma}{\Delta F_v}\right| \tag{4-3}$$

これが最小の核の大きさである。

体積自由エネルギ ΔF_v は次式で表される。

$$\Delta F_v = -\frac{\Delta H_f \Delta T}{T_m} \tag{4-4}$$

ΔH_f は凝固潜熱，T_m は凝固温度(K)，$\Delta T = T_m - T$（T：相の現在温度）は，平衡凝固温度からの**過冷**（undercool）である。すなわち，一定の過冷がなければ凝固核は生じない。式（4-3）および（4-4）より，過冷が大きいほど小さな核でも生成しうることがわかる。過冷が生ずる場合の冷却曲線は**図4-2**のようになる。核が生じて凝固が進行すると，凝固潜熱の発生によって温度が上昇する。これを温度回復あるいは**再熱**（recalescence）という。

以上は，均一な金属溶湯から凝固核が生成する**均質核生成**（homogeneous nucleation）の場合であるが，実際の凝固では溶湯中のわずかな不純物を中心とする，あるいは鋳型の壁から核が生成する**異質核生成**（heterogeneous nucleation）が生じる。この場合，不純物との接触部分の表面エネルギが液相－固相界面の場合よりも著しく小さい。このため，（4-4）式よりも小さな過冷で凝固が起こる。**図4-3**は均質核生成と異質核生成の模式図である。

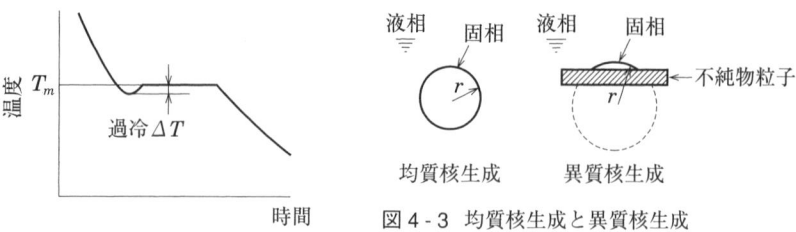

図4-2　過冷がある場合の冷却曲線

図4-3　均質核生成と異質核生成
(D.R.Askeland: Science and Engineering of Materials (1984),p155,Fig.7-4)

4.1.2　成長

　凝固あるいは析出で生じた核は成長して新たな相となる。冷却過程では比熱に相当する顕熱と，凝固または変態潜熱に相当する熱を放出（周囲による吸収）することによって結晶が成長する。成長の主方向は温度勾配の方向である。純金属あるいは，合金でも核が均一に生じ冷却速度が遅い場合，成長の前面が**図4-4**（1）のような平坦な**平面成長**（planar growth）になる。これに対し，合金で，過冷が大きい場合には，**図4-4**（2）のような**デンドライト**（樹枝状，dendrite）**成長**になる。凝固潜熱が放出されると，近傍溶湯が温度回復し，過冷度が低下する。このため，主成長方向に直角な**デンドライトの2次枝**が生じ，さらにこれと直角方向に**3次枝**が生ずる。

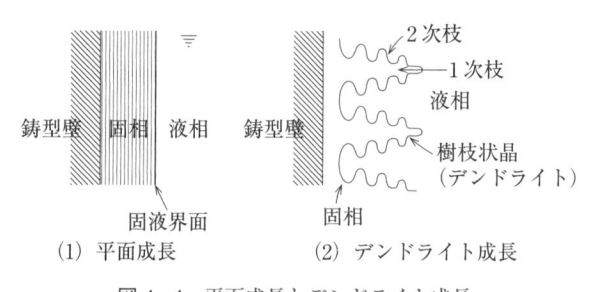

図4-4　平面成長とデンドライト成長

4.1.3　凝固組織と鋳造組織

　凝固後の結晶粒の大きさは発生した核の数とその後の結晶の成長速度の相対関係による。これを**図4-5**に示した。過冷による核生成が成長速度より大

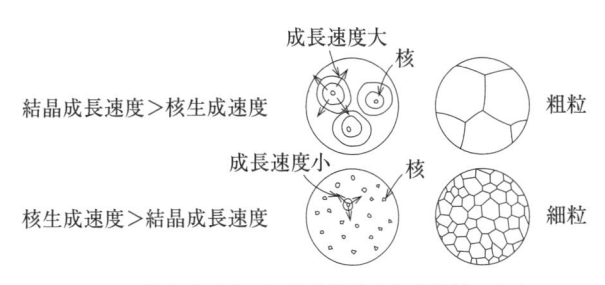

図4-5 核生成速度，結晶成長速度と結晶粒の大きさ

きければ細かい結晶粒，細粒になり，逆の場合には粗い結晶粒，粗粒になる。核発生速度と結晶の成長速度はともに凝固温度，過冷度，凝固速度によって変化するが，一般的には冷却速度が大きい場合に細かい結晶粒になる。また，一般に結晶粒が細かいほど，機械的性質が優れている。結晶粒の大きさは次式の結晶粒度番号nで表される。

$$N = 2^{n+3} \quad (N：1\text{mm}四方に含まれる結晶粒の個数) \quad (4\text{-}5)$$

鋼では$n<5$を**粗粒**，5以上を**細粒**という。結晶粒を細かくするために，溶湯中に核となる物質を添加し，その発生を促すことがある。このような処理を**接種**（inoculation）という。振動や電磁誘導による撹拌も結晶粒の微細化に用いられる。

鋳型の中で溶融金属が凝固した場合の組織は一般に**図4-6**のようになる。これを**鋳造組織**という。鋳型壁面では急冷によって，方向性のない細かい結晶粒が生ずる。これを**チル晶**（chill grain）という。その後，鋳型壁と直角方向に樹枝状のデンドライトが発達する。これを**柱状晶**（columnar grain）という。中心部は再度方向性のない細かい**等軸晶**（equiaxed grain）になる。これらは凝固によって直接生じた**1次組織**である。このような組織は後の加熱処理（焼なまし，再結晶。4.5.2.参照）によって，より均一な**2次組織**に変化させることができる。

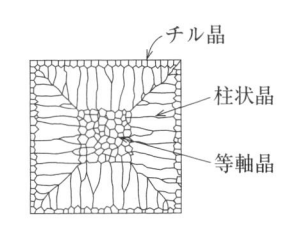

図4-6 金属塊の凝固組織

4.2 拡散

合金の凝固過程あるいは溶融過程では，合金元素（溶質原子）の移動がある。例えば，**図4-7（1）**で固相αが晶出するとき，液相のB濃度はa%であるが，初晶αの濃度はb%である。したがって，濃度の差に相当する量の合金元素Bがα相から液相へ排出されなければならない。温度の低下にしたがって，α相の濃度はb%からa%まで増加するが，この時も，後に晶出した高濃度の部分から，先に生成した低濃度の部分へ溶質Bが移動することによって，全体が均一の濃度になる。**図4-7**（2）の破線の濃度分布から均一な実線の濃度分布への変化はその模式図である。これらの移動は，原子Bの**拡散**（diffusion）によって起こる。**図4-8**はA，B，2種類の原子が拡散によって均一化する過程の模式図である。拡散は原子の熱振動によって互いの位置

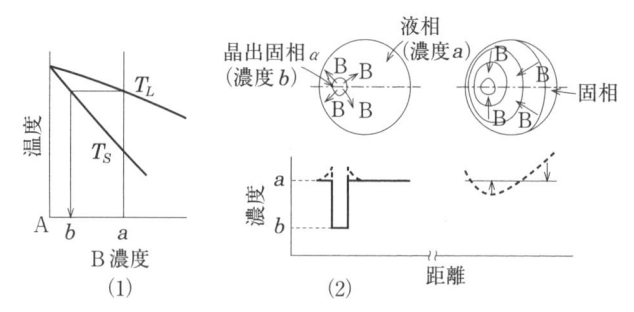

図4-7 晶出固相と液相，および凝固相内での濃度差（1）と拡散による均一化（2）

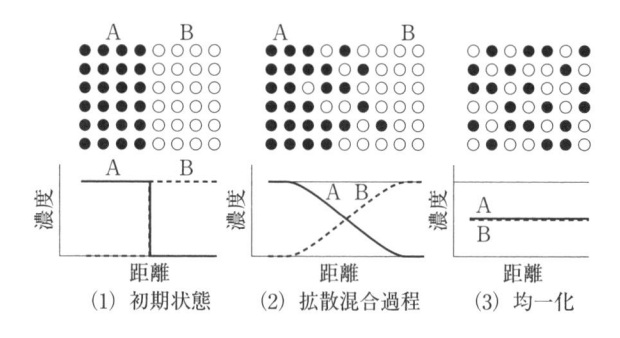

図4-8 拡散による濃度の均一化

を交換しあうことによって生ずる。純金属のように濃度差がない場合でもそのような現象は生じている。これを**自己拡散**（self diffusion）という。

図4-9のように濃度 C に差がある場合，図の左側から右側へ拡散移動する溶質原子の量 J は，**濃度の勾配**（concentration gradient） $\dfrac{dC}{dx}$ に比例し，単位面積，単位時間当りで次のように表される。

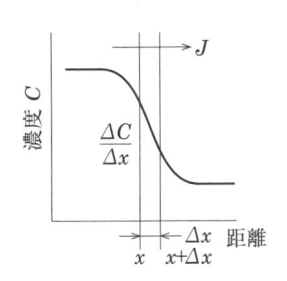

$$J = -D\frac{dC}{dx} \quad D：拡散係数（diffusion\ coefficient） \quad (4\text{-}6)$$

図4-9 拡散量 J と濃度こう配

(4-6)式は**フィック**（Fick）の**第1法則**と呼ばれる。負号は濃度が低い方向へ拡散することを示している。拡散係数 D は温度によって著しく変わり，次式で表される。

$$D = D_0 \exp\left(-\frac{Q}{RT}\right) \quad (4\text{-}7)$$

D_0：振動数因子, Q：活性化エネルギ, T：温度, R：気体定数(8.314 J/mol/K)

表4-1は D_0, Q の例である。

表4-1 金属中の元素の拡散における D_0 および Q の例

組合わせ	D_0(mm²/s)	Q(KJ/mol)
γ 鉄中のC	23.0	138
α 鉄中のC	1.1	88
γ 鉄中のN	0.34	145
α 鉄中のN	0.47	78
γ 鉄中のNi	410	268
Cu中のNi	230	242
Ni中のCu	65	258
Cu中のAl	4.5	165

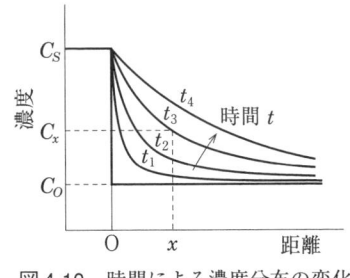

図4-10 時間による濃度分布の変化（C_S, C_O 一定）

図4-10のように,濃度$C(x)$が距離と時間によって変化する場合,フィックの第2法則によって,次の微分方程式が成り立つ*。

$$\frac{dC}{dt} = D \cdot \frac{d^2C}{dx^2} \tag{4-8}$$

この方程式の一般解は,

$$C(x) = (A\cos \lambda x + B\sin \lambda x)\exp(-Dt\lambda^2) \tag{4-9}$$

A, B, λは境界条件から定まる定数である。

図4-10のように初期濃度C_s, C_0の時,距離xでの濃度C_xは時間tの関数として,

$$\frac{C_s - C_x}{C_s - C_0} = \mathrm{erf}\frac{x}{2\sqrt{Dt}} \tag{4-10}$$

ただし拡散係数Dは一定で,濃度C_s, C_0は変わらないものとする。

ここで,$\mathrm{erf}(x)$は正規誤差関数で,

$$\mathrm{erf}(x) = \frac{2}{\sqrt{\pi}} \int_0^x \exp(-z^2)\,dz \tag{4-11}$$

である。$x - \mathrm{erf}(x)$を図4-11に示した。

上式から次のようなことが分る。例えば1000℃のγ鉄の中の炭素の拡散係数Dはおよそ$5\times 10^{-5} \mathrm{mm}^2/\mathrm{s}$である。炭素量0%の$\gamma$鉄の表面を2%Cの$\gamma$鉄と完全に接触させ1000℃に保持した場合,深さ1mmの部分の炭素量が1%に達するのに必要な時間はおよそ5時間である。深さ0.2mmの部分が0.1%Cに達するには約100sを要する。固相中析出相の寸法は一般に数μm(10^{-3}mm)以下であるけれども,この距離の溶質原子の移動にも明らかに一定の時間を必要とする。

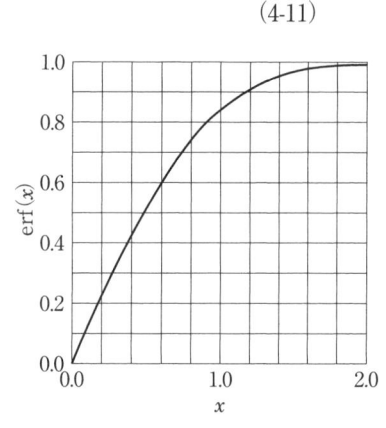

図4-11 $x - \mathrm{erf}(x)$曲線

拡散距離のおよその値は,

---

* 詳細は伝熱学あるいは物質移動論の教科書を参照

$$x = \sqrt{2Dt} \tag{4-12}$$

によって求められる。これは(4-10)式において，初期濃度差の34％の値となる位置までを**拡散距離**と定義することに相当している。

金属中での原子の拡散を**体拡散**（bulk diffusion）という。結晶内に多量の欠陥が含まれる場合には，拡散は欠陥を媒介とすることにより，欠陥が無い場合よりも速く進行する。結晶粒界は欠陥の集合であるから，これを伝う**粒界拡散**（grain boundary diffusion）は著しく速い。粒界拡散の拡散係数は体拡散の場合より$10^3 \sim 10^4$大きい。金属表面を伝う**表面拡散**（surfacce diffusion）もまた，さらに3〜4桁大きい値になる。拡散係数は結晶の面，方向によって，また他の元素の存在，濃度によっても異なる。**図4-12**は多結晶鉄中での元素（H, C, N）の拡散係数およびその温度による変化の例である。金属中での金属元素の拡散速度はこれよりも1〜3桁小さい。**表4-2**は1000℃での，金属中の金属元素の拡散係数の例である。

表4-2　1000℃での、金属中の金属元素の拡散係数の例

組合わせ	拡散係数$D (\text{mm}^2/\text{s})$
γ鉄中のNi	4×10^{-9}
γ鉄中のAl	2×10^{-6}
γ鉄中のCr	7×10^{-7}
Cu中のNi	3×10^{-8}
Cu中のAl	8×10^{-7}

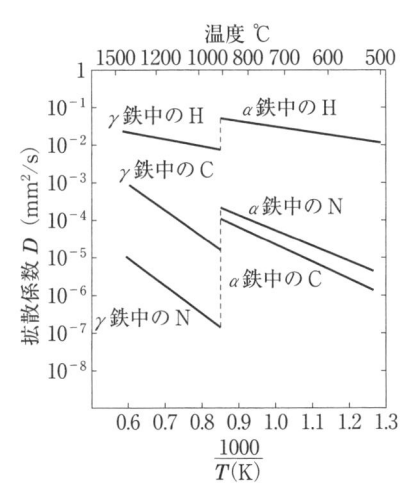

図4-12　鉄中での元素の拡散係数の例
(D.R.Askeland: Science and Engineering of Materials (1994),p117,Fig.5-9)

4.3 状態図と冷却速度

3章で述べた平衡状態図は，拡散が十分に進み，溶質原子が完全に均一に分布した場合である。実際の冷却による凝固では，状態の変化は有限の時間で生ずるから，その間に合金元素が完全に拡散できるとは限ら

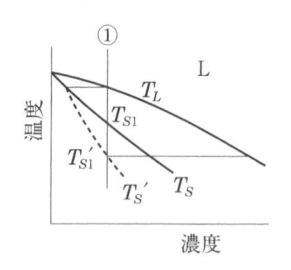

図4-13 非平衡凝固での固相線の移動

ない。晶出した固相の中で，場所によって溶質原子の濃度に差が生ずる。また液相でも，晶出相の近傍と遠方では濃度に差ができる。このために，冷却速度が速い場合には，状態図の固相線は平衡状態よりも低温度側にずれる。これを図4-13に示した。固相線T_Sは低濃度側にずれT_S'のようになる。凝固終了温度は状態図上の固相線T_Sとの交点T_{S1}ではなく，これより低いT_{S1}'になる。同様に，共晶温度や共晶濃度も，冷却速度によって変化する。

状態図上は均一であるべき組織において，部分によって溶質の濃度に差が生じ，室温の組織にまで持ちきたされる場合，これを**偏析**（segregation）という。図4-4で，樹枝状晶とその間隙部とで濃度が異なるような，結晶粒寸法程度で生ずる偏析を**ミクロ偏析**（micro segregation）という。これに対し，一定寸法の金属塊で，部位によって成分濃度が異なるような偏析を**マクロ偏析**（macro segregation）という。

4.4 析出と共析変態

3.4節にて述べたように，金属の相の変化を**変態**という。**析出**は固体から新たな固体相が出現する変態である。析出の場合も凝固の場合と同じく，まず核が生じ，これが成長する。図4-14のように低濃度の固溶体αから高濃度のβが析出する場合，過冷によって**過飽和**（supersaturation）となったα相からβ相の核が生成する。残存α相の濃度は析出相の近傍で薄められ（(2)の破線），拡散によって均一化する（(2)の実線）。したがってこの変態には時間を要する。拡散を伴うような変態を**拡散変態**という。これに対して，

図4-14　固相 α からの固相 β の析出

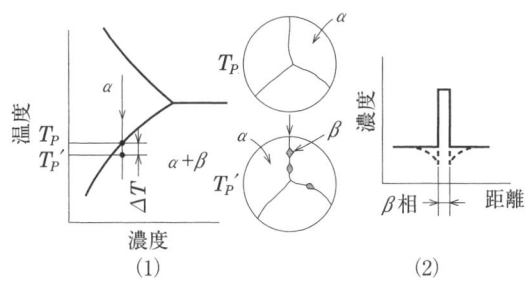

　純鉄においてBCCの α 鉄がFCCの γ 鉄に変わる変態は格子系のみが変わる格子変態であり，**同素変態**である．次節4.5.4で述べる鋼の焼入れによる変態も拡散を伴わない**無拡散変態**である．

　凝固の場合の共晶反応と同じく，高温の固相から，互いに全く，あるいは部分的にしか溶けあわない2相が同時に生成する場合がある．これを**共析反応**（eutectoidal reaction），**共析変態**（eutectoidal transformation）という．共析変態は，共晶凝固と同じく一定温度で起こる．一定温度で起こる変態を**横変態**ということがある．図4-15では，温度 T_E で，濃度e％の固相 γ から， α 固溶体と β 固溶体の**共析組織**（本書ではこれを記号 α/β で表す）が析出する．共析組織も共晶組織（図3-11）と同様に，薄い α と β の相が交互に

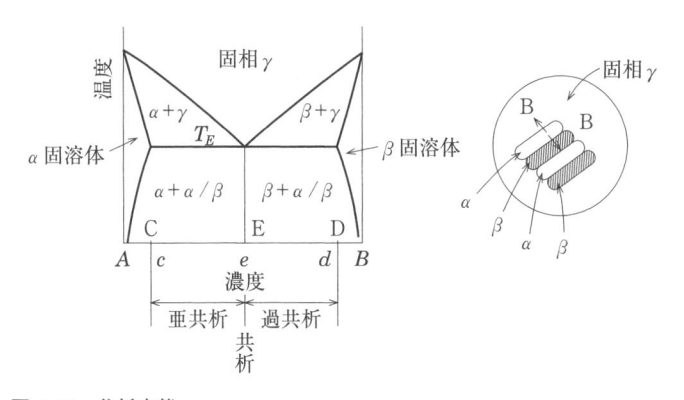

図4-15　共析変態

並んだ組織，あるいは粒状等の組織になる。

濃度が$c\%$（C点）以上$e\%$（E点）以下の**亜共析**（hypoeutectoid）合金ではα固溶体と共析組織，$e\%$（E点）以上$d\%$（D点）以下の**過共析**（hypereutectoid）合金では共析組織とβ固溶体の組織になる。共析変態においても，$e\%$の濃度のγ相から$c\%$の濃度のα相が生ずるために，溶質Bの原子が少なくとも層の厚さの$\frac{1}{2}$の距離を拡散によって移動しなければならない。したがって，この変態もまた，時間を必要とする**拡散変態**である。

4.5 熱処理

熱処理では金属の変態，拡散，析出等を利用して組織を制御する。これによって強度を始めとする材料の性質を広範囲に変えることができる。熱処理には次のようなものがある。鉄鋼材料の熱処理については第7章にて詳述する。

4.5.1 焼なまし

固体金属を高温に加熱保持し，十分時間をかけて冷却し，組織をできるかぎり安定な平衡状態に近付ける処理を**焼なまし**（焼鈍，annealing）という。凝固の際に生じた樹枝状晶や偏析の改善のための**拡散焼**なまし，加工硬化（5.1節参照）した金属の**軟化焼なまし**，**ひずみ取り焼なまし**など，多くの目的で種々の温度での焼なましが行われる。加熱保持の後，空気中で自然冷却する場合は**焼ならし**（焼準，normalizing）という。

4.5.2 再結晶

焼なましのひとつの過程として**再結晶**（recrystsallization）が生ずる。塑性加工によって変形した結晶を**再結晶温度**（recrystallization temperature）以上に保持することにより，新たな結晶核が生じ，成長する。結晶は微細になる。**図4-16**は再結晶の模式図である。保持温度が高過ぎると，結晶が成長して粒界が消滅し，結晶の**粗大化**（grain growth）が生ずる。再結晶温度T_rは融点を$T_m(K)$として，おおむね$T_r = 0.4 T_m(K)$である。**表4-3**に再結晶温度の例を示した。

(1) 冷間加工後　(2) 回復　(3) 再結晶　(4) 結晶成長・粗大化

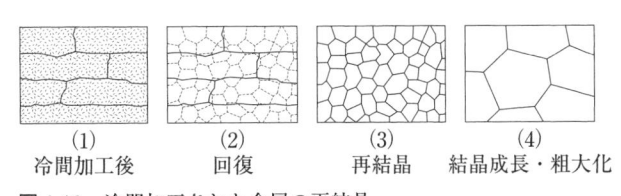

図4-16　冷間加工された金属の再結晶
(D.R.Askeland: Science and Engineering of Materials (1994), p190, Fig.7-16)

表4-3　金属の再結晶温度

金　属	再結晶温度Tr(℃)	Tr(K)/融点(K)
鉄	450	0.40
ニッケル	600	0.51
銅	200	0.35
銀	200	0.38
アルミニウム	150	0.45
亜鉛	30	0.44
錫	0	0.50
鉛	-3	0.45

4.5.3　溶体化処理と時効

　図4-17のように，固溶体の溶解度曲線に大きな温度依存性がある場合に，高温の固溶体を，析出相が析出する時間を与えずに一挙に低温に持ちきたし，過飽和の固溶体とする処理を**溶体化処理**（solution treatment）という[*]。こ

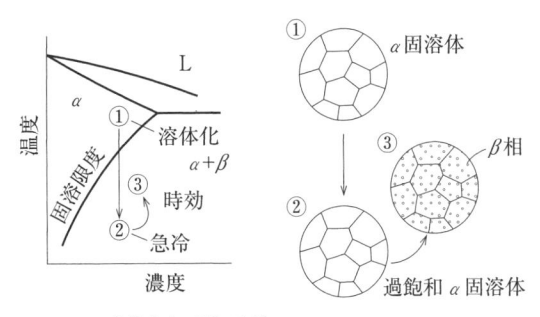

図4-17　溶体化処理と時効

---

[*] **固溶処理**の語も用いられる（表7-9など）

の固溶体は熱力学的に不安定であるので,時間の経過によって第2相が析出する。これを**時効**(aging)という。析出相によって硬化する場合,これを**時効硬化**(age hardening)という。加熱によって人工的に時効を起こさせる処理は人工時効である。第2相の析出が進み過ぎると軟化する場合があり,これを**過時効**(over aging)という。Al-Cu-Mg合金等では,強度,硬度は析出相が出現する以前の状態で最大に達する。この場合,**ギニエ・プレストン集合体**(G.P. zone)と呼ばれる原子レベルでの溶質原子の集合がみられる。

母相に細かく硬い粒子を分散させて金属を硬化(強化)させることを**分散硬化**(強化)(dispersion hardening),その粒子が析出で生ずる場合は**析出硬化**(precipitation hardening)という。これは,硬い粒子によってミクロな塑性変形が阻止,拘束されることによって生じる現象である。**容体化処理**および時効による強化法はアルミニウム合金,銅合金等多くの非鉄合金に用いられる。

4.5.4 鋼の焼入れ

鋼は鉄と炭素の合金である。高温の面心立方晶であるγ鉄(**オーステナイト**,austenite)は最大約2%の炭素を固溶しうる。これを徐冷すると,低炭素のα鉄と鉄-炭素化合物,Fe_3Cを生じる。これは炭素の拡散を伴い,時間を要する。しかし,高温のγ鉄を急冷し,上のような析出反応を阻止すると,過飽和に炭素を固溶した体心正方晶(BCT)のα'鉄,**マルテンサイト**(martensite)になる。鋼のマルテンサイトは非常に硬い組織である。このような熱処理を**焼入れ**(quenching)という。溶体化処理における急冷も**焼入れ**(quench)と呼ぶことがあるが,**鋼の焼入れ**は,FCCからBCTへの格子変態を伴う点で溶体化処理と異なる。

焼入れにおいて生ずる変態は拡散を伴わない**無拡散変態**である。このような変態を総称して**マルテンサイト変態**(martensitic transformation)という。焼入れは鋼の硬化,強化に広く用いられる。

マルテンサイトは鋼以外にCo,Cu-Al,Ti-Ni合金などでも生ずる。**形状**

記憶合金は，ある種の合金のマルテンサイトが塑性変形しやすく，再加熱によって元の形状のオーステナイト結晶に戻る性質を利用したものである。

4.5.5 焼もどし

鋼のマルテンサイトは硬いけれどももろい。そこでこれを再加熱し，ねばさを回復させる処理を行う。これを**焼もどし**（tempering）という。再加熱によって過飽和の炭素がFe_3Cの第2相として析出し，組織は軟化する。なお，鋼の熱処理については第7章，7.3節にて詳しく述べる。

第4章の練習問題 (Exercises for Chapter 4)

4.1 Are metals for usual applications single crystal or polycrystal ?

4.2 Which generally is better for structural applications, coarse grained or fine grained metals ? Why?

4.3 How do the following factors affect the solidification rate, making it slower or faster ?
 (1) Thin thickness of the casting
 (2) Low thermal conductivity of the mold
 (3) High thermal capacity of the mold
 (4) High melting point of the metal
 (5) High latent heat of the melt

4.4 (1) The number of grains in a 50 mm square area was counted to be 34 under microscopic observations at a magnification x100. Calculate the grain size number.
 (2) Calculate the approximate average size of grains for size number 3, 6, and 9 assuming grains are square.

4.5 (1) From the values of D_0 and Q in Table 4.1, calculate the diffusion coefficient of carbon atoms in γ iron at 1000℃. Calculate the value at 800℃ using the same D_0 and Q.

(2) A carburizing atmosphere at 1000℃ raised the carbon concentration at the surface of γ iron from 0 % to 2%. Calculate the carbon concentration at the position 1.0 mm from the surface after 30 min, 1.0 hr, and 3 hrs.

(3) How long does it take for the carbon concentration at 0.5 mm below the surface in the iron to reach 1.0% ?

4.6 The diffusion coefficient of carbon atoms in γ iron at 800℃ is 0.44×10^{-5} mm^2/s. Using an approximate equation (4-12), estimate the time required for carbon to diffuse 1μm (10^{-3}mm) at this temperature (800℃). Also estimate the time for 10μm diffusion.

4.7 A steel with a carbon concentration of 1.0% is placed in an oxidizing (=decurburizing) atmosphere at 1000℃. Calculate the time necessary for the carbon concentration 0.5 mm below the surface to decrease to 0.2% .

4.8 Structures observed in a specimen that was cooled rapidly sometimes differ from those cooled slowly. Why ?

4.9 In the solidified structure of Cu-35%Ni alloy, the Ni concentration at the center of primary dendrite was 50% and it was 20% at the center of interdendritic region. The interdendritic spacing was 0.05 mm. By annealing at 1000℃, we wish to rise the lowest Ni concentration to 30%. Estimate the necessary annealing time. Use

Fick's law's another solution, $\dfrac{c_x - c_m}{c_I - c_m} = \mathrm{erf}(\dfrac{x}{2\sqrt{Dt}})$, where c_I is the initial concentration, c_m is the average concentration and c_x is the concentration at distant x after time t.

4.10 Fig.1 shows a fictitious phase diagram of an eutectoidal alloy system A and B, where α and γ are solid solutions and B is an inter metallic compound. Tell the structure at room temperature with B concentrations of (a), (b), (c), and (d)

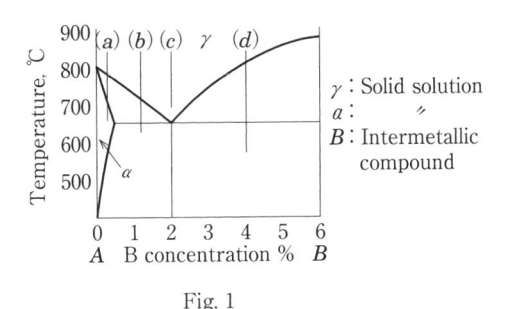

Fig. 1

4.11 In an eutectoidal structure, which has the finer interlamelae spacing, one that is cooled rapidly or one that is cooled slowly ? Why ?

4.12 Explain the following treatments briefly: (1) annealing, (2) quenching, (3) tempering, and (4) normalizing.

4.13 What is the solution treatment ? If a Cu-Be alloy (Fig.8-6) is to be hardened by solution treatment, determine the suitable Be concentration and the heating temperature.

第5章 材料強度の基礎

構造用材料として最も重要な性質は強度（strength），すなわち外力に対する変形と抵抗および破壊に関する性質である。本章では材料の強度に関する基本的事項と，強度を支配する微視的要因の関係について述べる。

5.1 応力－ひずみ曲線

材料の強度特性を表す最も基本的なものは**応力－ひずみ曲線**（stress-strain curve）である。図5-1のように，断面積 A_0，長さ l_0 の棒に荷重 P を加えることにより，長さが l にまで変形したとする。

$$\sigma = \frac{P}{A_0} \quad (5\text{-}1)$$

を**応力**（stress）または**公称応力**（nominal stress）といい，機械工学では普通 MPa（$=N/mm^2$）または kgf/mm^2（$1kgf/mm^2 = 9.8MPa$）で表す。

$$\varepsilon = \frac{l - l_0}{l_0} \quad (5\text{-}2)$$

を**ひずみ**（strain）または**工学ひずみ**（engineering strain）という。ひずみの値は％，あるいは 10^{-6}（μ，**マイクロストレイン**）を単位として表す。

金属の応力－ひずみ曲線は一般に図5-2のような形状になる。

(1) 弾性変形 応力 σ が小さい範囲では，ひずみ ε は σ に比例し，

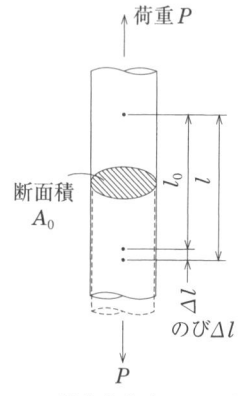

図5-1 軸方向荷重による棒の変形

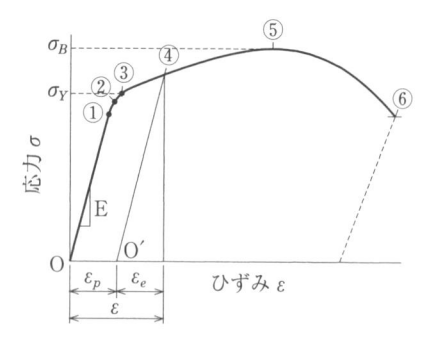

図5-2 金属の応力-ひずみ曲線の模式図
（実測される応力-ひずみ曲線では，直線O―①の傾きがもっと急で，ほとんど縦軸に一致する。）

フックの法則（Hooke's law），
$$\sigma = E\varepsilon \tag{5-3}$$
が成り立つ。Eをたて**弾性係数**あるいは単に**弾性係数**（elastic modulus, modulus of elasticity）という。**弾性率**，**ヤング率**（Young's modulus）ともいう[*1]。この範囲で，変形は可逆的であり，荷重を取除くとひずみはゼロに戻る。このような変形を**弾性変形**（elastic deformation）という。

(2) **比例限度** 応力が一定限度に達すると，σとεの間に比例関係が成り立たなくなる。比例関係が成り立つ上限の応力を**比例限度**（proportional limit）という（図5-2, ①）。比例限度を越えてもなお，一定限度までは荷重を取除くとひずみがゼロに戻る。これを**弾性限度**（elastic limit）という（図5-2, ②）。一般には比例限度と弾性限度は等しいものと見なされる。

(3) **塑性変形** 応力がさらに増加すると，荷重を取除いてもひずみがゼロに戻らない。このようなひずみを**永久ひずみ**，**塑性ひずみ**（plastic strain），変形を塑性変形（plastic deformation）という。

(4) **降伏** 応力が一定以上になると，塑性ひずみが著しく増加する。これを**降伏**（yielding）という。降伏が始まる応力を**降伏点**（yield point）あるいは**降伏強さ**（yield strength）という[*2]（図5-2, ③）。

降伏が生じた後のひずみεは弾性ひずみε_eと塑性ひずみε_pの和（$\varepsilon = \varepsilon_e + \varepsilon_p$）である。図5-2④の点から荷重を取り除く場合，応力－ひずみ曲線の傾き，図5-2のO′－④は，始めの弾性変形の傾きO－①と平行と見なされる。すなわち，弾性率Eは変わらず，弾性ひずみは$\varepsilon_e = \sigma/E$である。

図5-3のように，降伏が連続的に生じ，明瞭な降伏点が現れない場合がある。このような場合には，一定の塑性ひずみε_pを生ずる応力σ_pで定義する。工業的にはε_pとして**0.2％塑性ひずみ**を用いることが多い（第6章, 6.3節）。

[*1] 本書では多くの場合，簡便に「弾性率」を用いている。
[*2] 降伏応力（yield stress）と呼ぶこともあるが，本書では材料の特性値を強さ（strength）とし，外力によって生じる応力と区別する。

軟鋼等では，応力（荷重）を一定にした状態でひずみが不連続に増加する，あるいは，図5-4のように，ひずみの増加にもかかわらず応力が一旦減少するということが起こる。これを**不連続降伏**という。この場合，不連続降伏が生ずる前の最大応力を**上降伏点**（upper yield strength），最小あるいは平衡状態の応力を**下降伏点**（lower yield strength）という。

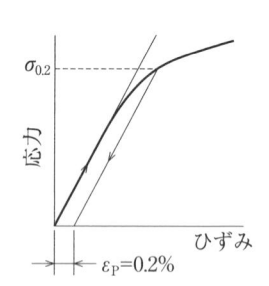

図5-3　0.2%降伏点の定義

(5) **加工硬化**　図5-2で，④から荷重を除き，再度荷重を加える場合，曲線はO′−④−⑤となり，点④が新たな降伏点となる。すなわち，変形によって，最初の降伏点σ_Yが，新たな降伏点σ'_Yに上昇したことになる（図5-5）。これは，ひずみによって材料が強化，あるいは硬化したと見ることができるので，**ひずみ硬化**（strain hardening）あるいは**加工硬化**（work hardening）という。

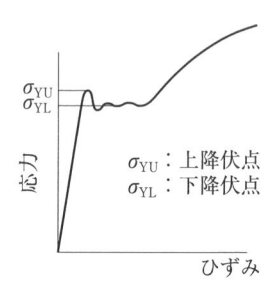

図5-4　軟鋼の不連続降伏

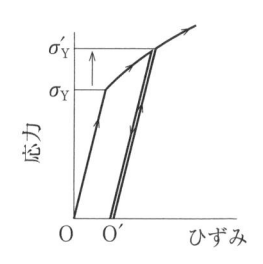

σ_{YU}：上降伏点
σ_{YL}：下降伏点

(6) **くびれ**　荷重の増加にしたがい，試験片の一部に局部的な断面の減少が生ずる。これを**くびれ**（necking）という。この状態を図5-6（1）⑤に示した。

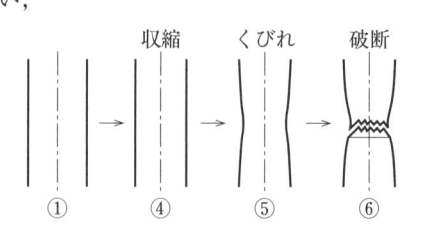

図5-5　除荷―再負荷と加工硬化

図5-6（1）　引張り破断の様相
（断面収縮―くびれ―破断の経過）

(7) **最大荷重，引張強さ** くびれが生ずるために荷重には最大値が生ずる（**図5-2**, ⑤）。荷重の最大値を原断面積 A_0 で除した値

$$\sigma_B = \frac{P_{\max}}{A_0} \tag{5-4}$$

を**極限引張強さ**（ultimate tensile strength, **UTS**）または単に**引張強さ**（tensile strength）という。

(8) **最大荷重を過ぎた後**は，くびれが進行し，荷重が低下しながら破断に至る。**図5-2**の点⑥が**破断点**（rupture point）である。軟鋼では，**図5-6（2）**に示すような**カップ－コーン**（cup and cone）型と呼ばれる破壊の様相を呈する。

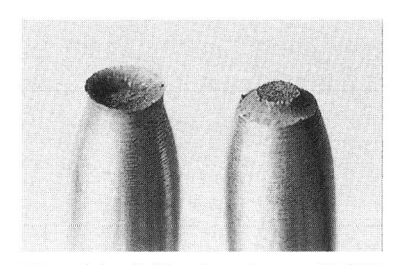

図5-6(2)　軟鋼のカップコーン型破壊

断面の収縮，くびれを考慮し，荷重をその時点での棒の断面積 A で除した値，

$$\sigma_t = \frac{P}{A} \tag{5-5}$$

を**真応力**（true stress）という。くびれが生ずると，その部分の変形が局所的に増加するから，ひずみもまた，(5-2)式で求めたものとは異なっている。**図5-7**は真応力-ひずみ曲線の概念図である。⑥点での荷重を，くびれの最小断面積で除した応力値が**真破断応力**（true rupture strength）である。

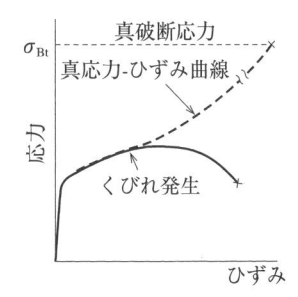

図5-7　真応力-ひずみ曲線

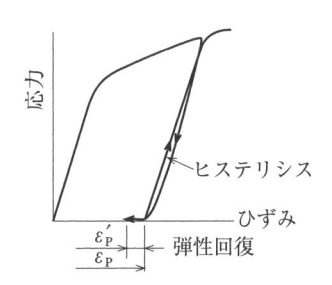

図5-8　除荷-再負荷のヒステリシスと弾性余効

図5-5では除荷の応力－ひずみ関係が直線的で，再負荷の場合もこれに一致するとしている。しかし厳密には両者は一致せず，**図5-8**のような**ヒステリシス曲線**（hysteresis curve）を描く。また，除荷後時間の経過とともに塑性ひずみが減少することがある。これを**弾性余効**（elastic after effect）という。

図5-1は引張荷重を加えた場合である。圧縮による応力－ひずみ関係も，降伏点を越える程度までは引張りと同じと見なされる。しかし，圧縮ではくびれではなく**膨れ**（barreling）が生ずる。一旦引張りで降伏させた後に圧縮荷重を負荷すると，最初から圧縮で降伏させた場合よりも降伏点が低くなる。このように，あらかじめ与えた塑性変形によって，逆方向の降伏強さが低下する現象を**バウシンガ効果**（Bauschinger effect）という。この関係を**図5-9**に示した。

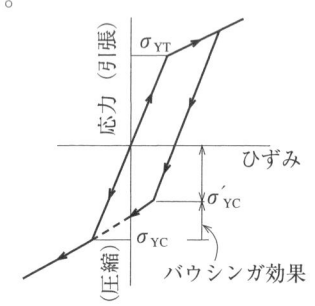

図5-9 引張変形後の圧縮負荷とバウシンガ効果

応力－ひずみ曲線は材料の特性によって，**図5-10**のように，種々の形状になる。(b)はほとんど加工硬化が生じない場合，(c)はくびれなし

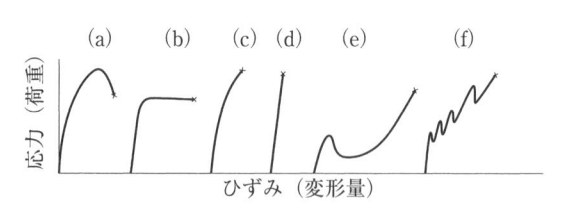

図5-10　種々の応力－ひずみ（荷重－変形量）曲線
　(a)：一般的な金属材料
　(b)：加工硬化がほとんどない場合
　(c)：くびれなしに最大荷重で破断（鋳鉄など）
　(d)：弾性変形のみで破断（セラミックスなど）
　(e)：高分子材料など
　(f)：繊維強化複合材料など

に，最大荷重で破断する場合，(d)はほとんど弾性変形のみで破壊する場合である。高分子材料や複合材料もまた，それぞれ特徴のある曲線形状を示す。

5.2 結晶すべりと塑性変形

5.2.1 弾性変形

弾性変形は基本的に原子と原子の引力-斥力に帰せられる。図5-11は原子間の距離と，両原子間に作用する力の模式図である（これは第2章，2.1.5，図2-7の原子間距離-エネルギの関係を微分したものに相当する）。$F(x)=0$となる点が釣合い位置=原子間距離a_0である。これに引張外力が働けば原子間距離は増大し，a_0+xになり，圧縮荷重が作用すれば原子間距離は減少してa_0-xになる。外力が小さい場合は，変位xは外力に比例すると見なされ，$F=kx$（k：定数）である。ひずみεは$\dfrac{x}{a_0}$に相当し，曲線の傾き$\dfrac{dF}{dx}$はたて弾性係数Eに対応する。

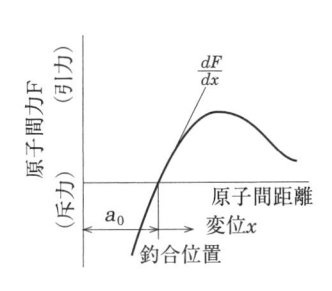

図5-11 原子間力と弾性変形

5.2.2 塑性変形

原子間に作用する引力には限界がある。これを越えて外力を加えれば，もはや平衡状態には戻らなくなる。金属ではこれが降伏に相当する。金属では，原子間の結合が一旦切れても，**塑性変形**が生ずるのみで，分離，破壊には至らない。このような特性は**金属結合**に由来する。

表面を鏡面状に仕上げた金属に降伏点以上の荷重を作用させると，図5-12 (1)のように，表面に細かい平行線が現れる。これを**リューダース線**（Lüders line）

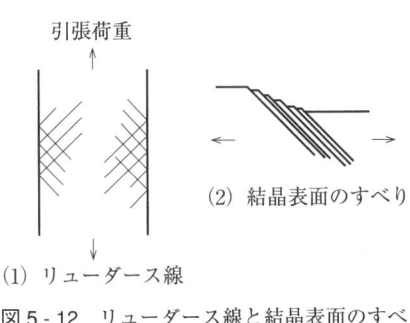

(1) リューダース線

(2) 結晶表面のすべり

図5-12 リューダース線と結晶表面のすべり

という。その方向は最大せん断応力τの方向とほぼ一致し，単軸引張りの場合は引張り方向とほぼ45度の方向になる。

そのリューダース線を拡大すると，**図5-12**（2）のように，結晶表面に現われた階段状の食い違いまたは滑り（slip）

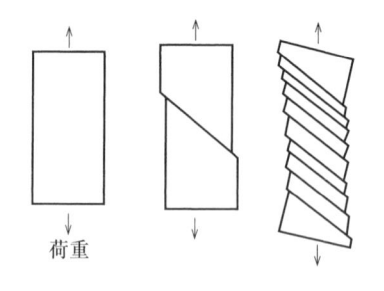

図5-13 すべり変形の集合による伸び変形

であることが分かる。すなわち，塑性変形は斜め方向の細かい**すべり変形**の集合である。**図5-13**は，真直ぐな棒が斜め方向の滑りの集合によってその長さが長くなり，直径あるいは幅が減少する過程の模式図である。

5.2.3 結晶内でのすべり

すべりは結晶内での原子の相互移動である。**図5-14**はその模式図である。**すべり面**（slip plane）の上下で原子の配列が食い違っているが，その他の部分では乱れてはいない。

すべりは結晶の特定の面上で，特定の方向で優先的に起こる。**図5-15**はFCC，BCC，およびHCPのすべり面とすべり方向である。それぞれ {111}

図5-14 原子配列のすべり

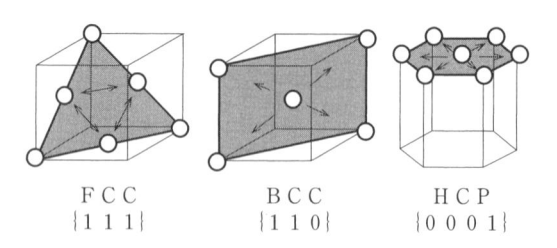

FCC
{111}

BCC
{110}

HCP
{0001}

図5-15 各結晶系の優先すべり面とすべり方向

面の〈110〉方向，{110}面の〈111〉方向，および{0001}面の〈2̄110〉方向である。このような面と方向の組み合わせを**すべり系**（slip system）という。FCC，BCCはHCPに比べてすべり系が多く，変形が容易である。

各面で作用するせん断応力が一定値に達すると，結晶は滑りを起こす。この応力の値はそれぞれの金属にほぼ特有の値で，**臨界せん断強さ**（critical shear strength）と呼ばれる。**表5-1**に各種の金属の臨界せん断強さ（実測値，MPa）を示した。

表5-1 金属の理論せん断強度と実測値

金属	理論せん断強度（MPa）	臨界せん断強さ実測値（MPa）	理論値／実測値
銅	6400	1	6400
銀	4500	0.6	7500
金	4500	0.9	5000
ニッケル	11000	5.7	1900
マグネシウム	3000	0.82	3600
亜鉛	4800	0.92	5200

実際の金属試料内では，結晶は任意の方向に向いている。各結晶内でのすべりは最大せん断応力の方向に最も近い優先すべり面上で生ずる。それらを連ねた平均的な方向が，最大せん断応力の方向とほぼ一致することになる。

5.3 結晶の理論せん断強度

金属結晶をすべりによって塑性変形させるのに必要な応力を，原子間に作用する力から理論的に求めてみる。

金属結晶にせん断力をかけた場合，格子のせん断変位（原子相互のせん断方向の移動距離）xとせん断応力τの関係は**図5-16**のようになる。ここで，a, bはy方向およびx方向の原子間距離，τはせん断応力，xはせん断変位である。

変位xが小さい範囲ではxの増加とともにxをゼロに引き戻す応力τが作用し，τはほぼxに比例する。原子が丁度1原子分，bだけ移動した場合（$x = b$，点C）には，原子相互の位置関係が移動前と同じであるから，応力τは作用しない。また丁度$\frac{1}{2}$原子分（$x = \frac{1}{2}b$）移動した所では，原子は点

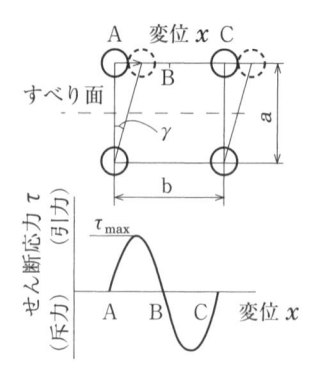

図5-16 結晶格子のせん断変位とせん断応力

Aと点Cから同じ引力,斥力を受けるから,両方の力が釣り合い,応力 τ はゼロになる。したがって,$0 < x < \frac{1}{2}b$ のどこかで外力は最大値をとる。

この関係をサイン曲線で近似すると,

$$\tau = \tau_{max} \sin\left(2\pi \cdot \frac{x}{b}\right) \tag{5-6}$$

一方,せん断応力 τ と,せん断ひずみ $\gamma = x/a$ の間には,$\gamma \ll 1$ のとき,フックの法則,

$$\tau = G\gamma \quad \left(G:横弾性係数 = \frac{E}{2(1+\nu)},\ \nu:ポアソン比\right)* \tag{5-7}$$

が成り立ち,また $\sin\theta = \theta$ ($\theta \ll 1$) であるから,

$$\tau = \tau_{max} \cdot 2\pi \cdot \frac{x}{b} = G \times \frac{x}{a} \quad (x \ll b)$$

これから,$\tau_{max} = \dfrac{G}{2\pi} \cdot \dfrac{b}{a}$ が導かれる。

$b/a \fallingdotseq 1$ と見なせば,

$$\tau_{max} = \frac{G}{2\pi} \tag{5-8}$$

これが結晶の理論せん断強度である。表5-1には各金属結晶の理論せん断強度も示してある。理論値と実測したせん断強さの間には1000倍のオーダーの差がある。

---

* 材料力学教科書参照

5.4 転位によるすべり変形
5.4.1 転位すべり

前項の理論せん断強さと実測値との差を説明するために，Taylor, Orowan, Polanyiらによって提案されたのが，**転位**（dislocation）によるすべり機構である*。(5-8)式で想定したすべりでは，すべり面の上下の原子が一度にすべることを仮定している。これを**並進すべり**（translational slip）という。しかし，第2章2.6節で述べたように，結晶内には種々の格子欠陥がある。そのひとつが図2-24(1)に示した**刃状転位**である。刃状転位は，原子の並びが上下で対応していない，あるいは食い違っている部分である。この食い違いの部分は力学的に不安定であり，対応相手が容易に代わり得る。すなわち，容易に移動できる。図5-17(1)は，転位が順次受け渡されていくことによってすべり変形が生ずる様子である。すべりに必要な力は，原子が一度にすべると考えた場合に比べて著しく小さくなる。

転位によるすべりは，図5-18のような，しわによるカーペットの移動になぞらえることができる。しわの位置を順次移動させることによってカーペ

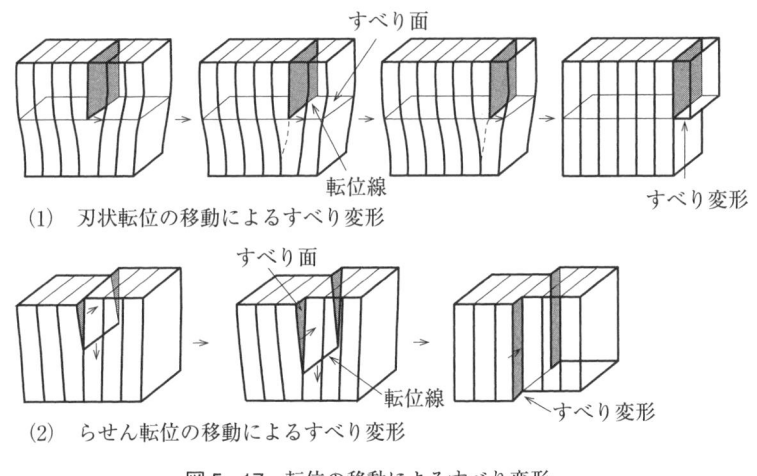

(1) 刃状転位の移動によるすべり変形

(2) らせん転位の移動によるすべり変形

図5-17 転位の移動によるすべり変形

---
* 1934年に，3人によってほぼ同時に提案された。

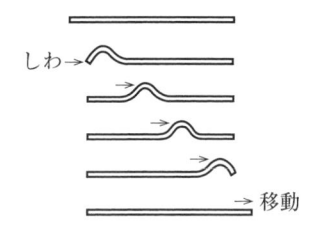

図 5 - 18 "しわ"によるカーペットの移動

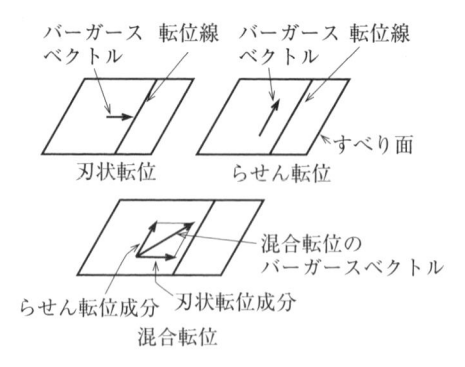

図 5 - 19 バーガースベクトルと転位線の関係および混合転位の概念

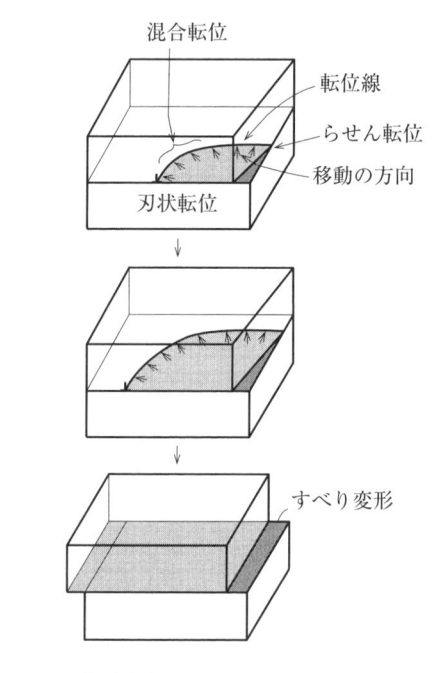

図 5 - 20 混合転位の移動によるすべり変形

ットは，全体をずらすよりもはるかに小さな力で移動することができる。転位によるすべりを，並進すべりに対して**転位すべり**（dislocation slip）という。

転位にはもうひとつ，**図2-24**（2）のようならせん転位がある。らせん転位もまた原子の並び方の食い違いであり，その位置が移動することによってすべり変形を残す。この様子を**図5-17**（2）に示した。

転位における原子の食い違い量を，その方向も含めて**バーガースベクトル**（Burgers vector）という。また，食い違いの先端の線を転位線という。刃状転位ではバーガースベクトルと**転位線**が垂直である。一方，らせん転位ではバーガースベクトルと転位線が平行である（**図5-19**）。金属結晶の中で，転位は刃状転位とらせん転位が混合した**混合転位**（mixed dislocation）

となっている。転位線は結晶の表面で終わるか,または結晶内でループを作る。転位線は金属結晶中で弾性的な糸のように動き,その後にバーガースベクトル分の塑性変形を残す。図5-20は,混合転位の移動による塑性変形の様相である。刃状転位は記号⊥で表される。またらせん転位は記号 ⊙ (右ねじ記号)で表される。これらと逆向きの転位T,あるいは ⊙ が同じ平面上で合体すると,転位は消滅することになる。

5.4.2 転位の増殖

転位の部分は原子の配列が乱れているから,X線等の透過,反射の様相が異なる。これを利用して,極めて薄い金属試料を透過したX線像あるいは高倍率の電子顕微鏡によって,転位線を直接観察することができる。また,結晶表面に現れた転位線の回りは腐食液に侵され易いので,腐食によって**食孔**(etch pit)が生じる。これによっても転位が観察できる。以上のような観察によれば,転位の数はおよそ,原子10^6〜10^{10}個に1個の割合である。転位1個による塑性変形量はおよそ1原子間距離であるから,上の数の転位による塑性変形は10^{-8}〜10^{-4}%である。これでは,数10%から100%以上に及ぶ一般の金属の塑性変形を説明することができない。

そこで,FrankとReadは1950年に,すべり変形の進行に伴って転位が次々に生み出されてゆく,転位の**増殖**(multiplication)**機構**を提唱した。図5-21のように,両端が動けない状態の転位線A－Bに外力が作用し,わん曲-

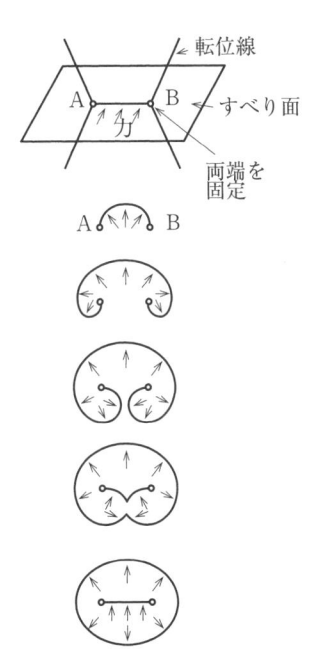

図5-21 フランク－リード源による転位の増殖

合体-消滅の過程によって，新たな転位のループが生み出される。これを繰り返すことによって，転位の数はいくらでも増えることができる。これを**フランク・リード源**という。この他にもいくつかの増殖機構が電子顕微鏡による直接観察で確認されている。

5.5 金属の変形挙動と転位

金属の塑性変形は結晶のすべりによって生じ，そのすべりは転位の運動によって起こる。したがって，金属が示す塑性変形挙動あるいは破壊挙動は転位の運動と関連して理解することができる。また転位の運動を妨げ，あるいは拘束することができれば金属は塑性変形しずらくなる，すなわち，強化される。

5.5.1 加工硬化と転位

金属は降伏の後，加工硬化の現象を示す。すなわち，ひずみの増加に従い，降伏に要する応力が増加する。これは，塑性変形の進行により増殖した転位が互いに干渉しあい（**転位の干渉**, interference），あるいは結晶粒界や析出物近傍に堆積（**転位の集積**, pile up）することによって，さらなる転位の運動が妨げられることによるものである。図5-22にこれらの概念を模式図で示した。

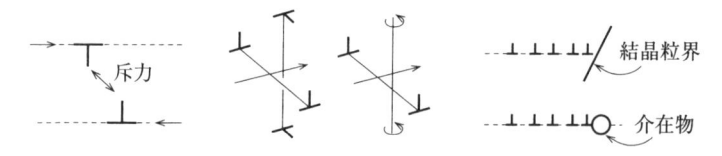

（1）正負転位の干渉　（2）転位と転位の交叉　（3）結晶粒界あるいは介在物による転位の集積

図5-22　転位の相互干渉，集積

加工硬化は金属を強化するための有効な方法である。銅等非鉄金属では，加工硬化によって数倍から十数倍も降伏強度が増加する。また，降伏による

破損の進行が硬化によって停止することも加工硬化の効用である。

一方,冷間加工を行う場合には,加工硬化は加工に要する荷重を増大させ,また,ぜい化によってき裂を生じさせるなど,むしろ加工を困難にする要因になる。このような場合は,材料を再結晶温度以上に加熱することによって軟化させる（第4章 4.5.2節,図4-16）。熱エネルギーによって転位がほぐされ,数が減少し,硬化する前の状態に戻る。このような熱処理を**軟化焼なまし**,あるいは**中間焼なまし**という。

5.5.2　上降伏点,ひずみ時効と転位

焼なました軟鋼に上降伏点が生ずるのは,転位に入り込んだC,N等の小さな原子によるものである。変形前の状態では結晶中に分布する転位にC,N等の原子が入り,図5-23のように力学的に安定した状態を作る。これを**コットレル**（Cottrel）**雰囲気**という。このため,転位をすべり始めさせるためには大きなせん断応力が必要である。一旦すべり始めた後はこれらの原子による拘束がないから,転位はより小さなせん断応力で動き,下降伏点が生ずる。変形,加工硬化した金属では上降伏点がない。しかし,時間を置くとC,N原子が拡散によって転位部分に侵入し,図5-24のように,再び上降伏点が現れる。これを**ひずみ時効**（strain aging）という。

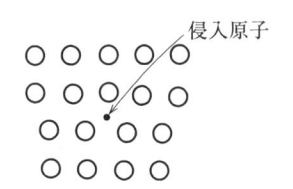

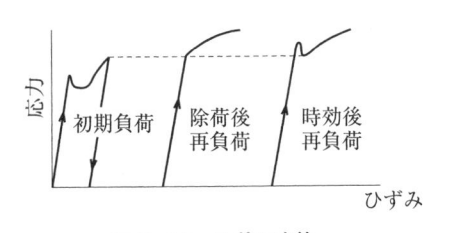

図5-23　侵入原子による転位の安定化　　図5-24　ひずみ時効

5.6　双晶変形

金属に永久ひずみを生じさせる機構には,転位すべりの他に**双晶**（twin）による変形がある。**双晶変形**の模式図を図5-25に示す。結晶の面Aおよび

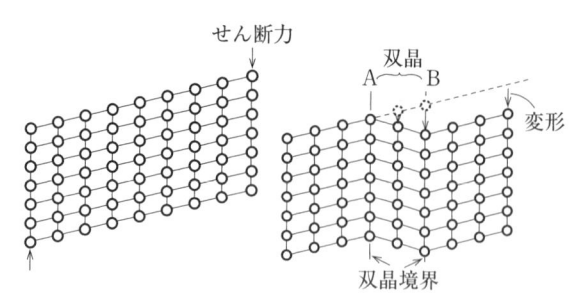

図5-25 双晶変形

B（これを**双晶面**，twin boundary という）の間の原子列が面と平行に移動し，変形しない部分と変形後の部分（A－B間）が，**鏡面対称**の関係になるまで変形する。変形後の原子配列は変形前の配列と基本的に同じであって，これもまた安定な状態である。双晶変形も結晶に**永久変形**をもたらす。双晶は錫，低温での鋼などで見られる変形様式であり，転位によるすべりが拘束されるような状態で生じ易い。**図5-26**（写真）は銅の双晶の例である。双晶による変形はそれ自体は小さいけれども，転位によるすべり変形の進行やき裂の発生に影響を及ぼす。

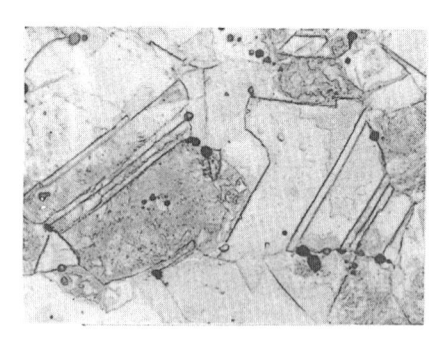

図5-26 銅の結晶に見られる双晶

5.7 材料の破壊

図5-2に示した応力ひずみ曲線は材料に静かに荷重をかけ，十分に塑性変形させた後に破壊させる場合である。このような破壊形式を**延性破壊**

(ductile fracture)という。破壊にはこの他に，ほとんど塑性変形を伴わずに急速に破壊する**ぜい（脆）性破壊**（brittle fracture），荷重の繰り返しによって生じる**疲労破壊**（fatigue fracture），特に高温で，一定荷重下で変形が進行する**クリープ変形**とこれによる**破断**（creep deformation and creep rupture），腐食や放射線などの環境下での**環境ぜい化破壊**（environmental embrittlement）などがある。それぞれ，さらにいくつかのタイプに分けられる。**表5-2**はこのような破壊形式の種類である。

上は現象的，実用的な破壊の分類であるが，より基本的には次のように分類される。

○破壊の伝播経路によって，**粒内破壊**（transcrystalline fracture）と**粒界破壊**（intercrystalline fracture）。

表5-2 実用的な破壊・破損の種類*

（1）	延性破壊	（目視可能な塑性変形を伴う破壊）
		繊維状破壊，せん断破壊，チゼルポイント破壊　等
（2）	ぜい性破壊	（目視可能な塑性変形がない破壊）
		へき開型ぜい性破壊，延性材料のぜい化｛低温ぜい性，
		衝撃ぜい性，切欠ぜい性｝，粒界型ぜい性破壊　等
（3）	疲労破壊	（繰返し荷重による破壊）
		高サイクル疲労（おおむね10^4回以上の繰り返し）
		低サイクル疲労（塑性疲労，$10^2 \sim 10^4$回）
		熱疲労，高温疲労，腐食疲労，衝撃疲労，接触疲労　等
（4）	クリープ変形およびクリープ破断（高温，一定荷重下での変形と破壊）	
（5）	環境ぜい化破壊	（特殊な環境要因下でのぜい性破壊）
		応力腐食割れ（SCC, Stress Corrosion Cracking）
		水素ぜい性（HE, Hydrogen Embrittlement）
		液体金属ぜい性，中性子ぜい化，焼もどしぜい性　等
（6）	摩耗破損	すり減り摩耗，凝着摩耗，エロージョン摩耗，
		転がり接触摩耗（まだら摩耗，ピッティング摩耗）
		キャビテーション摩耗，腐食摩耗　等

＊　詳しくは破壊関係の図書参照

○粒内破壊はさらに，**せん断破壊**（shear fracture）と**へき開破壊**（cleavage fracture）。

せん断破壊は結晶の優先すべり面（FCCの{111}面，BCCの{110}面等）に沿うすべり破壊である。これに対し，へき開破壊は結晶のへき開面（BCCの{100}面，HCPの{0001}面等）に沿う分離破壊である。

これらは**微視的**（microscopic）な観点であるが，**巨視的**（macroscopic）な観点では，き裂と外力の方向から，**開口型**（Ⅰ型，opening mode），**面内せん断型**（Ⅱ型，shear mode または sliding mode），および**面外せん断型**（Ⅲ型，tearing mode）に分類される（第6章，6.10参照）。巨視的にⅠ型を**分離破壊**，Ⅱ型およびⅢ型を**せん断破壊**ともいう。これらをまとめて図5-27に示した。

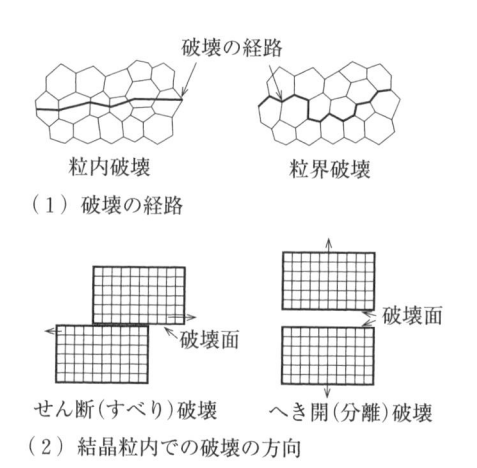

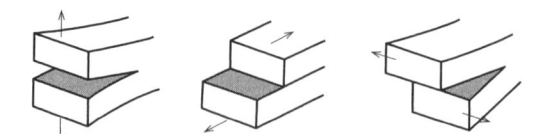

（1）破壊の経路
　粒内破壊　　粒界破壊

（2）結晶粒内での破壊の方向
　せん断(すべり)破壊　　へき開(分離)破壊

（3）巨視的破面と外力の方向
　開口型(Ⅰ型)　面内せん断型(Ⅱ型)　面外せん断型(Ⅲ型)

図5-27　破壊の基本的分類

5.8 ぜい性破壊とじん性

十分な塑性変形の後に生ずる延性破壊に対し，ほとんど塑性変形なしに生ずる破壊がぜい性破壊である。焼入鋼やセラミックスは材料の特性としてぜい性的である。一方，通常は延性的な金属材料が，低温度や衝撃的な荷重，割れや切欠き（次項5.9）等の条件によってぜい性破壊することがある。これを**ぜい化**（embrittlement）という。ぜい性破壊ではくびれがなく，破面は平坦で，結晶質である。また，破壊の進展を示す**山脈状**（chevron）または**魚骨状**（herring bone）の模様ができる。これを**図5-28**に示す。このような破壊の仕方は図5-6の延性破壊の様相と著しく異なる。

図5-29は延性的な材料Aとぜい性的な材料Cの応力－ひずみ曲線の比較である。材料Aは低強度であるが塑性変形能，**延性**（ductility）に富んでいる。これに対し材料Cは高強度であるけれどもぜい性的である。

ぜい性破壊は材料内に生じた割れ（**き裂**，crack）が進展してゆくことに

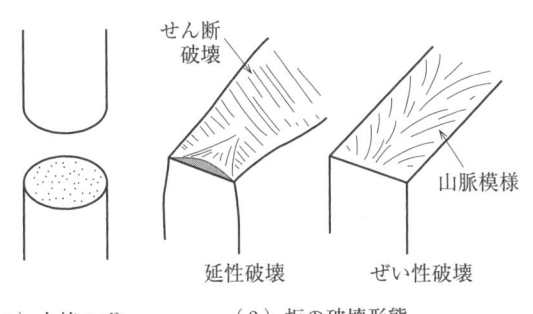

（1）丸棒のぜい性破壊

（2）板の破壊形態

（3）ぜい性破面に生じた山脈模様

図5-28　ぜい性破壊の様相

よる破壊である。き裂の進展に対する抵抗は，材料の破壊に必要な仕事量，すなわちエネルギ値である。これは応力－ひずみ曲線の下の面積で評価され[*]，**じん（靱）性**（toughness）と呼ばれる。じん性

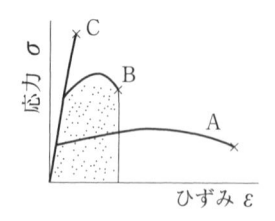

図5-29 強度と延性，ぜい性，じん性

は単位面積当たりの仕事量J/m^{2}の次元を持ち，ぜい性破壊に対する「**粘り強さ**」の尺度であって，引張強さ，降伏点で表される「強度」とは別の観点の強さである。**図5-29**のB材は，引張強さはC材より小さいが，C材よりも大きなじん性を示す。一般に，引張強さ，降伏点のような強さと，延性，じん性は相反する特性である。なぜなら，強度は転位の運動を拘束することによって達成される。一方，延性は転位の運動によって可能であり，じん性は主として塑性変形量に依存するからである。

ぜい性破壊は，1940年代に連続して生じた溶接構造のタンカーの破壊事故，橋およびタンク等の構造物の損壊事故によって注目された。いずれも冬期の低温環境下で生じたものである。低温ぜい性については次章6.9にて再度述べる。

5.9 切欠強度

図5-1は滑らかな試験部を持つ試験片の場合の変形挙動である。試験部に**図5-30**のような溝，穴，段等がある場合，変形・破壊の挙動が異なる。こ

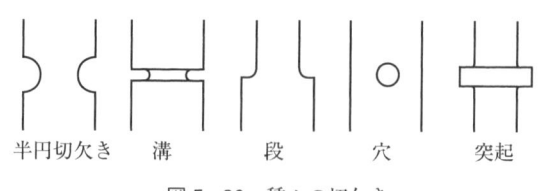

半円切欠き　溝　段　穴　突起

図5-30 種々の切欠き

---

[*] 応力－ひずみ曲線の下の面積は単位体積当りのエネルギ値，N・m/m^{3}の次元を持つ

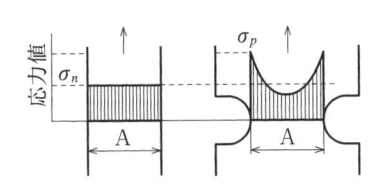

図 5-31 切欠きによる応力の集中 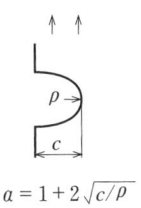　　図 5-32 深さc, 底半径ρの切欠の応力集中係数

のような断面の急変部分を**切欠き**（notch）という。切欠きがある場合の強度を**切欠強度**（notch strength）という。弾性変形に対しては，切欠き底部分の応力が図5-31のように他の部分より高くなる。これを**応力集中**（stress concentration）という。応力集中の程度は次の**応力集中係数** α によって表される。

$$\text{応力集中係数 } \alpha = \frac{\text{切欠き底の最大応力 } \sigma_p}{\text{公称応力 } \sigma_n} \tag{5-9}$$

図5-32のような，深さc，底半径ρの場合の弾性応力集中係数αは無限板中の楕円切欠きに近似して，

$$\alpha = 1 + 2\sqrt{\frac{c}{\rho}} \tag{5-10}$$

で見積もられる。応力集中は**底半径**（root radius）が小さいほど厳しくなる。αは**形状係数**（form factor）とも呼ばれる。

弾性状態あるいはこれに近い状態での破壊，例えば疲労破壊では，応力集中によって強度が低下する。切欠きによる実際の強度低下割合を**切欠係数**（notch factor）といい，βで表し，次のように定義する。

$$\text{切欠係数 } \beta = \frac{\text{切欠きのない，平滑材の強度}}{\text{切欠材の強度}} \tag{5-11}$$

一般に$\beta < \alpha$である。

一方，切欠きによって強度が増加する場合がある。図5-33は溝状の切欠きがある場合の引張試験の例である。ここでは切欠きによって最大（破壊）

荷重が上昇し，変形（伸び）が減少している。すなわち切欠きによってぜい化するといえる。これは，切欠き部分の塑性変形が，隣接の断面の大きい部分によって拘束されることによる。すなわち，変形の拘束によって，図5-34(1)のように，半径方向および周方向へ引張る応力が生じる。このような状態を**3軸応力状態**（tri-axial stress state）という。

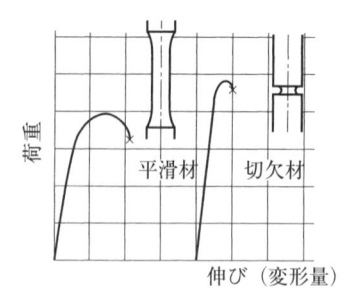

図5-33　切欠材の荷重－伸び曲線

図5-34(2)は，塑性変形状態での切欠断面の応力分布である。軸方向応力をσ_z，周方向および引張応力をRとすると，降伏は$\sigma_z - R = \sigma_Y$で生ずる（**Trescaの降伏条件**，σ_Y：単軸での降伏強さ）から，$\sigma_z = \sigma_Y + R$となる。すなわち，降伏荷重は平滑材の場合に比べて$Q = \dfrac{\sigma_Y + R}{\sigma_Y}$だけ増加する。これを**塑性拘束効果**（plastic constraint effect）といい，Qを**平均塑性拘束係数**という。Qは最大約3になる。切欠きによる強度の上昇は延性材料の特徴である。

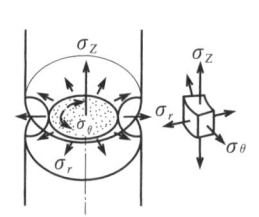

（1）変形の拘束による半径方向応力，周方向応力の発生
（2）塑性変形状態での切欠断面の応力分布

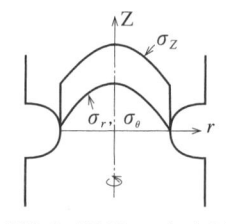

図5-34　切欠断面の3軸応力状態

衝撃的な荷重によってもまた強度が上昇し，変形能が低下する。これは強度と変形能の**ひずみ速度依存性**（strain rate dependence）によるものである。ひずみ速度を上げることは，温度を下げることと同じ効果がある。

5.10 金属のへき開強度

ぜい性破壊の最も典型的なものは結晶の分離，へき開（図5-27）が連続的に生ずることによる破壊である。5.3節で結晶の理論せん断強度を求めたのと同様に，結晶の**理論分離破壊（へき開破壊）強度**を求めてみる。

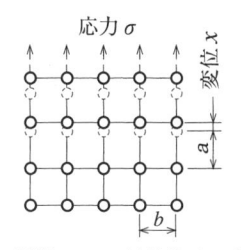

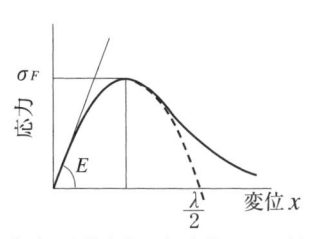

（1）引張りによる結晶格子の変形　　（2）引張応力 σ と変位 x の関係

図5-35　引張応力による結晶の変形と破壊

図5-35（1）に，引張応力による結晶格子の変形状態を示す。引張りによる変位 x が安定状態での原子間距離 a の1.5倍まで引き離したならば元に戻らずに分離してしまうと考えるならば，ひずみは $\varepsilon_F = 0.5$ であるから，強度 σ_F は，

$$\sigma_F = E \cdot \varepsilon_F = \frac{E}{2} \quad (E:弾性率) \tag{5-12}$$

この場合，強度は 10^5 MPaのオーダーになり，実測される値よりも著しく大きい。

一方，へき開強度を破壊に要するエネルギの観点から求めることができる。
引張りにおける応力－ひずみ曲線を図5-35（2）のようにサイン曲線で近似する。

$$\sigma = \sigma_F \sin\frac{2\pi x}{\lambda} \tag{5-13}$$

破壊までに必要なエネルギは応力－ひずみ曲線の下の面積で表わされるから，

$$\int_0^{\frac{\lambda}{2}} \sigma_F \sin\frac{2\pi x}{\lambda} dx = \frac{\lambda \sigma_F}{\pi} \tag{5-14}$$

これが，破壊によって生ずる2つの面の表面エネルギ（単位面積当り γ ）

に等しいとすれば,

$$\frac{\lambda \sigma_F}{\pi} = 2\gamma \qquad (5\text{-}15)$$

一方,応力 σ とひずみ $\varepsilon = \frac{x}{a}$ (a:原子間距離) の間には,$\varepsilon = 0$ で $\frac{d\sigma}{d\varepsilon} = E$ の関係があるから,

$$\frac{d\sigma}{d\varepsilon}\bigg|_{(\varepsilon=0)} = \frac{2\pi\sigma_F a}{\lambda} = E \qquad \text{より},$$

$$\lambda = \frac{2\pi\sigma_F a}{E} \qquad (5\text{-}16)$$

(5-15) と (5-16) より,

$$\sigma_F = \sqrt{\frac{E\gamma}{a}} \qquad (5\text{-}17)$$

原子間距離 a は 10^{-7} mm のオーダーである。$E \fallingdotseq 100\,\text{GPa}, \gamma = 10^{-6}\,\text{J/mm}^2$ の値を用いれば,σ_F は 10 GPa のオーダーになる。実測される金属単結晶のへき開強さは 10～1000 MPa であって,算定される理論強さの $\frac{1}{1000} \sim \frac{1}{10}$ である。したがって,5.3 節における理論せん断強度の場合と同様に,理論値と実測値の大きな差を説明する新たな考え方が必要になる。

5.11 グリフィスの理論

5.11.1 潜在き裂の伝播による破壊

A.A.Griffith は,結晶の中に小さな欠陥があり,これが伝播することによって破壊するならば,上の理論強度よりも小さい応力で破壊が生ずると考えた。

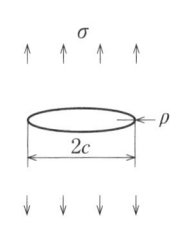

図5-36 のように,応力 σ を受ける単位厚さの無限板(つかみ固定)に,長さ $2c$ のき裂 (crack) がある場合を考える。Inglis の計算によれば,このき裂による弾性ひずみエネルギの減少は $\frac{\pi c^2 \sigma^2}{E}$ である。

図5-36 応力 σ を受ける弾性体中のき裂

一方,き裂により表面が $2 \times 2c$ だけ増加し,表面エネルギが $4c\gamma$ だけ増加する。したがって,き裂によるエネルギの変化 ΔW は,

$$\Delta W = -\frac{\pi c^2 \sigma^2}{E} + 4c\gamma \qquad (5\text{-}18)$$

き裂長さの増加によって全体のエネルギが増加するならば，そのような変化は外力によるエネルギ供給なしには生じない．しかし，cの増加によってエネルギが減少するならば，外部エネルギの供給なしに（＝ひずみエネルギからのエネルギ供給のみによって）き裂は伝播する．その限界条件は，

$$\frac{d(\Delta W)}{dc} = -\frac{2\pi c \sigma^2}{E} + 4\gamma = 0$$

これより，

$$\sigma_F = \sqrt{\frac{2E\gamma}{\pi c}} \tag{5-19}$$

同様の強度が次のような観点からも導かれる．

き裂の先端半径をρとすると，図5-36の応力集中係数αは図5-32に対する（5-10）式と同じに取扱うことができ，$\alpha = 1+2\sqrt{\frac{c}{\rho}}$ となる．

$\rho \ll c$の場合は，第1項の1を無視して$\alpha \doteqdot 2\sqrt{\frac{c}{\rho}}$と表されるから，き裂先端の最大応力が前節（5-17）式の破壊強さに達した時に破壊するとすれば，

$$\sigma_{\max} = \sigma \cdot 2\sqrt{\frac{c}{\rho}} = \sqrt{\frac{E\gamma}{a}}$$

ρの最小値を原子間距離bとすると，破壊時の応力σ_Fは，

$$\sigma_F = \sqrt{\frac{E\gamma}{4c} \cdot \frac{b}{a}} \doteqdot \sqrt{\frac{E\gamma}{4c}} \quad (\rho \doteqdot b \doteqdot a) \tag{5-20}$$

（5-20）式は（5-19）式と同じ形であり，これより小さい値である．したがって，（5-19）を満足するσ_Fは（5-20）式を自動的に満足する．

今，$\gamma = 10^{-6}$ J/mm^2，$E = 100$ GPa とすると，長さ$2c = 10^{-3}$mm のき裂を想定すれば，$\sigma_F = 400$ MPa となる．すなわち，結晶は（5-17）式で求めた値の1/100 の応力で破壊することになる．（5-19）式で示される破壊強さをグリフィスのへき開破壊強さ，また結晶中に内在する先端半径がきわめて小さいき裂を**潜在き裂**または**グリフィスクラック**（Griffith crack）と呼ぶ．この理論はガラス，いくつかの鉱物の結晶等で良くあてはまる．表5-3は実測破壊強さと表面エネルギから求めた

表5-3 実測破壊強度から求めたき裂の大きさ

材　料	き裂の大きさ(mm)
ガラス	2.6×10^{-4}
鉄（単結晶）	7.8×10^{-4}
鉄（多結晶）	5.4×10^{-3}
亜鉛（単結晶）	5.5
食　塩	1.0

き裂の寸法である。

5.11.2 金属に対する適用

グリフィス理論と実測強度から求められるき裂は顕微鏡で観察可能な大きさであるが，金属の場合，このような潜在き裂は認められない。また，金属では破面近傍には塑性変形があり，破壊に必要なエネルギは表面エネルギγだけではなく，これに塑性変形エネルギPを加えた（$\gamma + P$）である。Pはγの1000倍のオーダーであるから，(5-19) 式は

$$\sigma_F \fallingdotseq \sqrt{\frac{2EP}{\pi c}} \tag{5-21}$$

これによれば，結晶内にはさらに大きなき裂が観察されなければならない。

上のような問題を克服するために，次のような，塑性変形ー転位の運動によるき裂発生の機構が提唱された。

図 5-37 のように，すべり面上の**障害物**（介在物，inclusion など）により転位が集積する場合，せん断応力 τ の下で集積点近傍に生ずる引張応力の最大値 σ_m は，

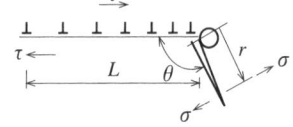

図 5-37 転位の集積によるき裂の発生

$$\sigma_m = \sqrt{2/3} \left(\frac{L}{r}\right)^{\frac{1}{2}} \tau \quad (L：滑り線の長さ) \tag{5-22}$$

で表される。L より十分小さな r（$r \ll L$）をとれば，せん断応力 τ よりも著しく大きな引張応力 σ_m が生ずることになる。これは (5-19) 式を満足することが可能である。すなわち，塑性変形によって転位が集積するならば，介在物のまわりの非常に小さな欠陥，き裂でも，グリフィスクラックとして伝播，成長することができる。

5.12 材料の強化方法

これまでに述べた金属，材料の変形破壊挙動と，その発現の機構から，材料を強化する方法を次のように整理することができる。

まず金属では，降伏強度を増加させることが重要である。これには，転位の容易な運動を妨げる必要がある。以下はその方法である。

(1) 加工硬化 大量に増殖した転位の集積，干渉などにより，転位の運動

が困難になる。冷間圧延による加工硬化は、Al合金、Cu合金等の非鉄合金の強化に最も広く用いられる。

(2) **結晶粒の微細化**　転位の運動は結晶粒界で妨げられる。したがって結晶粒が細かいほど結晶粒界が多く、すべり変形が困難になって降伏強度が増加する。降伏強度σ_Yと結晶粒直径dの間には、

$$\sigma_Y = \sigma_0 + kd^{-\frac{1}{2}} \qquad (\sigma_0, k：定数) \qquad (5\text{-}23)$$

の関係がある。(5-23)式を**ペッチ（Petch）の式**という。

(3) **固溶硬（強）化**　固溶体化することによる硬（強）化。**図2-23**に示したように、固溶原子によって結晶にひずみが生じ、転位の運動が妨げられる。**図3-2**はAu-Ag合金における固溶硬化を示す。

(4) **分散硬（強）化**（dispersion hardening）　金属基地（matrix）中に細かい、硬い粒子を分散させる。これを細かな析出物で行う場合は**析出硬（強）化**（precipitation hardening）という。**図5-22**(3)および第11章**図11-10**に示すように、硬い粒子はすべり変形に対する抵抗になる。

(5) **焼入硬（強）化**　第4章で述べた、鋼のマルテンサイト化による硬化。マルテンサイトは非常に高い密度でらせん転位を含んでいると見なされる。

(6) **溶体化処理 - 時効硬化**　過飽和固溶体からの析出あるいはG.P.ゾーンの形成による結晶格子のひずみを利用した強化である。

(7) **完全結晶**　上記の強化法はいずれも、転位の運動が阻害されることによる硬化、強化である。一方、転位を全く含まない完全結晶は、ほぼ（5-8）式の理論強度に匹敵する強度を示す。非常に細いヒゲ状の結晶、**ウイスカ**（whisker）はその例である。

(8) **非晶質金属**　原子の配列に規則性がない非晶質金属（amorphous metal, metal glass）では転位が存在できない（または転位密度が著しく高い状態と考えられる）から、これもまた普通の金属と比べて著しく大きな強度を示す。

　セラミックス等のぜい性材料では潜在き裂の寸法が破壊強度に大きく影響する。したがって、内部に含まれる欠陥の寸法を小さくすることが強度

増加にとって重要である。これには以下のような方法がある。

(9) 原料粉末の微細化　原料の粉末が微細であるほど粉末間の間隙寸法が小さく，焼成後のセラミックスに含まれる欠陥の寸法が小さくなる（図10-24参照）。

(10) 細繊維化　一般に試料の体積が小さいほど，大寸法の欠陥を含む可能性が減少し，強度が増加する。繊維においてはその直径を超える欠陥を含むことはできないから，繊維の直径が小さいほど強度が増加する。ガラス繊維や炭素繊維は細繊維化による高強度発現の例である。破壊強度σ_Fと試料の体積Vの間には

$$\sigma_F = kV^{-\frac{1}{m}} \quad (m：ワイブル係数, k：比例定数) \quad (5\text{-}24)$$

の関係がある。これについては第10章セラミックス（10.3.2寸法効果）で詳しく述べる。

第5章練習問題（Exercises for Chapter 5）

5.1 A load of 10 kN was applied to a steel bar with diameter 10 mm and gage length 100 mm. Determine the stress value. Calculate the elastic deformation assuming the elastic modulus of 205 GPa.

5.2 A load of 40 kN was applied to the same specimen in problem 5.1. The gage length was now measured to be 108 mm. Calculate the engineering strain value. What are the elastic and plastic strains?

5.3 Draw a stress-strain diagram of a usual (annealed) metallic material. Indicate elastic deformation, plastic deformation, yielding, tensile strength and rupture in the diagram.

5.4 What is the difference between "nominal stress" and "true stress"?

Explain why engineers usually use nominal stress.

5.5 The elastic modulus of iron is about 200 GPa. Estimate the critical shear strength of iron from equation (5-7). Assume a Poisson's ratio of 0.25.

5.6 What is the reason for the large difference between the theoretical strength of metals and the experimentally observed one?

5.7 Explain the deformation behavior in question 5.3 related to the motion of dislocation.

5.8 What is the "dislocation multiplication mechanism"? Why is this mechanism needed to explain plastic deformation?

5.9 What is work hardening? Explain it related to the motion of dislocation.

5.10 Which metal is harder, one with fine grains or one with course grains? Why?

5.11 How can we soften a work hardened metal? Explain the mechanism of softening.

5.12 What is a notch? Give examples of notches in products or machine parts around you.

5.13 Tell the two effects of notches on the strength of materials.

5.14 There are two wires with the same cross sections and lengths, an annealed mild steel wire and a hardened steel wire. Which wire will break first when they are connected

    (a) in series and   (b) in parallel ? Why ?

5.15 The surface energy, γ, inter-atomic spacing b, and elastic modulus E of a crystal are given as, $\gamma = 1 \times 10^{-6}$ J/mm^2, $b = 1.5$ Å, and 200 GPa. Estimate the theoretical cleavage fracture strength.

5.16 Is the observed fracture strength of usual crystals larger or smaller than the value calculated by equation (5-17) ? Why ?

5.17 Suppose that the measured fracture strength of the crystal in question 5.15 is 200 MPa. Estimate the crack size by equation (5-19).

5.18 A glass sheet can be cut by scratching with a diamond glass cutter, but a mild steel sheet does not break with the same operation. Why ?

第6章 材料試験

前章では材料の強度の最も基本である静的荷重による材料の変形および破壊挙動とその微視的なメカニズムについて述べた。本章ではこれらの基礎事項に基づいて，工業的に用いられる材料の各種強度特性値を求める試験法について述べる。また，くりかえし荷重，衝撃的な荷重による破壊，高温度での破壊，およびそれらの強度特性の評価法について述べる。

6.1 強度評価と試験条件

材料を機械の構造部材として用いる場合，最も重要な特性は強度である。強度はまた，加工性にも関連する。材料の強度は一般に素材から何らかの形状の**試験片**（test piece）を採取し，これに**荷重**（load）を掛け，変形や破壊を生じさせることによって評価する。しかし，材料の強度は，試験片の採取法，成形法，形状，寸法，負荷方法，温度等の試験条件など，多くの要因によって変わる。したがって，設計の基礎データとする場合や商取引き等では，正確，公平を図るために，一定の約束に従って試験方法を定めることが必要である。日本の**JIS**（日本工業規格，Japanese Industrial Standard），米国の**ASTM**（American Society for Testing and Materials），ドイツの**DIN**（Deutsche Industrie-Normen）等には，材料試験規格が定められている。**表6-1**は材料試験関係のおもな規格である。

材料試験による強度は**試験片強度**（test piece strength）といい，同じ材料の構造物の強度，**実体強度**（actual strength）とは必ずしも同じではない。これは，試験片と実体の組織が必ずしも同じではないこと，寸法や表面の状態によって強度が異なること等が原因である。鋳造材料や熱処理された材料ではこの傾向が特に顕著である。

表6-1 おもな材料試験規格と制定機関

ANSI	American National Standard Insitute （アメリカ規格協会）
ASTM	American Society for Testing and Materials （アメリカ材料試験協会）
AISI	American Iron and Steel Institute （アメリカ鉄鋼協会）
SAE	Society of Automotive Engineers （自動車技術者協会、アメリカ）
BS	British Standard （英国規格協会）
DIN	Deutsche Industrie-Normen （ドイツ規格委員会）
NF	Normens Franses （フランス規格委員会）
IS	Indian Standard （インド規格協会）
GOST	旧ソ連国家規格 （ソ連標準化委員会）
ISO	International Organization for Standardization （国際標準化機構）
EN	European Standard （欧州標準化委員会）

6.2 単位および有効数字

6.2.1 単位

強度評価には一般にSI単位（Le Systéme International d'Unités）が用いられる。機械工学分野では，試験片寸法等の長さにはmm，力にはN，応力，圧力にはPa（$=N/m^2$）*，エネルギにはJ（N・m）を用いるのが一般的である。しかし現場では現在もなお重力単位系のkgf/mm^2，kgf・mがよく用いられる。さらに，米国ではインチ－フート－ポンド系の単位も日常的に用いられている。**巻末資料-3**にこれらの単位の関係を示した。

6.2.2 有効数字

元素の原子量，気体定数等の物理定数，あるいは純金属の密度等の材料定数は，精密な測定を行うことによって高精度の値を得ることができる。これらに関連する計算では5～6桁の値を用いることもある。しかし，工業的に用いられる材料の強度，例えば降伏点や引張強さ等は，試料の成分や組織のわずかな変化，用いる試験片の形状，寸法，試験法等によって容易に変動す

---

*　金属材料の強度，機械設計には一般にMPa（10^6 Pa）が用いられる。

る。材料の強度評価値は本質的に統計的な性格を持つ値，すなわち，平均値と標準偏差値で表すのがふさわしい値と考えるべきである。したがって，ひとつの試験片についてむやみに高精度の測定を行い，桁数の多い値を算出しても，多数の試験片では試料ごとのばらつきの範囲に埋れてしまい，意味がない。また，特殊な場合を除いて，部材の強度設計，強度評価は**2〜3桁の精度**で行われるから，これ以上の精度での試験は不必要である。通常，材料試験では**有効数字**（effective digit, significant figure）**2〜3桁**を目安として測定および結果の整理が行われ，これに対応して試験機等の検定が行われる。

6.3 引張試験

引張試験（tensile test）は材料の強度を評価する最も基本的な試験である。**試験片**（test piece）に静的引張荷重をかけて破断させ，**引張強さ**，**降伏点**，**伸び**（elongation），**絞り**（reduction of area）を求める。**図6-1**は一般的に用いられる**ロードセル**（load cell）型材料試験機の概念図である。試験片の例を**図6-2**に示す。いずれも，**平行部**（parallel section），**つかみ部**（grip），

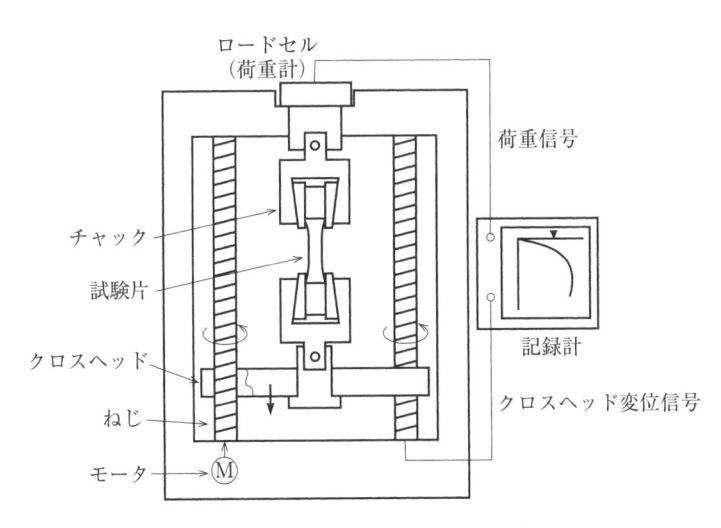

図6-1 ロードセル型材料試験機の概念図

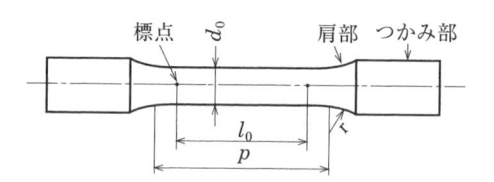

l_0：標点距離　p：平行部長さ　r：肩半径

図6-2　引張試験片の例

肩部（fillet）からなっている。平行部には2点の標点を付け，その距離を**標点(間)距離**（gauge length）と呼ぶ。

試験で得られた荷重－のび曲線の例を**図6-3**に示す。引張強さおよび降伏点はそれぞれ，次のように定義される。

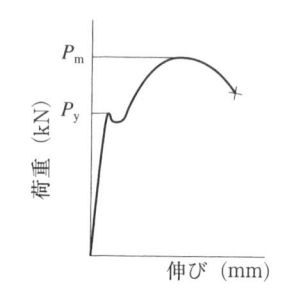

図6-3　荷重－伸び曲線の例（軟鋼）

$$引張強さ \ \sigma_B = \frac{最大荷重 P_m}{試験片平行部原断面積 A_0} \ (\text{MPa}) \qquad (6\text{-}1)$$

$$降伏点 \ \sigma_Y = \frac{降伏荷重 P_Y}{試験片平行部原断面積 A_0} \ (\text{MPa}) \qquad (6\text{-}2)$$

軟鋼のように上下の降伏点がある場合は，上降伏点を降伏点とする。降伏点が明瞭に現れない金属では，第5章，**図5-3**に示したような，永久ひずみ0.2％を残す**耐力**（proof stress），$\sigma_{0.2}$をもって降伏点とみなす。これを**0.2％降伏点**と呼ぶ。永久ひずみとして0.05％等の値を用いる場合もある。

破断後の伸びは材料の変形能を示す。これを**破断伸び**，あるいは単に「**伸び**」と称し，次式のひずみ値（％）で表す＊。

＊　荷重－伸び曲線の「伸び」は変形量，mmで表す

$$\text{伸び } \delta = \frac{l - l_0}{l_0} \times 100 \, (\%) \tag{6-3}$$

l：破断後の標点距離，l_0：試験前の標点距離

図6-4のように，破断後の破面は密着せず，隙間ができるが，これは差し引かない。破断点が標点の外にある場合は無効とする。

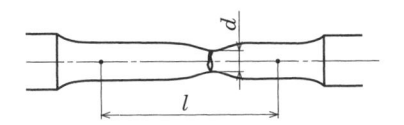

図 6 - 4　破断伸びおよび絞りの計測

絞り ϕ はくびれによる断面の減少率を示す値であって，次のように求める。

$$\text{絞り } \phi = \frac{A_0 - A}{A_0} \times 100 \, (\%) \tag{6-4}$$

A：破断後の試験片の最小断面積，

A_0：試験前の平行部の断面積

丸棒の場合は，試験前後での最小直径，d_0 および d から A_0 および A を求める。

引張試験には，丸棒のほか，平板，管等の試験片も用いられる。これらの試験片の平行部断面，平行部長さ，標点距離，肩半径等が，JIS Z 2201 に定められている（**巻末資料-4**）。また試験方法は JIS Z 2241に定められている。

軟鋼でのおよその値は，$\sigma_B = 400$ MPa，$\sigma_Y = 270$ MPa，$\delta = 25\%$，$\phi = 70\%$ 程度である。これらの値は，加工や熱処理の状態で著しく変わる。

6.4　圧縮試験

圧縮試験（compressive test）は，引張りの困難なもろい材料や，もっぱら圧縮で用いられる材料等で行われることがある。通常，長さ $l > 2d$（d：直径）の**円筒状試験片**が用いられる。圧縮では端面の摩擦により中央部が張

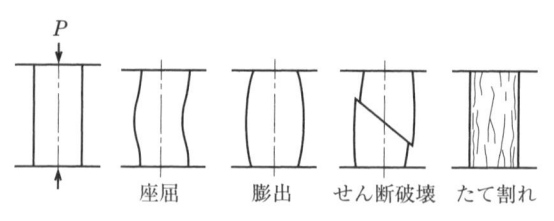

図 6-5 圧縮試験

出す**膨出**（barreling）や，軸外に曲がる**座屈**（buckling）が生じ，意味のある強さを求めることが難しい。圧縮の降伏点は基本的に引張りと同じと考えられる。延性的な材料では，圧縮破壊はせん断によって生ずる。ぜい性的な材料では縦方向のき裂が生じ，さらに小片に分離して破壊する。これらを図6-5に示した。

6.5 曲げ試験

力学的な曲げ試験としては一般に，図6-6のような3点曲げ，あるいは4点曲げが行われ，荷重－たわみ曲線が得られる。弾性範囲であれば，試験片最外層の応力 σ は*，

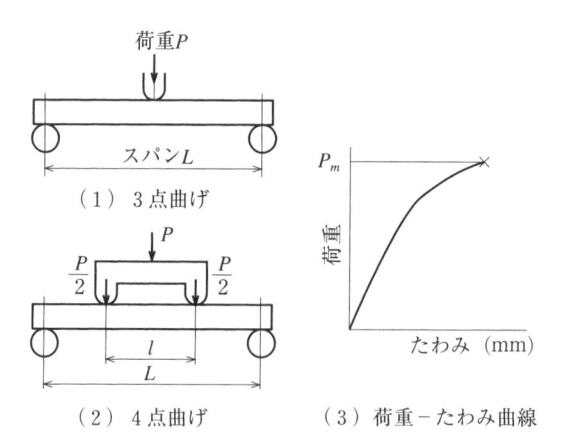

図 6-6 曲げ試験

---

* 詳細は材料力学の教科書を参照

$$\sigma = \frac{M}{Z} \quad (M:曲げモーメント,\ Z:断面係数) \tag{6-5}$$

である。スパンLの3点曲げの場合，たわみδは，

$$たわみ\ \delta = \frac{PL^3}{48EI} \quad (P:荷重,\ I:断面2次モーメント,\ E:弾性率) \tag{6-6}$$

の関係がある。[*1)]

一方，工業的に用いられる曲げ試験には次の2種類がある。

6.5.1 抗折試験 (flexure test, transverse test)

曲げ強さ（曲げによる引張強さ）を求めるための試験。特にもろい材料，引張試験片の加工やつかみが困難な材料において，引張試験に代えて行われる。一般に**図6-6**（1）のような3点曲げが用いられ，最大荷重およびたわみを求める。**曲げ強さ**（bending strength, flexure strength）σ_{Bb}は，

$$\sigma_{Bb} = \frac{M_m}{Z} = \frac{1}{4}(P_m \times L) / Z \tag{6-7}$$

（M_m：最大曲げモーメント，P_m：最大荷重，L：支点間距離（スパン），Z：断面係数。直径Dの丸棒では$Z = \frac{\pi D^3}{32}$，高さH，幅Bの矩形断面では$Z = \frac{BH^2}{6}$

(6-7)式は，**図6-7**のように，材料が完全な弾性体で，また表面の最大応力がσ_{Bb}に達した時に破壊するとの仮定に基づいている。実際にはこれらが成り立たないので[*2)]，一般に曲げ強さは引張強さσ_Bよりも大きい（1.3〜1.5倍等）値となる。曲げ強さは試験片の高さH（または直径D）が小さいほど大きくなる傾向があり，また，高さとスパンLの比，$\frac{H(D)}{L}$によっても変化する。

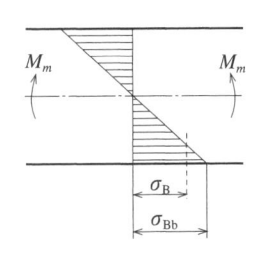

図6-7 曲げによる応力と曲げ強さ

---

*1) 詳細は材料力学の教科書を参照
*2) 材料が塑性変形し，また破壊の発生，伝播には一定の領域が必要である。

6.5.2 屈曲試験 (bend test)

材料の変形能,特に溶接部分の健全性を評価するための試験として行われる。**図6-8**(1)のような3点曲げあるいは**同図**(2)のような巻付けで所定の曲げ角度になるまで変形させ,外側での割れの有無を確認する。

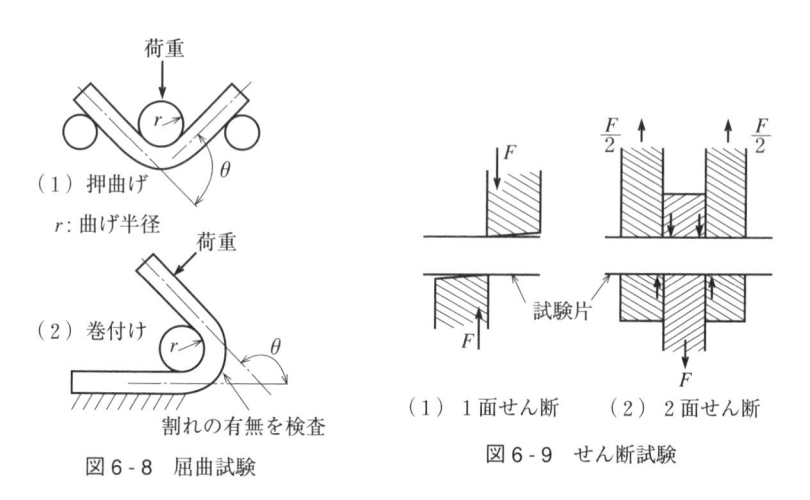

図6-8 屈曲試験

図6-9 せん断試験

6.6 せん断試験 (shearing test)

材料のせん断強さを評価する試験。**図6-9**(1),(2)のように,1面せん断と2面せん断がある。せん断強さ τ_m は最大せん断荷重 F_m より,

$$\tau_m = \frac{F_m}{A_0} \quad (A_0:せん断面積,2面せん断では両側) \quad (6\text{-}8)$$

せん断試験では,曲げやその他の複雑な応力,変形が生じ,正しいせん断強さを求めることが困難である。

6.7 ねじり試験 (torsion test)

図6-10のように,長さ l,直径 D の円筒状試験片の一端を固定し,他端にトルク T を加える。トルクとねじり角 ϕ の関係が得られる。試験片外周部のせん断応力 τ,せん断ひずみ γ は,

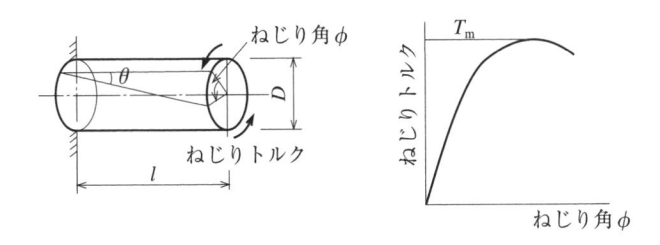

図 6-10 ねじり試験

$$\tau = \frac{T}{Z_\mathrm{p}}, \quad \gamma = \frac{D\phi}{2l} \tag{6-9}$$

(Z_p：極断面係数，直径Dの中実丸棒では$\frac{\pi D^3}{16}$)

ねじり強さは，破壊時のせん断応力τ_mとして，

$$\tau_\mathrm{m} = \frac{T_\mathrm{m}}{Z_\mathrm{p}} \tag{6-10}$$

により求められる。

軟鋼のような延性材料では，**図6-11**（1）のようにねじり軸とほぼ直角の破断面となり，鋳鉄のようなもろい材料では，**同図**（2）のように軸と約45度の角度を持つらせん状の破断面になる。破面と軸のなす角度は材料の延性，ぜい性を示す指標になる。

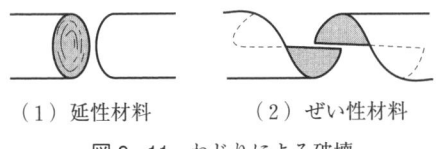

図 6-11 ねじりによる破壊

6.8 硬さ試験 (hardness test)

突起物による押込みや引掻きなど，局部的な外力による塑性変形やせん断等に対する抵抗を**硬さ**（hardness）という。工業的に用いられる硬さには(1)**押込み硬さ**，(2)**反発硬さ**，(3)**引掻き硬さ**，の3種類がある。いずれ

も，**圧子**（indenter）により試験片に負荷を与え，生じた塑性変形の大きさまたは吸収エネルギで硬さを評価する。JISには次の試験方法が定められている。

6.8.1 ブリネル硬さ（Brinell hardness）

直径Dの焼入れ鋼球を圧子とし，荷重Pを負荷する。荷重除去の後の**圧痕**（indentation, impression）の直径dを測定する（**図6-12**）。ブリネル硬さ**HB**を次のように定義する。

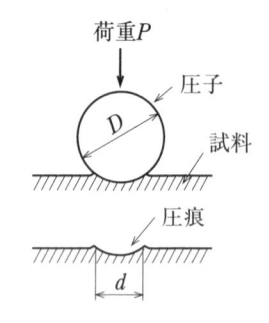

図6-12 ブリネル硬さ

$$\mathrm{HB} = \frac{荷重}{圧痕の表面積} = \frac{2P}{\{\pi D(D-\sqrt{(D^2-d^2)})\}} \qquad (6\text{-}11)$$

ただし，荷重Pはkgf（9.8N）で表す。結果は応力kgf/mm^{2}の次元を持つけれども，単位はつけない。最も一般的に用いられるのは$D = 10$mm，$P = 3000$kgf（29400N），荷重時間30秒である。これを**HB（10/3000/30）**と表す。dは0.01mmまで読取る。鋼のHBの値はおよそ100〜450である。圧子に焼入れ鋼球を用いるため，約450が上限になる。

6.8.2 ビッカース硬さ（Vickers hardness）

圧子として対面角136度のダイヤモンド四角錐を用い，除荷後の圧痕の対角線長さdを測定する。ブリネル硬さと同じ定義によって**ビッカース硬さHV**を求める（**図6-13**）。

HBと同様に単位はつけない。

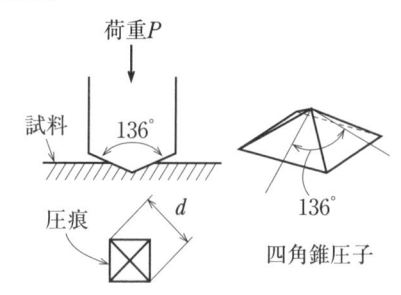

図6-13 ビッカース硬さ

$$\mathrm{HV} = \frac{荷重}{圧痕の表面積} = \frac{2P \sin 68°}{d^2} \qquad (6\text{-}12)$$

HVの値はおよそHBと同じである（そのように対面角を選択してある）。

一般に用いられる荷重Pは5～50kgf（49～490N）である。1000以上までの硬さ測定ができる。

荷重Pを10～500gf（0.098～4.9N）とし，400倍の顕微鏡でμm（10^{-3}mm）単位での圧痕を測定することにより，**微小硬さ**（マイクロビッカース，MVH）が得られる。これにより結晶粒単位での硬さや硬さ分布の測定ができる。また，圧痕が目視できない程度であることから，一種の**非破壊的材料評価法**としても用いられる。

6.8.3 ロックウェル硬さ (Rockwell hardness)

ロックウェル硬さでは**図6-14**のように，圧痕の深さから硬さ値を定める。通常，先端角120度のダイヤモンド円錐圧子による**Cスケール**，および直径$\frac{1}{16}$インチの鋼球による**Bスケール**が用いられる。Cスケールでは，一旦基準荷重10kgfを加え，その後試験荷重150kgfとし，除荷した時の圧痕の深さの差hから，

$$HRC = 100 - 500h \text{(mm)} \qquad (6\text{-}13)$$

とする。hは$\frac{2}{1000}$mm精度のダイヤルゲージで直読する。Bスケールでは基準荷重10kgf，試験荷重100kgfで，

$$HRB = 130 - 500h \text{(mm)} \qquad (6\text{-}14)$$

として求める。ロックウェル硬さは簡便であるが，圧痕が深くなり過ぎると負の値になるから，試料によるスケールの切替えが必要である。Bスケールよりも軟らかい試料，厚さが薄い試料等にも適用できるよう，K，M等，

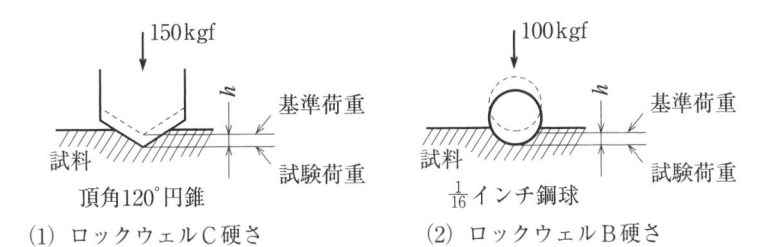

(1) ロックウェルC硬さ　　(2) ロックウェルB硬さ

図6-14　ロックウェル硬さ

種々のスケールが定義されている。

6.8.4 ショア硬さ（Shore hardness）

反発硬さのひとつとしてショア硬さが用いられる。先端に半球状のダイヤモンドを有する鋼丸棒のハンマを高さh_0から落下させ，跳返り高さhを測定する（図6-15）。ショア硬さHSを次のように定義する。

$$\mathrm{HS} = \frac{10000}{65} \times \frac{h}{h_0} \tag{6-15}$$

普通用いられる**D型**ではh_0 = 19.05mm（$\frac{3}{4}$インチ），ハンマの質量は約36gである。結果はダイヤルゲージで直読する。ショア硬さは圧痕形成に消費されたエネルギを評価していることになる。ショア硬さは簡便で，試験機が持運び可能であり，現場での非破壊評価法あるいは検査法として用いることができる。鋼のHSのおよその値は20～80である。

JIS以外では，圧痕の対角線長さが**7.11：1**の菱形のダイヤモンド圧子を用いる**ヌープ**（Knoop）**硬さ**＊がある。

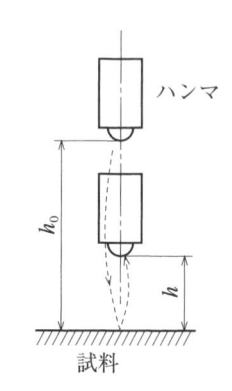

図 6-15　ショア硬さ

6.8.5 引掻き硬さ

JISには規定されていないが，頂角90度のダイヤモンド円錐の引掻きによる条痕の幅をdとし，$\dfrac{8P}{\pi d^2}$（P：荷重）で求める**マイヤー**（Meyer）**硬さ**がある。また，**モース硬さ**では種々の硬さの標準鉱物（1. 滑石，2. 石膏，3. 方解石，4. 螢石，5. 燐灰石，6. 正長石，7. 石英，8. 黄宝石，9. 鋼玉，10. ダイヤモンド）による条痕の有無で硬さの序列を判定する。これらによれば，軟鋼の硬さは3～4，硬い鋼では7～8である。

＊　吉沢武男，硬さ試験とその応用，p2, p3

6.8.6 硬さ相互，および硬さと引張強さの関係

硬さはその測定方法によって数値が変わる。また硬さ相互の間には理論的な関係式はない。しかし材種（鋼，銅合金等）ごとに実験によるおよその数値の換算表が得られている。鋼の場合について**表6-2**に示した。HB230〜500の範囲で，ごくおおまかに，HV≒HB，HB≒10×HRC, HS≒HRC+15の関係がある。また，硬さと引張強さの間にはおよそ，

$$\sigma_B = 3.2 \times HB + (50 \sim 100) \quad \text{(MPa)} \quad (6\text{-}16)$$

の関係がある。硬さ試験によって材料の引張強さ，降伏点等の機械的性質のおよその値を推定することができる。また，ショア硬さ等，圧痕がほとんど残らない測定法は，素材や製品の強度推定，品質管理に用いることができる。

表6-2 硬さ相互および引張強さとの関係（鋼）

ロックウエル C硬さ HRC	ビッカース 硬さ	ブリネル 硬さ HB	ショア 硬さ HS	近似引張 強さ MPa
68	940	—	97	—
67	900	—	95	—
66	865	—	92	—
65	832	—	91	—
64	800	—	88	—
63	772	—	87	—
62	746	—	85	—
61	720	—	83	—
60	697	—	81	—
59	674	—	80	—
58	653	—	78	—
57	633	—	76	—
56	613	—	75	—
55	595	—	74	2080
54	577	—	72	2000
53	560	—	71	1950
52	544	500	69	1880
51	528	487	68	1820
50	513	475	67	1750
49	498	464	66	1690
48	484	451	64	1640
47	471	442	63	1580
46	458	432	62	1530
45	446	421	60	1480
44	434	409	58	1430
43	423	400	57	1380
42	412	390	56	1330
41	402	381	55	1290
40	392	371	54	1250
39	382	362	52	1220
38	372	353	51	1180
37	363	344	50	1160
36	354	336	49	1120
35	345	327	48	1080
34	336	319	47	1060
33	327	311	46	1030
32	318	301	44	1000
31	310	294	43	980
30	302	286	42	950
29	294	279	41	930
28	286	271	41	910
27	279	264	40	880
26	272	258	38	860
25	266	253	38	840
24	260	247	37	820
23	254	243	36	800
22	248	237	35	780
21	243	231	35	770
20	238	226	34	750
(18)	230	219	33	740
(16)	222	212	32	710
(14)	213	203	31	680
(12)	204	194	29	650
(10)	196	187	28	620
(8)	188	179	27	600
(6)	180	171	26	580
(4)	173	165	25	550
(2)	166	158	24	530
(0)	160	152	24	520

SAE Hand book（1956）より

6.9 衝撃試験（impact test）

ぜい性破壊は高強度の材料の他，低温，衝撃荷重，き裂の存在等によって生ずる急激な破壊である．第5章5.8〜5.11で述べたように，ぜい性破壊に対する抵抗の大きさを**じん（靱）性**といい，破壊に要するエネルギ（仕事量）によって評価することができる．これは応力－ひずみ曲線からも求められるけれども，ぜい性破壊が一般に衝撃的に生ずることから，**衝撃曲げ試験**が評価法のひとつとして用いられる．

6.9.1 衝撃試験法

一般に行われるのは**シャルピー衝撃試験**（Charpy impact test）である．**図6-16**（1）のような振子式ハンマによって矩形断面試験片を衝撃的に破壊し，破壊に要したエネルギを評価する．試験片は断面が $10 \times 10 \, (\text{mm})$，長さ55mmで，**図6-16**（2）のような深さ2mmの切欠をつける**Vノッチ**が一般的である．これをスパン40mmで自由支持する．吸収エネルギUは，試験前後のハンマの高さ H_0, H から，次式で求められる．

$$U = Mg(H_0 - H)(J) \quad (M：ハンマの質量，g：重力の加速度) \quad (6\text{-}17)$$

試験結果はシャルピー吸収エネルギ（J，または kgf-m），またはこれを切欠底の断面積（cm^2）で除した**シャルピー衝撃値**（J/cm^2）で表す．

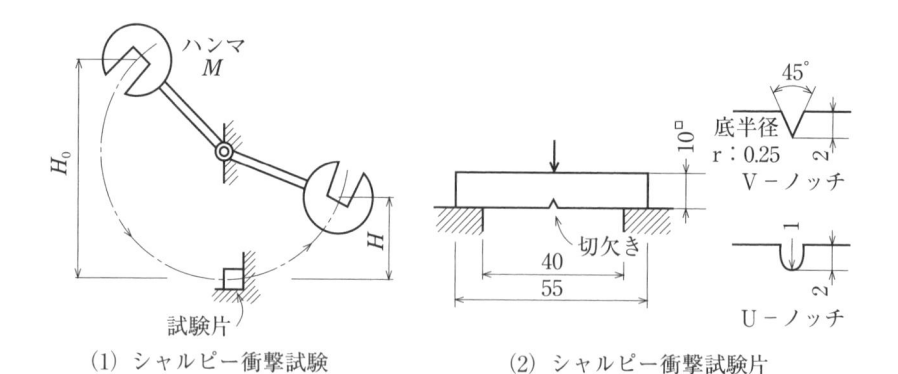

（1）シャルピー衝撃試験　　（2）シャルピー衝撃試験片

図6-16　衝撃試験

6.9.2 エネルギ遷移曲線

鉄鋼材料について，室温から低温まで種々の温度で衝撃試験を行うと図6-17のような曲線，**エネルギ遷移曲線**が得られ，一定の温度範囲を境に衝撃値が著しく低下する。またこれに伴って，破面がせん断型の延性破面から分離型のぜい性破面になる。これを**低温ぜい性**(low temperature embrittlement)といい，エネルギ値の急激な変化を**延性－ぜい性遷移**（ductile - brittle transition）という。上部棚エネルギの$\frac{1}{2}$（または上部棚エネルギと下部棚エネルギの平均）のエネルギ値に相当する温度を**エネルギ遷移温度**（energy transition temperature）とする。また，破面の50％がぜい性破面となるような，**破面遷移温度**（fracture appearance transition temperature, **FATT**）も用いられる。遷移曲線，遷移温度は材料の他，切欠きの有無，衝撃速度，熱処理等によって変わる。アルミニウム合金やオーステナイト系ステンレス鋼のような面心立方系の金属は低温でのぜい化現象を示さない。

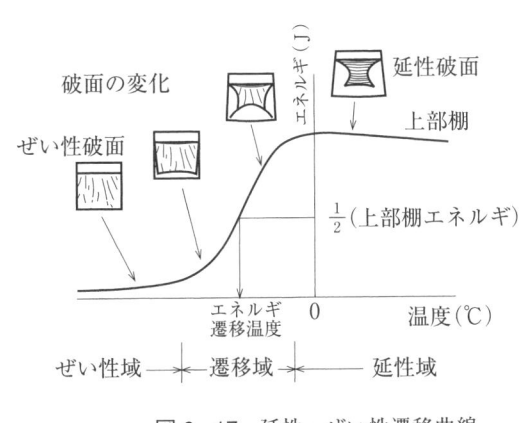

図 6-17 延性－ぜい性遷移曲線

6.10 破壊じん性試験

6.10.1 破壊力学の基礎と破壊じん性

前節6.9の衝撃試験では，材料のじん性を破壊に必要なエネルギ，J/cm^2で評価した。この値によって材料特性の比較および変化の判断ができるけれ

G もまた K と同じく破壊の条件として用いることができ,限界エネルギ解放率 G_c 等が定義される。平面ひずみ状態では (6-21) 式および (6-22) 式から,

$$\sigma_f = \frac{1}{\psi}\sqrt{\frac{EG_{Ic}}{(1-\nu^2)\pi a_c}} \tag{6-23}$$

(6-23) 式と (5-19) 式および (5-21) 式との比較から,G_{Ic} が破壊に必要なエネルギ 2γ または $2P$ に相当する値であることが分かる。

K および G は材料の弾性状態を仮定しており,塑性変形が無視できるか,あるいはき裂先端近傍の小領域に限られる場合に有効である。このため,引張強さが弾性率 E の $\frac{1}{150}$ 程度以上の高強度材料に適用できる。材料の塑性変形を無視できないような場合に対しては,J 積分[*1)]等を用いた非線形破壊力学が適用される。

6.10.2 破壊じん性値の測定

材料の平面ひずみ破壊じん性 K_{Ic} を求めるには次のような方法を用いる。試験片として**図6-19**のような**スリット**(slit)切欠き付きの試験片を用い,引張りあるいは曲げの荷重を加え,破断させる。切欠き先端には疲労き裂を挿入する。**荷重 P－き裂開口変位(COD**,crack opening displacement)**曲線**を測定し,**図6-20**のように,セカント係数が,立ち上がり部の95％となる荷重,あるいはそれ以前に生じた最大荷重をき裂進展開始点 P_Q とみなす。P_Q から,例えば次式(**図6-19**のCT試験片の場合)によって K_Q を求める。

$$K = \frac{P}{BW^{1/2}}\left[(30.96(\frac{a}{W})^{\frac{1}{2}} + 195.8(\frac{a}{W})^{\frac{3}{2}} + 730.6(\frac{a}{W})^{\frac{5}{2}}\right.$$
$$\left. + 1186.3(\frac{a}{W})^{\frac{7}{2}} + 754.6(\frac{a}{W})^{\frac{9}{2}}\right] \tag{6-24}{}^{*2)}$$

[*1)] J 積分の定義 $J = \int_\Gamma (Wdy - T\cdot\partial u/\partial x\ ds)$,ここで,$\Gamma$:き裂先端を囲む経路,$W$:ひずみエネルギ密度 $= \int \sigma d\varepsilon$,$T$,$u$:積分経路 Γ に沿った外向きの外力および変位。詳しくは破壊力学関係の教科書参照

[*2)] 機械学会JSMES001

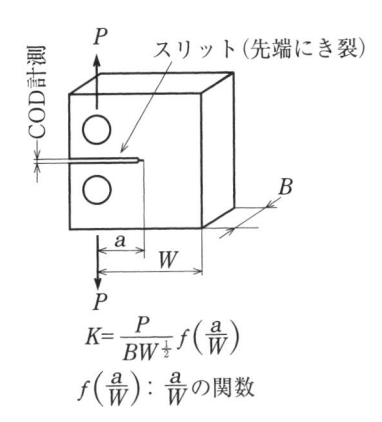

図6-19 破壊じん性試験片

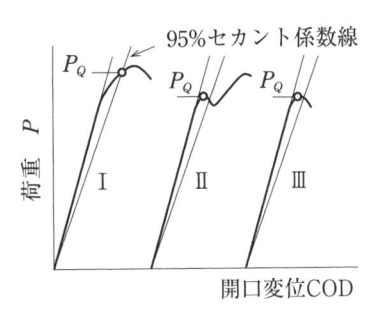

$$K = \frac{P}{BW^{\frac{1}{2}}} f\left(\frac{a}{W}\right)$$

$f\left(\frac{a}{W}\right)$：$\frac{a}{W}$の関数

図6-20 荷重−COD曲線とP_Q

K_Qがぜい性破壊の条件,

$$\frac{P_{max}}{P_Q} \leq 1.1, \quad B, \ a, \ b \geq 2.5\left(\frac{K_Q}{\sigma_Y}\right)^2 \tag{6-25}$$

（σ_Y：降伏点）

等を満たしたならば，$K_Q = K_{Ic}$とみなす。

引張強さが$\dfrac{E}{150}$（E：弾性率）以下の一般材料では，これらの条件を満たすことは難しい。この場合にはGを弾塑性状態にまで拡張したJ積分（弾性状態では$J = G$）の概念に基づくJ_{Ic}試験が行われる。切欠き先端の疲労き裂から延性き裂が生じ始める時のJ値，J_{in}を求め，これをG_{Ic}とみなしてK_{Ic}を求める。

鋼のK_{Ic}と降伏点σ_Yの間にはおよそ図6-21のような逆比例の関係がある。K_{Ic}値と温度の関係は図6-17と相似の延性−ぜい性遷移を示し，シャルピー衝撃値からK_{Ic}値を推定する実験式がある。

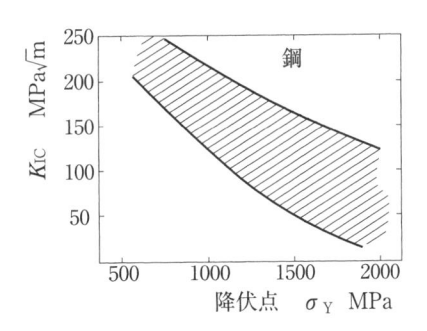

図6-21 鋼の降伏点σ_Yと破壊じん性値K_{Ic}の関係

6.10.3 破壊じん性値の応用

材料のK_{Ic}値が得られたならば，(6-21) 式によって，き裂あるいは欠陥がある場合の構造物の強度を見積もることができる。欠陥検査 (6.12節) によって，あるいは直接計測によって，欠陥あるいはき裂の寸法aが分れば，ぜい性破壊応力は，

$$\sigma_f = \frac{K_{Ic}}{\psi\sqrt{\pi a}} \tag{6-26}$$

によって見積もられる。逆に，設計応力あるいは作用応力がσであれば，ぜい性破壊に対して許容される欠陥の寸法a_cは，

$$a_c = \frac{1}{\pi}\left(\frac{K_{Ic}}{\psi\sigma}\right)^2 \tag{6-27}$$

である。係数ψは，種々のき裂形状に対して線図等*から求められる。破壊力学の考え方は，ぜい性破壊の他，疲労，環境ぜい化破壊など，破壊全般にわたって広く応用される。

6.11 疲労および疲労試験

6.11.1 疲労の基礎

材料に繰返し応力を負荷すると，その応力が静的な破壊強度より十分小さい場合でも，ある繰り返し数の後に材料内に割れが発生し，成長して，破壊に至ることがある。このような現象を**疲労** (fatigue) あるいは**疲れ**という。疲労の現象は1820～50年代にドイツの技師 J. Albert, A. Wöhler らによって発見され，研究された。今日でもなお，機械の破損破壊の80％が疲労によるとされている。したがって，材料の疲労特性に対する理解は，機械技術者にとって極めて重要である。

疲労において，作用した応力の振幅 (S) と，破断までの繰返し数 (number of cycles to failure, NまたはN_f) の対数の間には図6-22のような直線関係がある。これを**S－N曲線** (S-N curve (diagram)) という。鋼ではSを小さくしていくと，事実上無限大回数繰り返しても破壊しない限界

---

* 例えば石田誠，き裂の弾性解析と応力拡大係数 (破壊力学と材料強度講座-2) (培風館) (1976)

の応力がある。これを**疲労（疲れ）限度**（fatigue limit）または**耐久限度**（endurance limit）といい，σ_w で表す。ある繰り返し数（例えば 10^5）を想定し，それに耐える応力振幅の上限を（10^5）**時間強度**（10^5 fatigue strength）という。アルミニウムなどの非鉄金属や，高炭素鋼などの高強度の材料では，疲労限度が認められない場合がある。このような場合は **10^7 時間強度**をもって実用的な疲労限度とすることが多い。

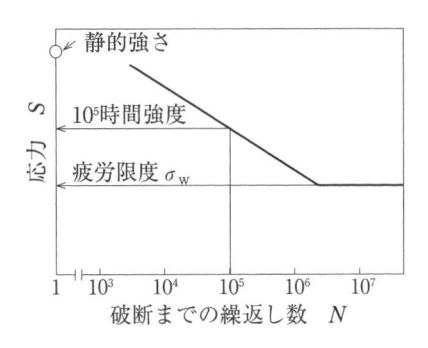

図 6 - 22　S-N曲線

疲労破壊した破面には特徴のある縞模様が見られる（**図6-23**（1），（2））。これを**疲労縞**（fatigue mark），**貝殻模様**（clam shell mark），**ビーチマーク**（beach mark）等と呼ぶ。これは荷重の繰り返しによって割れが進展した痕跡である。疲労割れの先端からは切欠きぜい性破壊が生じている。繰り返し捩りの場合は**図6-23**（3）のような星状破面が生ずる。

疲労破壊の進行過程は割れ（き裂）の発生と進展および最終破断の3段階に分けられる。前の2つの過程は次のように分けられる。

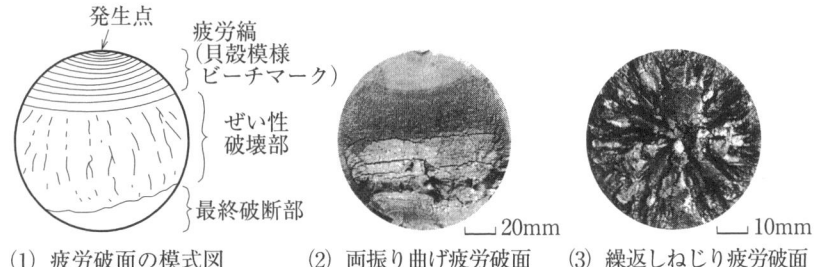

(1) 疲労破面の模式図　　(2) 両振り曲げ疲労破面　　(3) 繰返しねじり疲労破面

図 6 - 23　疲労破面

I　材料内部に微小な割れが形成される過程

(1) 結晶内にミクロの塑性変形が繰り返し生じる（**図6-24**（1））。ミクロな加工硬化が生ずる。

(2) すべりの集中した部分に,すべり面にそった微細な割れ(き裂)ができる(**図6-24**(2))。

Ⅱ **応力の繰り返しによって,き裂が成長する過程** この過程は次の3つからなっている。

Ⅱa せん断き裂から,引張応力に垂直方向のき裂になっていく(**図6-24**(3))。

Ⅱb 定常的なき裂の進展。この段階で疲労縞が形成される。

Ⅱc き裂の成長が急激に加速する。

最終的な破断は,き裂が一定長さに達した後,切欠き材の静的破断として生ずる。

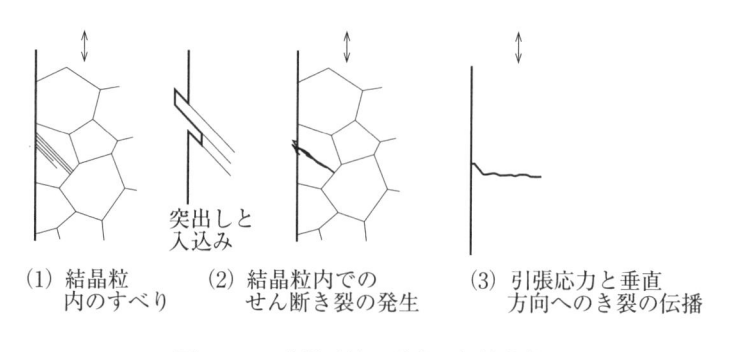

(1) 結晶粒内のすべり　(2) 結晶粒内でのせん断き裂の発生　(3) 引張応力と垂直方向へのき裂の伝播

図6-24 疲労破壊の発生・伝播過程

S－N曲線の横軸には一般に破断までの繰返し数(寿命,N,N_f)が用いられるけれども,き裂の発生までの繰返し数を**図6-25**の破線のように示すことができる。高応力では破断繰返し数の約10％等の早期に生じ,寿命の大半がき裂の進展過程である。これに対して疲労限度近傍の低応力ではき裂が生ずる時期は寿命の90％等であり,寿命の大部分がき裂発生のために費やされる。

疲労限度以下の応力では,発生したき

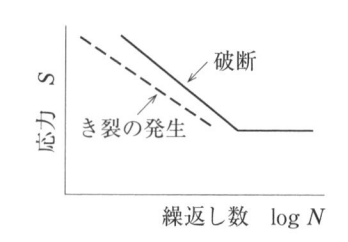

図6-25 き裂の発生曲線

裂が最終破断にまで至らず，残留した状態で観察されることがある。これを**停留き裂**（non-propagating crack）という。

6.11.2 疲労試験法

疲労試験には**図6-26**のように，繰返し引張（圧縮），繰返し曲げ，繰返しねじり，回転曲げ（rotational bending）など，種々の方法がある。現在は油圧サーボバルブを用いた電気油圧式が一般的であり，30〜100Hzでの試験が可能である。**図6-27**のような回転曲げ試験は簡便な装置で60Hz以上の高速の試験が行なえるため，よく用いられる。

応力が**図6-28**のような正弦波状の場合，実験データは，**最大応力**，**応力振幅**（stress amplitude），**平均応力**（mean stress）等を用いて整理される。

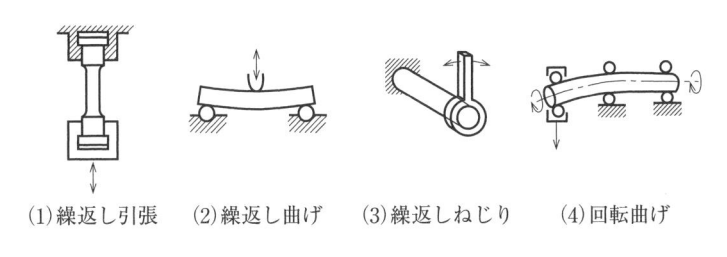

(1)繰返し引張　(2)繰返し曲げ　(3)繰返しねじり　(4)回転曲げ

図6-26　疲労における負荷の種類

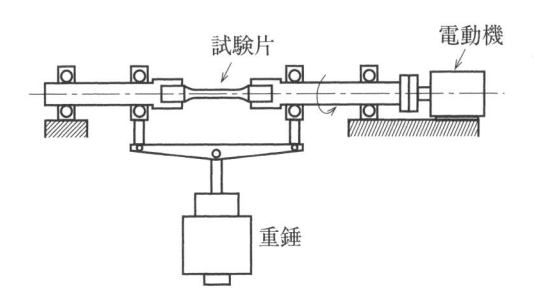

図6-27　回転曲げ疲労試験機

応力振幅　$\sigma_a = \dfrac{1}{2}(\sigma_1 - \sigma_2)$

平均応力　$\sigma_m = \dfrac{1}{2}(\sigma_1 + \sigma_2)$

σ_1：最大応力，σ_2：最小応力，

応力比（stress ratio）　$R = \dfrac{\sigma_2}{\sigma_1}$

$\sigma_1 > 0$，$\sigma_2 \geqq 0$ の場合を**片振り引張り**（one way tension），$\sigma_1 \leqq 0$，$\sigma_2 < 0$ の場合を**片振り圧縮**という。また，$\sigma_1 > 0$，$\sigma_2 < 0$の場合を**両振り**（two way loading）という。回転曲げは$\sigma_1 = -\sigma_2$の両振りに相当する。

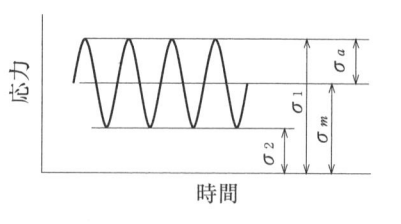

図6-28　疲労試験における繰返し応力－時間曲線

S－N曲線の縦軸には，応力振幅σ_a，または最大応力σ_1を用いるのが一般的である。一定の打切り繰返し数（10^7を用いることが多い）で破断に至らなかったデータの最大値＊を疲労限度とする。

6.11.3　疲労限度線図

応力振幅または最大応力で表される疲労限度σ_wは，平均応力の値によって変わる。すなわち，両振り（$\sigma_m = 0$）の場合と，片振り引張り（$\sigma_2 = 0$，$\sigma_a = \dfrac{1}{2}\sigma_1$）の場合とで，疲労限度の値が異なる。これらの値の関係を表すものとして，**図6-29**のHaighの**疲労限度線図**（**耐久限度線図**）が用いられる。たて軸は応力振幅σ_a，横軸は平均応力σ_mである。応力振幅で表した両振り疲労限度A－O，片振り引張（$\sigma_2 = 0$）疲労限度B－B′，および片振り圧縮疲労限度C－C′がほぼ一直線上にあり，その延長と横軸の交点Pは，引

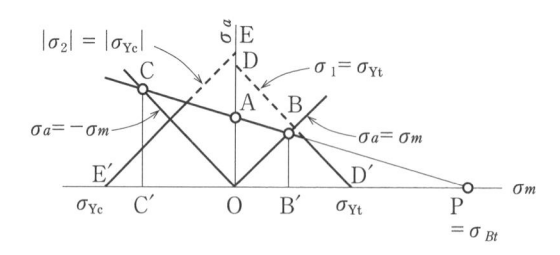

図6-29　Haighの疲労限度線図

＊　JIS Z-2274では一定の方式による試験結果の平均値（破壊確率50％）で定める。

張試験による**真破断応力** σ_{Bt}（5.1, 図5-7）に一致するとされる。材料を破損せずに使用できる応力の範囲は，直線C-Pの下側で，かつ，降伏条件を示す線分D-D′，E-E′の下側の部分である。

6.11.4 疲労強度に影響する要因

(1) **疲労限度比** 疲労限度 σ_w の，引張強さ σ_B に対する割合 $\dfrac{\sigma_w}{\sigma_B}$ を**疲労限度比**（endurance ratio）という。その値は，鋼ではおおむね0.3〜0.6の範囲にある。一般に強度が高い材料ほど，この比が小さい。**表6-3**は疲労限度比の値の例である。疲労限度として回転曲げによる値を用いることが多いが，他の条件では異なる値になることに注意する必要がある。

表6-3 炭素鋼の疲労限度比 （焼なまし材、回転曲げ）

炭素量(%)	引張強さ(MPa)	疲労限度(MPa)	疲労限度比
0.05	319	181	0.57
0.12	387	225	0.58
0.17	392	225	0.57
0.29	529	255	0.48
0.36	578	265	0.46
0.45	720	299	0.42
0.65	784	319	0.41
0.75	784	294	0.38
1.07	730	240	0.33

(2) **切欠き** 多くの場合，疲労は切欠きなどの応力集中部から生ずる。穴，段，溝，ねじ底，歯車の歯底などは，疲労の発生しやすい部位である。また，表面粗さ，きず，金属組織内の欠陥等も疲労強度を低下させる。

平滑材の疲労強度 σ_{w1} に対して，切欠材の疲労強度を σ_{wk1} とするとき，$\dfrac{\sigma_{w1}}{\sigma_{wk1}}$ を**切欠係数**（notch factor）といい，普通 β であらわす。β はその切欠の応力集中係数 α より小さく，一般には3以下の値である。α と β の関係を表す式として**切欠感度係数**（notch sensitivity factor）η が次のように定義される。

$$\eta = \frac{\beta - 1}{\alpha - 1} \tag{6-28}$$

$\eta = 0$ では α にかかわらず $\beta = 1$ であるから，切欠きによって強度が変わらず，切欠に鈍感な場合である．$\eta = 1$ は $\beta = \alpha$ を意味し，材料が切欠に著しく敏感な場合に相当する．ただし η は，材料の種類だけでなく，α の値および底半径，試験片（部材）の寸法によっても変わる．一般に，高強度の材料ほど，切欠に対して敏感である．

(3) **表面状態**　内部に大きな欠陥があるときなどを除き，疲労は一般に材料の表面から生ずる．また，曲げやねじりを受ける場合は，表面に応力の最大値が生ずる．したがって，試験片，部材の表面の状態，強度は疲労強度に大きく影響する．表面の粗さ，きずが強度を低下させることは前項のとおりである．逆に，表面焼入れ，浸炭などによる表面の硬化，**ショットピーニング**（shot peening），ローラ掛けなどによる表面層の加工は疲労強度を増加させる．ただし，クロムめっき，溶射などでは，内部に微細な欠陥を含むために，疲労強度を低下させることがある．

(4) **材料欠陥**　材料の内部に含まれる種々の欠陥（6.14節参照）は疲労の発生点となりやすく，疲労強度を低下させる．高強度の材料ほどこの傾向が強い．

(5) **温度**　一般に400℃付近までは鋼の疲労限度が高くなる．これは後述（6.12.2参照）の青熱ぜい性とも関連し，ひずみ時効（5.5.2参照）による降伏点の上昇によるものと考えられている．この温度範囲を超える温度では疲労強度が急激に低下する．低温では降伏点と同じく疲労強度が上昇すると考えられる．ただし6.9節で述べたように，低温ではき裂がぜい性的に伝播しやすくなるので，疲労き裂が一旦生じたならば，早期に破断する可能性がある．

(6) **腐食**　腐食環境は，疲労き裂の進展を早め，時間強度，疲労限度をともに低下させる．これを特に**腐食疲労**（corrosion fatigue）と呼ぶ．

(7) **寸法効果**　一般に疲労試験は直径10 mm程度，あるいはそれ以下の寸法の試験片を用いて行われる．しかし，疲労強度は試験片の寸法が大きいほ

ど低くなる傾向がある。これは疲労の発生点となる欠陥の存在の可能性が高くなること（**図6-30**(1)，危険体積の概念），および，曲げ，切欠き材等の場合は，応力の勾配が緩いほど，一定の小領域内での有効応力（**図6-30**(2)）が大きくなるためと理解される。寸法の大きな部材の疲労強度を，小さな試験片による疲労試験の結果から算定する場合には注意を要する。

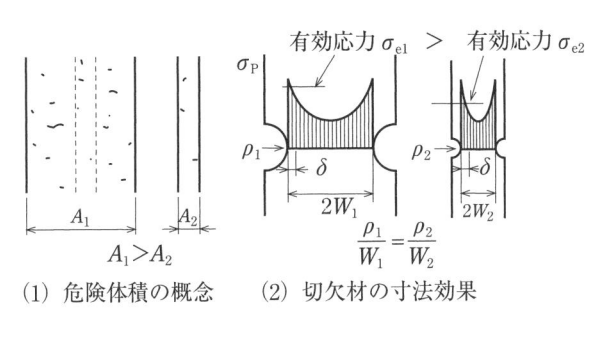

(1) 危険体積の概念　(2) 切欠材の寸法効果

図6-30　平滑材と切欠材における寸法効果

(8) **繰り返し速度**　通常の試験速度（10～100 Hz）では，試験速度の影響は無視できるとされている。しかし，速度が非常に遅い場合には疲労強度が低下する傾向がある。高速の場合には逆に疲労強度が上昇する。さらに高速の場合には，試験片内での発熱等により，強度が低下する場合がある。

(9) **休止**　一般に金属の疲労は休止によっては回復しないと考えられる。特にき裂発生後の休止は効果がない。ただし，休止中に時効が生ずるような場合にはその効果が現れる。

(10) **過大応力，変動応力**　疲労限度よりも大きい種々の大きさの応力が作用した場合に，材料が受ける**疲労損傷**（fatigue damage）を次のように表すことができる。**図6-31**に示すように，応力 σ_1 では N_1 回で破壊するところを，これより小さい回数 n_1 で中断する。この場合，材料は $\dfrac{n_i}{N_i}$ の疲労損傷を受けたものとする。同様に，応力 σ_i では N_i 回で破壊するところを，これより小さい n_i 回繰り返す。この場合，

$$\Sigma \frac{n_i}{N_i} = 1.0 \tag{6-29}$$

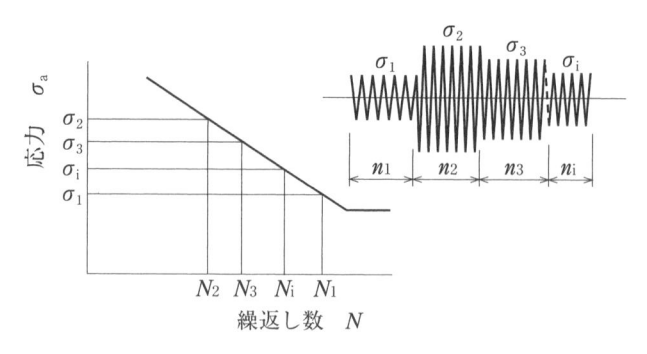

図6-31　線形被害則の概念

の時に破壊が生ずると考える。このような考え方を**線形被害則**（linear damage law）あるいは**マイナー**（Miner）**則**，$\Sigma \dfrac{n_i}{N_i}$ を**累計繰返し数比**（cumulative cycle ratio）という。この考え方は，実験的には必ずしも成立つものではないが，応力振幅が一定ではない変動荷重を受ける場合の整理法として用いられる。

(11) 過小応力　疲労限度よりも小さい応力を前もって加えた場合に，これがない場合よりも疲労強度が上昇する場合がある。これを**コーキシング**（coaxing）という。疲労限度以下の負荷によって，ひずみ時効や析出などの組織の変化，内部残留応力の変化等がある場合に生ずることが考えられる。

6.12　高温強度およびクリープ試験

6.12.1　高温強度（high temperature strength）

一般に金属および合金の強度，硬さは温度の上昇にともなって低下する。一方，伸びは増加する。赤熱状態では引張強さが著しく低くなる。**図6-32**（1）は青銅の強さと伸びの，温度による低下の例である。また**図6-32**（2）は鋼の高温強さの例である。鋼では，引張り強さは300℃位まではやや増加するが，それ以上の高温では急激に低下する。高温での降伏強さの低下は，転位が移動しやすく，すべり変形が容易におこるためである。冷間では，塑

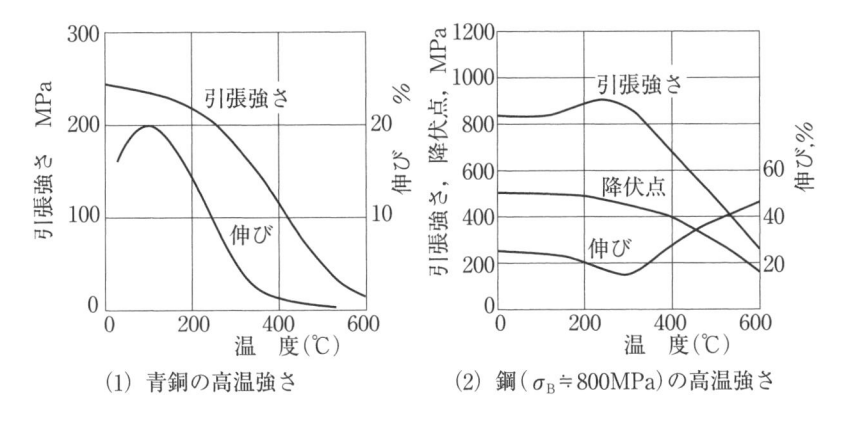

(1) 青銅の高温強さ　　(2) 鋼（$\sigma_B \fallingdotseq 800$MPa）の高温強さ

図 6-32　金属材料の高温強さの例

性変形により増殖した転位の相互干渉，集積等により加工硬化が生じ，すべりが困難になる。またひずみが均一ではなく，**内部応力**（**残留応力**，residual stress）が生じている。しかし高温では熱エネルギーによってこのような原子配列の乱れ，集積した転位が再配列し，安定な状態に近付こうとする。これを**回復**（recovery）という。さらに，乱れた結晶格子中に新たな結晶核が生じ，成長する。これが4.5.2節で述べた**再結晶**（recrystallization）である。再結晶温度以上では常に回復，再結晶が進み，加工硬化が生じにくい。さらに，格子変態，析出，分解等，金属組織の変化がある場合には，強度が不連続に変化する。

鋼では，350～500℃近傍に衝撃値が低下する領域がある。これを**青熱ぜい性**（blue shortness）という。青熱ぜい性はひずみ時効に関連する現象である（6.11.4 (5) 参照）。さらに高温では，結晶粒界の硫黄（S）などの偏析による**赤熱ぜい性**（red shortness）が現れる。

6.12.2　クリープ変形およびクリープ破断

一定の応力を受けた状態で，時間の経過とともにひずみが増大する現象を**クリープ**（creep）という。金属では再結晶温度以上の高温で生ずる。高温の圧力容器，熱機関など，負荷状態で長時間高温度にさらされる金属部材で

問題になる。鉛，亜鉛，錫などの軟金属およびハンダ，ヒューズ等これらの金属の合金では，再結晶温度が低いため，室温近傍でクリープが生ずる。

時間と変形の関係は，**図6-33**のようなクリープ曲線で表される。クリープ変形は，時間とともにクリープ速度（creep rate）$\dfrac{d\varepsilon}{dt}(=\dot{\varepsilon})$ が減少する**遷移クリープ**（transitional creep, first stage creep, I），ほぼ一定の $\dot{\varepsilon}$ となる**定常クリープ**（steady creep, II），および $\dot{\varepsilon}$ が時間とともに増大する**加速クリープ**（accelerating creep, III）の3領域に区分される。

クリープは結晶内および結晶粒界でのすべりによる塑性変形である。通常の塑性変形は加工硬化により停止するが，再結晶温度以上の高温では，上述のように加工硬化しにくいため，変形が進行する。

加速クリープでは，部材の一部にくびれが生じ，その部分の応力が増加して変形が加速される。高温では粒界でのすべりによる変形が主となり，粒界

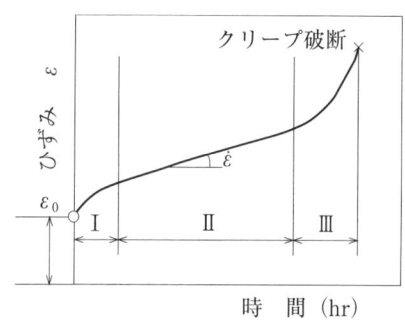

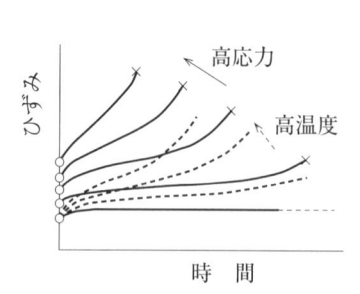

図6-33　クリープ曲線

図6-34　応力、温度によるクリープ曲線の変化

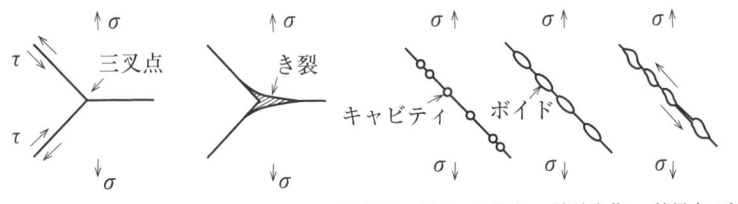

(1) 三重点でのき裂の発生　　(2) 粒界での空孔の発生と粒界すべり

図6-35　粒界でのき裂、空孔の発生

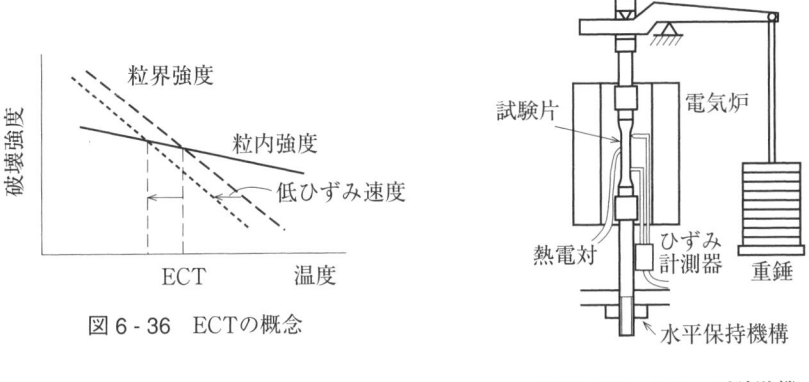

図6-36　ECTの概念

図6-37　クリープ試験機

破壊によって**破断**（creep rupture）する。**図6-34**に示すように，負荷応力が大きいほど，また温度が高いほどクリープ曲線の傾きが大きくなり，また破断までの時間が短くなる。

図6-35は粒界すべりによるき裂，空孔発生の模式図である。常温では一般に結晶粒界の強度が結晶粒内の強度よりも高いが，高温では逆に粒界の強度の方が低くなる。**図6-36**は温度による粒内，粒界強度の変化の概念図である。両者が交叉する温度を**ECT**（equi-cohesive temperature）という。この温度以上では粒界で破壊する。変形速度が遅い場合には粒界強度が低下し，ECTも低温度側に移動する。

6.12.3　クリープ試験

クリープ試験では，**図6-37**のような装置によって加熱炉内の試験片に一

定応力を掛け，図6-33，図6-34のようなクリープ曲線を記録する。**クリープ破断試験**（creep rupture test）では，一定温度，応力下で，クリープ破断を生ずるまでの時間（rupture time）を測定する。クリープ強度には次の3つの整理方法がある。

(1) クリープ限度（creep limit）　定常クリープ速度が規定値以下となるような応力の最大値（**図6-38**（1））。

(2) クリープ制限応力（limitimg creep stress）　クリープひずみが規定値以下となるような応力の最大値（**図6-38**（2））。

(3) クリープ破断強度（creep rupture strength）　一定時間後までクリープ破断しない応力の最大値（**図6-38**（3））。

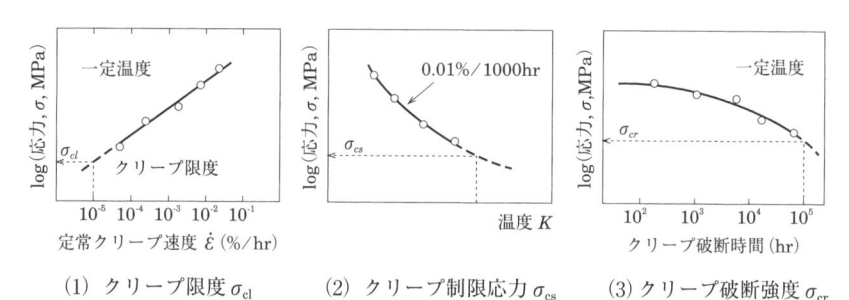

図6-38　クリープ強さの決定

(1)，(2) では温度と試験時間が，また (3) では温度が設定される。Ni基耐熱合金のクリープ破断強度の例（時間一定とした応力-温度関係）を第8章 図8-16に示してある。

6.12.4　クリープ強度の増加法

クリープ変形およびクリープ破断は主として結晶粒界でのすべり，き裂発生によるものであるから，結晶粒が負荷方向にそろった一方向凝固結晶あるいは単結晶（図2-28（2），（3））は通常の多結晶よりも高い**クリープ強度**を示す。航空機用ガスタービンエンジンにはこのような結晶で作られた動翼が用いられている。

6.12.5 リラクゼーション

高温で変位を一定に保つ場合，応力が次第に減少する（図6-39）。このような現象を**応力緩和**，**リラクゼーション**（relaxation）という。リラクゼーションはクリープと裏表の関係にある現象であり，ボルトや緊張索の弛み等の問題を生ずる。

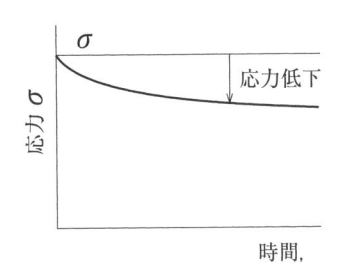

図6-39 リラクゼーション曲線

6.13 摩耗および摩耗試験

材料の表面に他の固体，流体が接触することによって，材料表面が損傷，除去される現象を**摩耗**（wear）という。次のような種類がある。

(1) すり減り摩耗（abrasive wear）　硬い粒子あるいは突起により表面が切削状に除去される摩耗

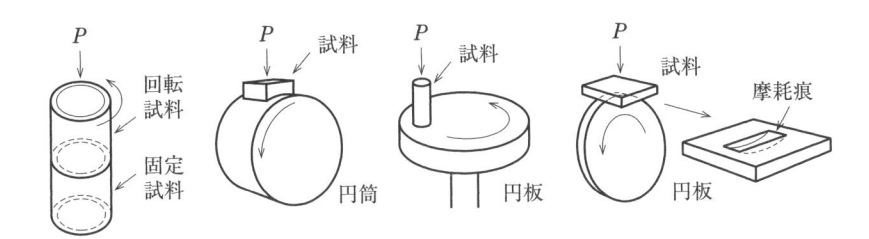

すり減り摩耗，凝着摩耗

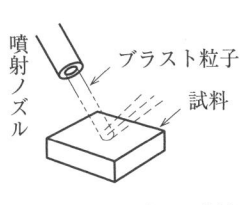

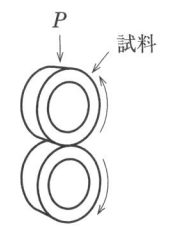

サンドエロージョン摩耗　　すべりころがり摩耗

図6-40　各種の摩耗試験法

(2) **凝着摩耗**（adhesive wear） 他材との接触で局部的に凝着，接合が生じ，これがむしれ除去されることによる摩耗。

(3) **エロージョン摩耗**（erosive wear） 流体中の固体粒子の衝突による摩耗。

(4) **転がり摩耗**（pitting wear） 表面の高い接触応力により疲労き裂が生じ，これが伝播し，剥離するために生ずる摩耗。**ピッティング摩耗，まだら摩耗**ともいう。

(5) **キャビテーション摩耗**（cavitation wear） 液体中に生じた気泡の破裂で材料表面に高応力が生じ，損傷される摩耗。

図6-40は摩耗試験法の例である。

すり減り摩耗および凝着摩耗は，図6-41のように，接触部をミクロに見た場合の真の接触面積に比例すると考えられる。一方，材料の押込み硬さ（例えばHB）は，硬さ＝ $\dfrac{荷重 P}{接触面積 S}$ で表されるから，

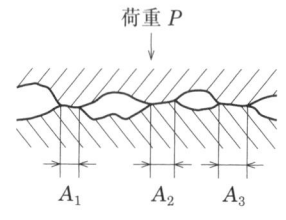

真の接触面積 $S = A_1 + A_2 + A_3 + \cdots$

図6-41 摩擦面の接触状態と真の接触面積

$$摩耗量\ W = k \times 接触面積\ S = k \times \dfrac{荷重 P}{材料の硬さ(\mathrm{HB})} \quad (6\text{-}30)$$

$$(k：定数)$$

すなわち，摩耗量はおおむね荷重に比例し，材料の硬さに反比例するといえる。実際の摩耗ではこれらの他，表面粗さ，潤滑状態，酸化・腐食の有無・程度，摩耗粉の特性など，多くの要因が影響する。また摩擦面の摩擦力は，摩擦力＝（接触面積 S）×（軟らかい方の材料のせん断強度）と考えることができるから，

$$摩擦係数\ \mu = \dfrac{摩擦力}{荷重} = \dfrac{せん断強度(\mathrm{kgf/mm^2})}{硬さ(\mathrm{HB})} \quad (6\text{-}31)$$

と表すことができる。

6.14 材料欠陥と非破壊検査

6.14.1 金属材料中の欠陥

　金属材料は必ずしも均一な結晶，組織からなっているわけではない。何らかの欠陥（defect, flaw）が含まれていることが多い。欠陥には，格子欠陥，転位等のように，寸法がÅ（10^{-7}mm）単位のミクロなものから，長さ数mmのき裂，空隙のような目視可能なものまである。成因も，転位，ミクロ偏析（4.3節）のように一般材料では当然含まれるものから，製造加工時に混入するものまで，多岐にわたる。大きな寸法の欠陥は時として破壊の発生源となる。機械の部材として使用される材料には，危険な欠陥がないことが求められる。6.10で述べた破壊力学，破壊じん性値の考え方は，き裂，欠陥がある場合の危険性の判断の手法である。

6.14.2 欠陥の成因と種類

材料欠陥には，加工法と関連して次のようなものがある。

(1) 鋳造による欠陥

(1-1) 鋳造組織，ミクロ偏析，マクロ偏析—これらはその程度が著しい場合には材料欠陥となる。偏析および鋳造組織を取り除くには，高温で長時間加熱する，拡散焼なましを行う。

(1-2) **引巣**（shrinkage hole）—凝固の際の体積収縮による空孔。

(1-3) **気泡**（gas hole）—溶湯に吸蔵されていたガスの放出による気泡。

(1-4) **非金属介在物**（inclusion）—鋳型の砂，溶湯表面に浮いたスラグなどから混入する異物。

(1-5) 鋳造割れ—冷却速度の差によって熱応力が生じ，割れる。

(2) 溶接による欠陥—溶接もまた金属の溶融と凝固を伴うから，鋳造と同様に，引巣，気泡，介在物の欠陥が生ずる。また急加熱，急冷による溶接割れ，熱影響部（heat affected zone, **HAZ**），溶込み不良等の欠陥が生ずる。

(3) 塑性加工による欠陥—鋳造した素材の欠陥が，変形した状態で残ることがある。その他，熱間塑性加工では表面酸化物層の巻込み，鍛造傷等の

欠陥が生ずる。

(4) **熱処理による欠陥**──焼入れ時の急冷，マルテンサイト膨張（7.3.3節）による焼き割れ，焼もどし割れ等。

図6-42はこれらの欠陥の例である。

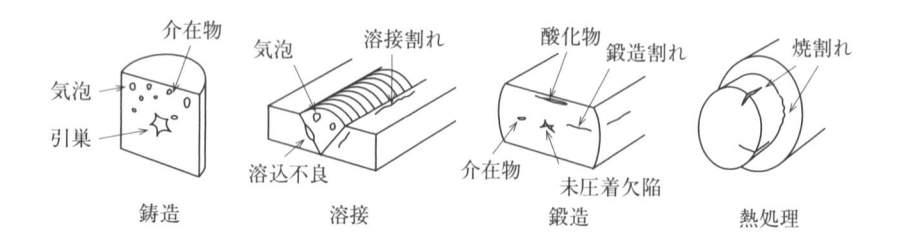

図6-42 加工法と材料欠陥の例

6.14.3 非破壊検査法

素材あるいは製品に有害な欠陥が含まれないよう，製造工程あるいは出荷時に検査が行われる。素材，製品の組織，形状を損なうことなく，非破壊的に検査する手法を**非破壊検査**（non-destructive test, non-destructive inspection）という。これには次のような手法がある。

(1) **放射線探傷法**（radiographic inspection (test)）　X線，中性子線等により内部を透視する手法。欠陥部分は透過度が異なり，フィルムの黒化度の差として現れる。方向を変えた照射により，位置の判定ができる。内部の，密着していない欠陥に有効である。肉厚の部材には中性子線が用いられる。

(2) **超音波探傷法**（ultrasonic test）　部材表面から，0.5～20 MHzの超音波を発信し，欠陥部からの反射を感知して，その時間と強度から欠陥の位置と寸法を判定する。0.1 mm程度の欠陥まで検出できる。部材全体を細かく走査し，コンピュータ演算と組合わせ（computer tomography, **CT**）て，欠陥を3次元的な像として表すこともできる。

(3) **浸透探傷法**（penetrant inspection）　色素あるいは蛍光物質を含む溶

剤を表面欠陥に浸透させ，他の部分を拭き取った後に，欠陥部からの滲みを探知する．それぞれ，**染色探傷法**（カラーチェック，dye penetrant detection），**蛍光探傷法**（fluorescent inspection）と呼ぶ．簡便な検査法として，表面欠陥の疑いのある部分に広く用いられる．

(4) **磁気探傷法**（magnetic field testing）　材料を磁化し，欠陥部分での磁束の方向の乱れを磁粉により，あるいは電磁気的に検知する．鉄鋼など，強磁性材料に適用できる．

(5) **渦電流探傷法**（eddy current inspection）　交流電流を通じたコイルにより，材料表面に渦電流を生じさせる．欠陥部分では渦の状態が変化するので，これを電磁気的に感知し，欠陥を検出する．高速での連続した検査が可能である．

図6-43は各非破壊検査法の概略図である．それぞれの特色に応じて使い分ける必要がある．

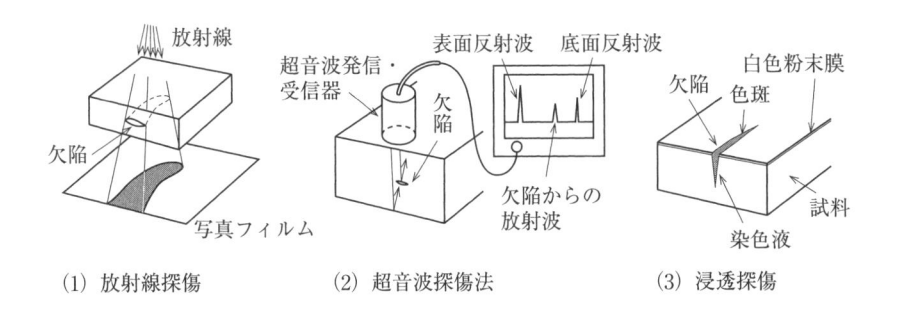

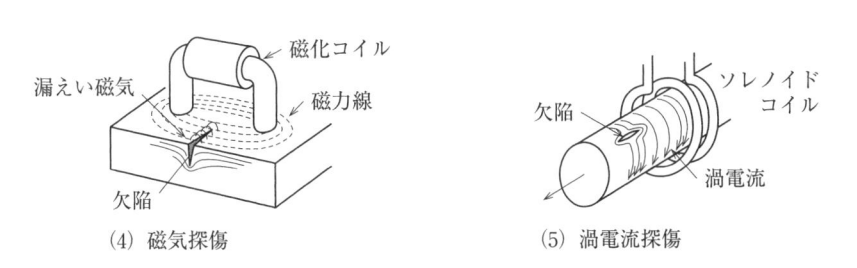

図6-43　非破壊検査法の例

第6章の練習問題 (Exercise for Chapter 6)

6.1 The following table shows load elongation data obtained by tensile test of a test piece with a diameter of 10 mm and gage length 80 mm. Here, P is the load in kN and ΔL is the change of gage length in mm.
(1) Draw a stress strain diagram.
(2) Calculate the elastic modulus of the material.
(3) Determine the 0.2% yield strength, tensile strength, elongation and reduction of area. The smallest diameter of the specimen after the test was 6.50 mm.

P (kN)	0	4	8	12	14	16	18	20	21	20	18	15	0
ΔL (mm)	0.0	0.03	0.06	0.09	0.25	1.20	3.3	6.8	11.2	16.8	20.3	22.4	ruptured

6.2 A cast iron bar with 20 mm diameter was fractured with a load of 3.5 kN when subjected to three point bending with a supporting span of 300 mm. Determine the bending strength.

6.3 Give three methods for evaluating hardness. Explain the way to obtain hardness number in three typical hardness tests.

6.4 The diameter of an impression by a standard Brinell hardness test was 3.50 mm. Calculate the HB hardness number. The test load was 3000 kgf ($\times$ 9.8N) and the indenter diameter was 10 mm.

6.5 A Shore hardness of 34 was measured in a steel specimen. Estimate the approximate Brinell hardness number and the tensile strength.

How would they be with HS55 ?

6.6 What is the difference of "strength" and "toughness" ? How can we evaluate the toughness of materials ?

6.7 Will the impact value increase or decrease with the following factor variations ? Explain why. (This question is suitable after studying chapter 7)

(1) Increasing carbon content in steel; (2) Decreasing temperature; (3) Higher tempering temperature; (4) Increasing impact velocity; (5) Work hardening; (6) Sharp notch; (7) Finer grain sizes; (8) Alloying small amounts Ni or Mn; (9) Welding; (10) Decreasing impurities.

6.8 The following data are results of impact tests on two steels, A, a carbon steel and B, an alloyed steel.

(1) Draw energy transition curves and determine the transition temperatures of the A and B steels.

(2) Describe the effects of alloying on toughness.

Temperature (℃)	−80	−60	−50	−40	−20	0	20	40	60
Impact value (J/cm²)									
Steel A	25	25	28	30	55	85	110	120	120
Steel B	25	50	80	160	230	250	250	240	230

6.9 The fracture stress was measured as 630 MPa, and the crack length, a, at the fracture was measured to be 14.5 mm. Determine the K_{Ic} value using equation (6-21) and $\psi = 1.12$ for an edge crack.

6.10 The fracture toughness, K_{Ic} value, of a steel is 100 MPa$\sqrt{\text{m}}$. Determine the internal critical crack length, $2a$, when the applied stress is 600 MPa. Assume $\psi = 1.0$

6.11 K_{Ic} value of a steel at -120℃ is 60 MPa$\sqrt{\text{m}}$ and the design stress is 800 MPa. Calculate the allowable defect size when the steel is used at this temperature. Assume $\psi = 1.0$.

6.12 The following table shows the results of a fatigue test where N is the number of cycles to failure and S is the stress ampritude in MPa. Draw an S-N curve, estimate the 10^5 and 10^6 fatigue strengths, and determine the fatigue limit.

S	260	250	240	230	220	210	205	200
N	5.1×10^4	1.6×10^5	2.7×10^5	8.3×10^5	1.2×10^6	3.8×10^6	$10^7<$	$10^7<$

6.13 The fatigue strength of a specimen in two-way loading ($\sigma_1 = -\sigma_2$) was 220 MPa, and the true ultimate tensile strength was 680 MPa. Estimate the one way tension ($\sigma_2 = 0$) fatigue strength by a Haigh diagram.

6.14 What factors reduce fatigue strength ? Give four examples.
How can the fatigue strength be increased ? Give four examples.

6.15 The fatigue limit of a steel is 280 MPa and a rod made of the steel is to sustain cyclic tensile loads up to 200 kN.
 (1) Determine the necessary diameter of the rod.
 (2) When the rod has a groove with a stress concentration factor,

α =2.4, and the notch sensitivity factor η is 0.3, determine the smallest diameter for the loading condition.

6.16 By a creep test on a steel at a temperature and a stress, the steady state creep rate was determined as 1.4×10^{-4}%/hr. Estimate the time for a component with the length of 300mm to deform 3mm at the same stress and temperature.

第7章 鉄鋼材料

　鉄鋼材料は機械，構造物の材料として最も多く使われる金属材料である。**鉄鋼は鉄と炭素の合金の総称**であるが，その種類は極めて多数である。成分と加工法，熱処理の組み合わせによって性質を広範囲に変えられるから，様々な用途に用いることができる。また経済性に優れ，リサイクル性も良い。鉄鋼材料はまた，その組織，熱処理，強度特性等に関して極めて多くの要因を含んでいるが，その基本的な考え方は他の金属材料および非金属材料とも共通するから，鉄鋼材料に対する理解は材料技術全体の基本でもある。本章ではこのような鉄鋼材料の基本的な事項について述べる。

7.1　鉄鋼材料とは

　鉄鋼材料は，合金元素として含まれる炭素の量によって大きく3つに大別される。**工業用純鉄，鋼**および**鋳鉄**である。ほとんど炭素を含まない純鉄は電気磁気材料として用いられるけれども，機械材料として使われることは稀である。炭素量約0.02％以下の鉄は工業用純鉄として取り扱われる。**鋼**（steel）は，鉄と，0.02から約2％までの炭素の合金である。これに，さらに他の合金元素を加えたものが**合金鋼**（alloyed steel）である。鋼は，炭素量と合金元素によって，**軟鋼**（mild steel），**炭素鋼**（carbon steel），**ステンレス鋼**，**工具鋼**など，多くの種類に分けられる。

　炭素量が約2％以上であり，かつ，ケイ素Siを含む鉄合金を鋳鉄（cast iron）と呼ぶ。鋳鉄もまた，その組織によって多くの種類に分けられる。鋼，鋳鉄中の炭素は，1.4節にて述べた製鉄の過程で加えられたものであり，精錬，製鋼過程において，用途に応じてその量が調整される。

　炭素以外の他の合金成分と様々な熱処理を組み合わせることによって，鉄鋼材料の強度その他の特性は著しく広範囲に変化する。引張強さは100MPa以下から2000MPa以上まで，伸びは1％以下から60％以上まで，硬さは

HV100以下からHV1000以上までに及ぶ．成形加工法もまた，塑性加工，機械加工，溶接，鋳造など種々の方法が採用され，それによってまた組織および特性が異なる．したがって，鉄鋼材料の種類と性質，およびその基本原理を理解しておくことは，機械の設計開発，製作および利用，管理に携わる機械技術者として極めて重要である．

7.2 鉄-炭素系状態図と鉄鋼の組織

図7-1は鉄，炭素系の状態図である．炭素量が約2％までの範囲が鋼であり，**共析型の状態図**を示す．炭素量2％以上，6.7％までの範囲は鋳鉄である．鋳鉄は共晶型の状態図を示す．低炭素域の1400℃以上の高温部には包晶反応がある．

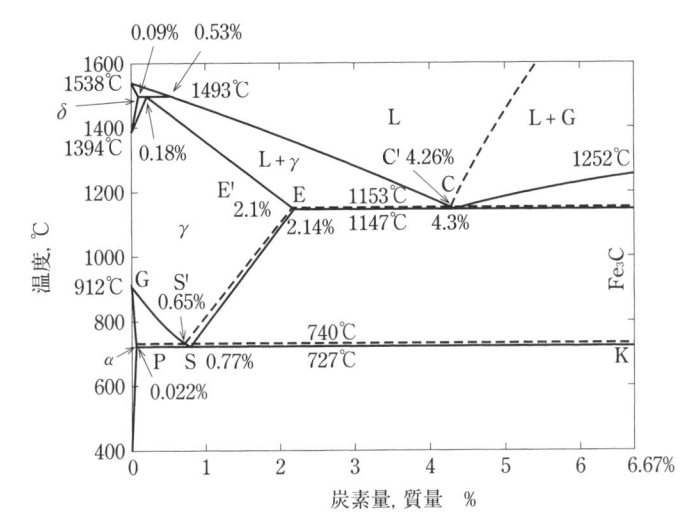

図7-1 鉄-炭素状態図 (ASM:Metals handbook, 10th Ed., Vol.3 (1992))

7.2.1 鋼の状態図と標準組織

鋼に現れる組織は，炭素量と温度によって変わる．これを**図7-2**の状態図に示す．組織の要素は次の4つである．

(1) **フェライト**（ferrite） 状態図上の α で示される領域．鉄原子中に炭素

が固溶した体心立方晶（BCC）の固溶体。727℃で最大約0.02％までの炭素を溶かすことができる。

(2) **セメンタイト**（cementite） 状態図の右端で表される，炭素6.7％を含む鉄-炭素の化合物（鉄炭化物）Fe_3C。

(3) **オーステナイト**（austenite） 状態図のγで表される領域。面心立方晶（FCC）の固溶体。1147℃で，最大2.1％の炭素を溶かすことができる。

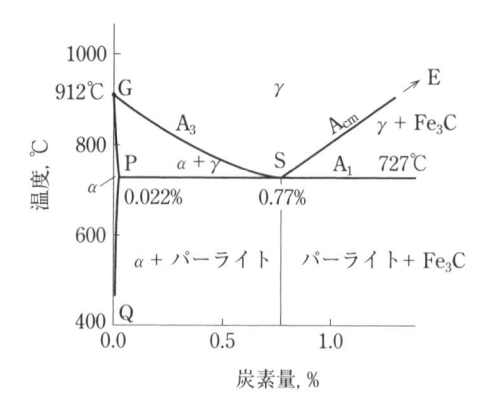

図7-2 鋼の状態図

(4) **パーライト**（pearlite） フェライトαとセメンタイトFe_3Cの共析組織。炭素量0.77％。

このほかに，高温域の包晶反応で生ずる**δフェライト**があるけれども，機械技術者としては重要性が低いので省略する。

フェライトが固溶できる炭素量は727℃での0.02％が最大で，温度の低下とともに減少する。過剰の炭素はセメンタイトFe_3Cの形で析出する。P-Q線はその固溶限度を示す。室温では炭素はほとんど溶け込むことができない。

オーステナイトが固溶できる炭素量もまた，1147℃での最大値2.14％から，温度の低下とともに減少する。過剰の炭素はセメンタイトFe_3Cの形で析出する。固溶限度は線分E-Sで表される。これを**A_{cm}線**と呼ぶ。セメンタイトが析出すると，残ったオーステナイトの炭素濃度はA_{cm}線に沿って低下し，727℃では0.77％まで減少する。

冷却過程で，面心立方晶のオーステナイトが体心立方晶のフェライトに変態する温度を**A_3変態点**という。A_3変態点は純鉄では912℃であるが，炭素濃度の増加とともにG-S線にそって低下し，0.77％で最低温度727℃になる。

オーステナイトからA_3変態によって生ずるフェライトの濃度は，炭素量と温度によって変化する。この固相の濃度は線分G-Pで表される。

炭素量0.77%以下のオーステナイトからフェライトが析出すると，残ったオーステナイト中の炭素濃度は高くなり，727℃では0.77%まで増加する。

状態図のS点，0.77%，727℃では，オーステナイトからフェライトとセメンタイトFe_3Cが同時に析出する共析反応が起こる。この共析組織を**パーライト**という。パーライト変態は**A_1変態**と呼ばれ，727℃の一定温度で進行する。パーライトは**図7-3**のように，薄い板状のフェライトとセメンタイトが交互の層状になった構造である。

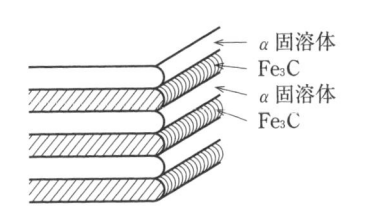

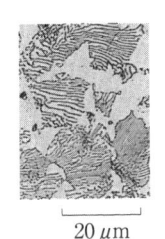

図7-3 層状パーライトの構造

以上のことから，室温における鋼の組織は次のようになる。

1) **炭素量0.02%以下（工業用純鉄）**：大部分フェライト。これに，P-Q線にそって析出したセメンタイトが極わずかに分布する。
2) **炭素量0.02〜0.77%（亜共析鋼，hypo-eutectoidal steel）**：初析フェライトと共析パーライト。フェライトとパーライトの量比は，A_1変態温度直上の組織にてこの理を適用することによって求めることができる。炭素量0.4%の鋼ではパーライトとフェライトがほぼ半々である*。炭素量が増えればパーライトの割合が増える。
3) **炭素量0.77%（共析鋼，eutectoidal steel）**：全てパーライト。
4) **炭素量0.77〜2.1%（過共析鋼，hyper-eutectoidal steel）**：初析セメンタイトとパーライト。炭素量が増えるほど，セメンタイト量が増える。

---

* フェライトとパーライトの密度を同じと見なせば，観察される面積比≒質量比）。

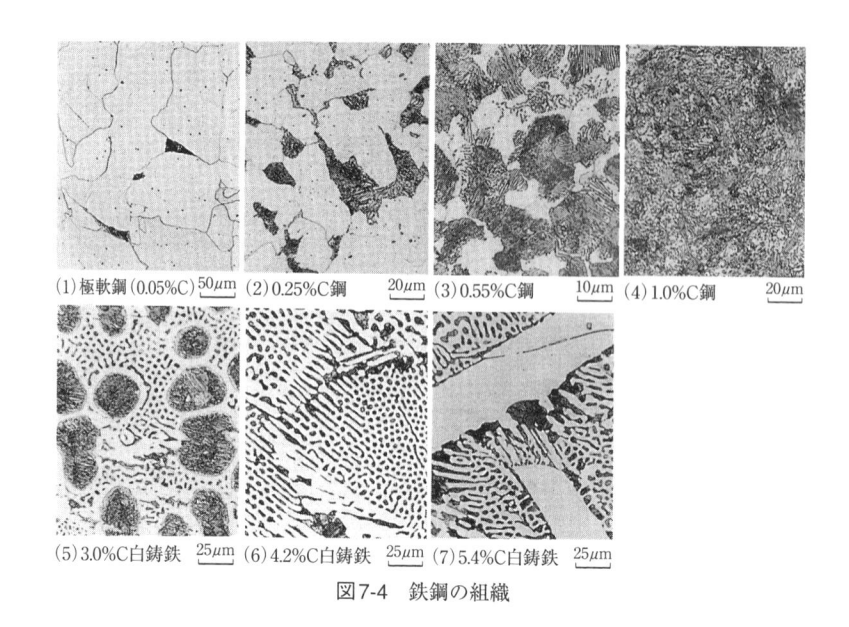

(1) 極軟鋼 (0.05%C) 50μm　(2) 0.25%C鋼 20μm　(3) 0.55%C鋼 10μm　(4) 1.0%C鋼 20μm

(5) 3.0%C白鋳鉄 25μm　(6) 4.2%C白鋳鉄 25μm　(7) 5.4%C白鋳鉄 25μm

図7-4　鉄鋼の組織

　これらの組織を図7-4に示した。

7.2.2　鋼の組織と性質

　鋼の性質はその組織によって定まる。フェライトは極めて軟らかく，延性に富む組織である。引張強さは200〜250MPa，降伏強さは約150MPa，硬さはHV80程度である。これに対して鉄炭化物であるセメンタイトは極めて硬くもろい組織である。硬さはHV700以上で変形能はほとんどない。パーライトはフェライトとセメンタイトが交互に積層した共析組織であって，いわば微視的複合材料である。強度とねばり強さを兼ね備えており，引張強さは800〜1000MPa，硬さはHV300程度である。15%程度の伸びがある。

　亜共析鋼の性質はフェライトが多いほど軟らかく延性に富み，パーライトが多いほど強く，硬い。しかし，延性，伸びが低下する。パーライトにセメンタイトが混在した過共析鋼では，硬さが増加するが，伸びが急激に低下する。炭素量と機械的性質の関係を図7-5に示した。

　オーステナイトは面心立方晶（FCC）であり，軟らかく，変形能も大き

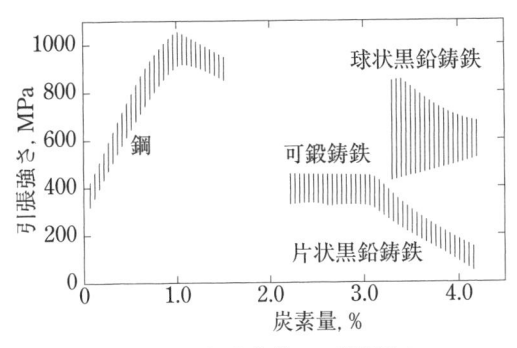

図7-5　炭素量と標準状態での引張強さ

い。高温ではさらに軟くなる。圧延，鍛造などの塑性加工を高温で行う方が容易なのはこのためである。

7.2.3　鋳鉄とその組織

炭素量2.1％以上では，溶融鉄からオーステナイトとセメンタイトが同時に晶出する共晶反応が起こる。共晶成分は炭素量約4.3％，共晶温度は1147℃（図7-1，C点）である。ここで生ずる共晶組織を**レデブライト**（ledeburite）という。レデブライトが生ずるような成分の鉄鋼材料が鋳鉄である。A_1変態点727℃以下では，上のオーステナイトは過剰の炭素をセメンタイトとして析出し，パーライトに変態する。したがって，室温で観察されるレデブライトはパーライトとセメンタイトが共晶状態となったものである。亜共晶鋳鉄ではパーライトとレデブライト，過共晶では初晶セメンタイトとレデブライトの組織である。これらを図7-4（5）～（7）に示した。

以上はセメンタイトが晶出する場合である。これは**鉄ーセメンタイト**（Fe－Fe₃C）**系**または**準安定系**といい，冷却速度が比較的速く，また，ケイ素Siの量が少ない場合に生じる反応である。

ケイ素を多く（1～3％）含み，また，冷却速度が遅い場合にはセメンタイトではなく，**遊離黒鉛**（graphite）が晶出する。これを**鉄ー黒鉛系**または**安定系**という。安定系の状態図は**図7-1**中に破線で表されている。

黒鉛が生じた鋳鉄を**ねずみ鋳鉄**という。これら鋳鉄の組織については7.13

節にて詳しく述べる。準安定系で生じた組織でも，高温で長時間保持した場合にはセメンタイトがフェライトと黒鉛に分解し，安定系の組織に変化する。

7.3 鋼の熱処理

第4章で述べたように，加熱-冷却によって生ずる様々な組織の変化を利用し，有用な性質を引き出す操作が熱処理である。ここでは鋼の熱処理について述べる。

7.3.1 鋼の組織に対する冷却速度の効果

7.2節で述べた組織は平衡状態，すなわち冷却速度が緩慢で拡散が十分に起こり，安定した状態の組織が生じる場合である。このような組織を**標準組織**という。しかし，オーステナイトからフェライトあるいはセメンタイトが析出する変態は炭素の拡散を伴うから，開始から終了までに時間を必要とする。冷却速度が速い場合には，この変態は過冷状態で進行する。過冷の程度によって，変態の進行速度が異なる。また，局部的な炭素濃度は状態図上の濃度とは異なる。これらのため，冷却速度が速い場合には状態図どおりの組織にはならない。炭素量0.4%ならば，状態図上はフェライトとパーライトがほぼ半々であるが，空気中で自然冷却した場合，あるいは衝風等により，さらに早く冷却した場合には，冷却速度に応じてパーライトの割合が増加する。このような組織を，より安定な標準組織に近付けるには，一旦オーステナイト状態まで加熱保持し，その後十分緩慢に冷却する。このような熱処理が鋼の**焼なまし**（**焼鈍**）である。

7.3.2 恒温変態曲線

オーステナイト状態の鋼をA_1変態点以下の種々の温度，すなわち過冷状態に保持して，パーライト変態の開始時刻と終了時刻を測定すると，**図7-6**のような曲線が得られる。この曲線を**恒温変態曲線**または**TTT曲線**（time temperature transformation curve）という。曲線には，パーライト変態が最も早く開始し，終了する温度範囲がある。これを**パーライトノーズ**（pearlite nose, **P.N.**）という。パーライト変態にはまずオーステナイト中

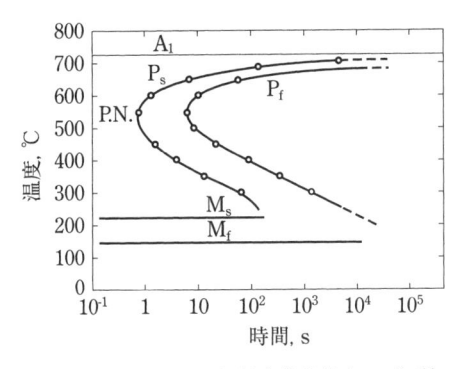

図7-6 恒温変態曲線(TTT曲線)

にフェライトあるいはセメンタイトの核が生ずる必要がある。核の数は過冷が大きい方が多い。これは変態を促進する。

一方，温度が低いと4.1節で述べたように，炭素の拡散がより困難になる。これは変態を遅らせる。これらの結果，変態が最も早く進行する温度範囲が生ずることになる。パーライトノーズは540〜675℃であり，A_1変態点よりも150〜200℃低温である。パーライトノーズ付近で生じたパーライトは核が多いから，細かく緻密である。したがって硬い。これに対して，A_1変態点近くで生じたパーライトは層の間隔が粗く，より軟らかい。

7.3.3　S曲線，CCT曲線と焼入れ

(1) マルテンサイト変態　オーステナイトを速い速度で冷却し，パーライトノーズでパーライト変態を開始する以前に室温までもち来たした場合には，マルテンサイトと呼ばれる全く別の組織が生ずる（4.5節）。マルテンサイト変態は拡散を伴わずに，面心立方のオーステナイトからせん断変形によって体心正方の結晶に変化する**無拡散変態**である。したがって変態にはほとんど時間を要さず，一定温度（Ms点という）で開始し，一定温度（Mf点）で終了する。T.T.T.曲線にマルテンサイト変態の開始温度M_s点と，終了温度M_f点の等温線を書き加えたものを，その形状から**S曲線**と呼ぶ。

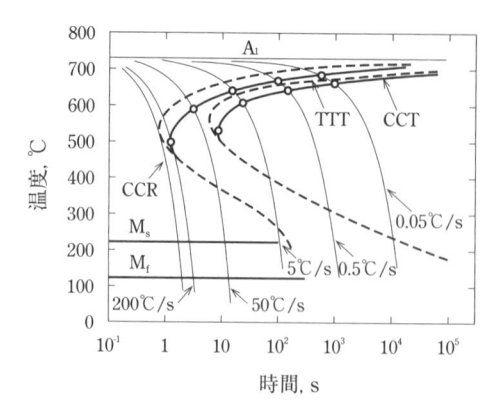

図7-7　連続冷却変態曲線（CCT曲線）と臨界冷却速度（CCR）

　図7-7のように，ひとつの試料を連続的に冷却した場合のパーライト変態の開始，終了時間を結んだ曲線を **CCT曲線**（continuous cooling transformation curve）と呼ぶ．CCT曲線はTTT曲線よりやや低温側，長時間側にずれる．

（2）**臨界冷却速度**　オーステナイト状態に加熱した鋼を，ある冷却速度以上で冷却すると，パーライト変態が起きず，マルテンサイトという組織が生ずる．このような熱処理が **焼入れ**（quenching, hardening）である．その限界の冷却速度は，CCT曲線上でパーライトノーズを避ける速度であり，これを臨界冷却速度（critical cooling rate, CCR）と呼ぶ．マルテンサイトは体心立方晶（βマルテンサイト）または体心正方晶（αマルテンサイト）であって，本来フェライトと同様に炭素を固溶することができない．しかしマルテンサイト変態は無拡散変態であるから，結晶中の炭素濃度はオーステナイトの炭素濃度のままである．すなわち，マルテンサイトは過剰な炭素を無理に固溶した過飽和状態の結晶組織である．このため，非常に硬く，しかし変形能に乏しい組織である．**図7-8**（1）にマルテンサイトの顕微鏡組織を示す．短い針状の組織である．マルテンサイトの硬さは炭素量が多い方が高い．炭素量0.4％の場合，HV硬さ約600（HRC55）である．**図7-9**に炭素量とマルテンサイトの硬さの関係を示した．

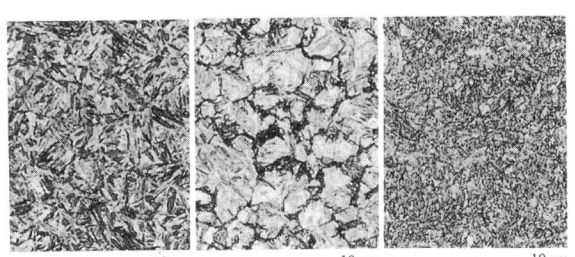

(1) マルテンサイト　10μm　(2) マルテンサイト　10μm　(3) ソルバイト　10μm
(0.35%C, 900℃より焼入れ)　微細パーライトの混合　(0.35%C, 600℃焼もどし)

図7-8　鋼の焼入れ・焼もどし組織

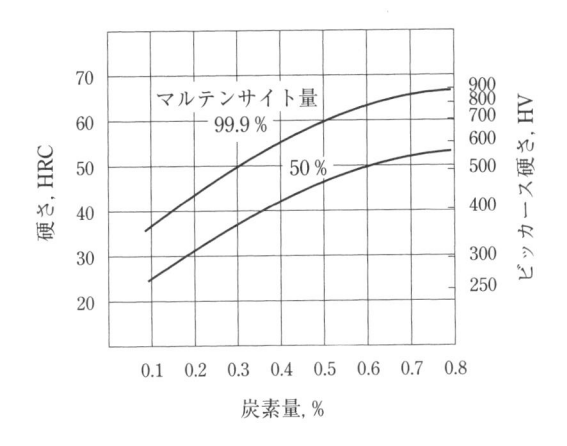

図7-9　鋼の炭素量とマルテンサイトの硬さ

(3) **マルテンサイト膨張**　マルテンサイト変態では炭素を固溶した稠密構造のオーステナイトが体心正方に変わるために，体積の膨張が生ずる（図7-10）。これを**マルテンサイト膨張**という。試料（部材）内でマルテンサイト変態が生ずるタイミングや程度に差がある場合には，これによって変形，ひずみが生ずる。また，急冷による温度差に起因する熱応力とともに，**焼割れ**（quench cracking）の原因になる。

　以上のように，焼入れによって鋼を硬化させるためには，次の3つの条件が必要である。

1) **一定以上の炭素量**　普通，0.25〜0.3%以上の炭素が必要である。

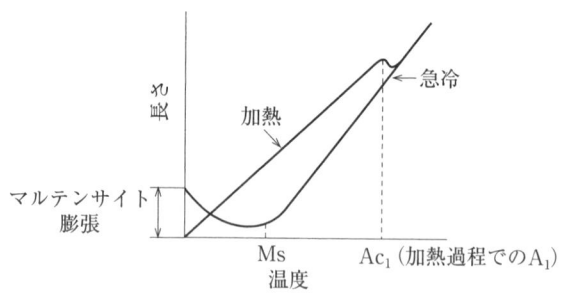

図7-10 マルテンサイト膨張

2) **オーステナイト化，すなわちA_1変態点以上への加熱**　普通，A_3線の約50℃上の温度とする。温度が低すぎるとフェライトが残る。高すぎる場合は，結晶粒が大きくなる，冷却が遅くなる，冷却時の熱応力で割れが生ずるなどの問題が起こる。過共析鋼の場合は，A_{cm}線の下，A_1線の上60〜70℃で，セメンタイトが残った状態から焼入れする。これはセメンタイトが硬い組織だからである。**図7-11**に通常の焼入れ温度の範囲を示した。

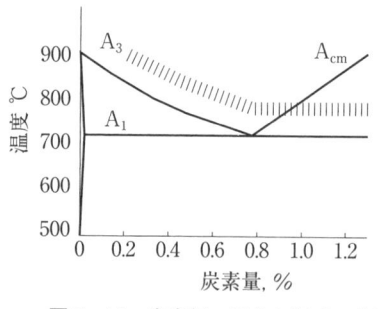

図7-11　炭素鋼の焼入れ温度の範囲

3) **臨界冷却速度以上での冷却**　普通は冷却剤として水を用いる。しかし，水だけでは十分に冷却しない場合もある。塩水は水の約2倍の冷却能力がある。しかし，冷却速度が速すぎる場合には，焼割れが生ずる。このような場合には冷却剤として食用油など，種々の油を用いる。

冷却速度が臨界冷却速度よりも遅い場合はPs線でパーライト変態が生じてしまう。このようにして生じたパーライトは微細で腐食されやすく，**1次トルースタイト**（troostite）*とも呼ばれる。**図7-8（2）**はマルテンサイトと微細パーライトの混合組織である。焼入れでは，パーライトノーズ付近までを急冷し，その後はゆっくり冷却することが最も望ましい。

(4) **オーステンパ**　図7-12のように，パーライトノーズより下，しかしM_s点より上の温度で恒温に保持し，変態を完了させた場合に生じる組織を**ベイナイト**（bainite）と呼ぶ。パーライトノーズに近い温度で生じたものを上部ベイナイト，より低い温度で生じたものを下部ベイナイトという。

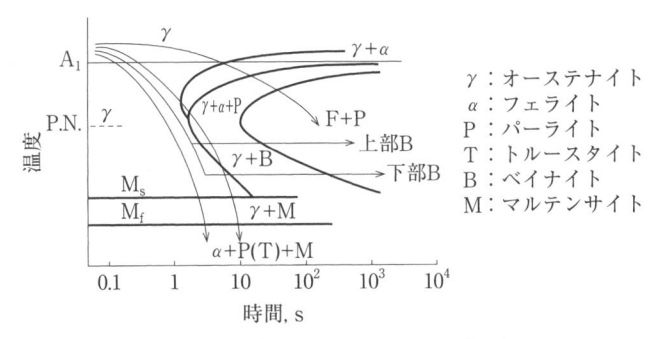

図7-12　種々の冷却条件と組織，オーステンパ処理

これらを**図7-13**に示した。いずれも強靱な組織である。ベイナイトを生じさせる熱処理を**恒温変態焼入れ，オーステンパ**（austempering）という。オーステンパは形状や肉厚から，通常の焼入れでは焼割れや焼きひずみが生ずるような品物の硬化，強靱化に有効である。

(1) 上部ベイナイト　10μm
(1.0%C鋼，850℃から350℃塩浴焼入れ)

(2) 下部ベイナイト　10μm
(1.0%C鋼，850℃から300℃塩浴焼入れ)

図7-13　ベイナイト組織

---

*　後述（7.3.4）の焼もどしで生ずる**2次トルースタイト**と区別する。いずれも微細パーライトである。

(5) **サブゼロ処理** マルテンサイト変態開始温度M_s点および終了温度M_f点は，炭素量の増加とともに低下する。これを**図7-14**に示した。これによれば，炭素量約0.5％以上ではM_f点温度が室温以下になる。このため，こ

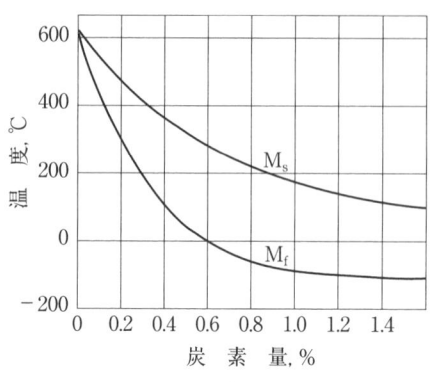

図7-14 炭素量とM_s点，M_f点

のような鋼の焼入れでは，変態しきれなかったオーステナイトが**残留オーステナイト**（retained austenite）として残る。これは硬さの低下をもたらし，また使用期間にマルテンサイトに変態することにより，経年ひずみの原因となる。残留オーステナイトを除くには，焼入れ後M_f点以下の－50～－100℃に冷却し，マルテンサイトに変態させる。これを**深冷処理**または**サブゼロ処理**（subzero treatment）という。精密さを要求される治具，工具等の熱処理に用いられる。

7.3.4 焼もどし

焼入れで生じたマルテンサイトは不安定であり，また著しく硬く，じん性に乏しい組織である。このため，過飽和の炭素をある程度析出させ，組織を安定化，軟化してじん性を回復する必要がある。このように，マルテンサイトを再加熱する処理が**焼もどし**（tempering）である。

(1) **低温焼もどし** 体心正方晶のαマルテンサイトを100～150℃に加熱し，より安定な体心立方のβマルテンサイトに変化させる処理である。

(2) **高温焼もどし** マルテンサイトを300～650℃に再加熱し，じん性を回

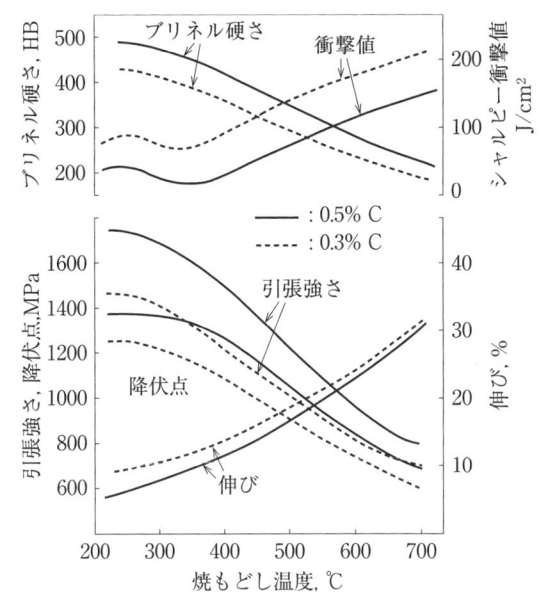

図 7-15 焼戻し温度と機械的性質の変化（炭素鋼）

復させる処理である。これにより過飽和の炭素が微細な粒状のセメンタイトとして分離析出する。焼もどし温度と硬さ，じん性の関係の例を**図7-15**に示した。焼もどし温度が400℃程度で生ずる組織は（**2次**）**トルースタイト**と呼ばれ，硬さの低下は少ない。500～650℃の焼もどしでは，やや大きな粒状のセメンタイトが析出した**ソルバイト**（sorbite）と呼ばれる組織になる。極めて強靱な組織である。**図7-8**（3）は**ソルバイト組織**である。焼入れ後にこのような焼もどし処理をすることを**調質**という。

(3) **焼もどしぜい性**　焼もどしでは，温度が高くなるに従って硬さが低下し，伸びが増加するが，200～400℃の範囲で保持あるいは徐冷した場合，シャルピー衝撃値が低下する現象が見られる。これを**焼もどしぜい性**（temper brittleness）という。Crを含む合金では550℃近傍からの焼もどしでもぜい化する場合がある。これを200～400℃での**低温（一次）焼もどしぜい性**に対して，**高温（二次）焼もどしぜい性**という。焼もどしぜい

性は再加熱後の急冷,あるいは合金元素としてモリブデンを添加することによって避けることができる。

7.3.5 焼なまし

一般的に,鋼を再加熱し,十分除冷して組織を安定な状態にする処理が**焼なまし**(**焼鈍**)であるが,その目的,加熱温度等により多くの種類がある。

(1) **完全焼なまし**(full annealing) 鋼をオーステナイト状態に加熱し,一定時間保持した後,炉中で十分に除冷する処理。鋳造,鍛造,溶接,機械加工等によって生じた凝固組織,偏析,熱影響,変形,内部ひずみ等を取り除き,平衡状態図に近い安定した組織にする。鋳造組織,凝固偏析の除去には特に高温,長時間の**拡散焼なまし**が行われる。

(2) **低温焼なまし** ひずみ取り焼なまし,あるいは**応力除去焼鈍**。鋼の再結晶温度以上,普通450～600℃に加熱し,除冷する処理。機械加工や溶接,鋳造などにより内部に生じたひずみ,残留応力を除くために行う。**SR**(stress relieving)ともいう。通常,組織は変化しない。冷間加工した鋼では再結晶により軟化する。ひずみ取り焼なましをしないと,その後の加工,時間経過によって変形が生ずることがある。

(3) **中間焼なまし**(process annealing) 冷間での圧延,引抜きなどの加工によって硬化し,さらなる加工が困難になった場合に,加工途中でA_1点以下の温度に加熱し,軟化させる。薄板,線材の製造工程で用いられる。

7.3.6 焼ならし

鋼をオーステナイト状態に加熱保持した後,静止空気中で冷却し,組織を微細なパーライトにする処理が**焼ならし**(normalizing)である。寸法が大きくない場合,冷却速度が焼なましよりやや速いから,組織が標準状態よりも細かくなる。

7.3.7 質量効果と焼入れ性

(1) **質量効果** 焼入れによって硬化させるためには臨界冷却速度よりも早く冷却しなければならない。しかし寸法,肉厚が大きい場合には全体を急冷することが困難である。試料の持つ熱量は体積Vに比例するから,形状

が相似であれば寸法の3乗に比例する。一方，表面からの冷却熱量は表面積S，すなわち寸法の2乗に比例する。したがって冷却に要する時間は$\frac{V}{S}$に比例し，$\frac{V}{S}$が大きいほど冷却速度が遅くなる。

このため，寸法，肉厚の大きなものほど焼きが入りにくい。表面部分は焼きが入ったとしても，内部までの硬化は困難になる。このような効果を，**寸法効果**あるいは**質量効果**（mass effect）という。**図7-16**は円筒状の試料を同じ条件で焼入れした場合の硬さ分布の例である。

質量効果は鋼材の炭素量および合金元素によって異なる。臨界冷却速度が小さく，質量効果が少ない鋼ほど肉厚の内部まで焼きが入り，硬化する。焼入れによる硬化のしやすさを**焼入れ性**（hardenability）という。焼入れ性が良いためには，S曲線，特にパーライトノーズ部分ができるだけ右側（長時間側）にあることが必要である。

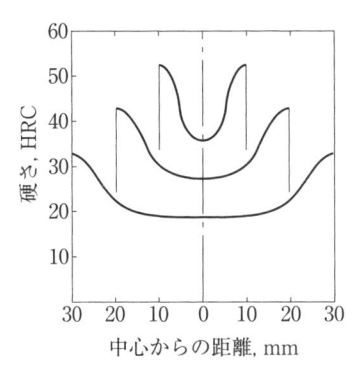

図7-16 円筒状試料の直径と焼入れ硬さの分布

(2) 焼入れ性試験 鋼材の焼入れ性はジョミニー試験（Jominy test）によって判定することができる。**図7-17**のような円柱状の試験片をオーステナイト状態に加熱し，垂直に保持し，下端面のみを噴水で冷却する。冷却後，円柱の側面のHRC硬さを測定する。**硬さ分布**（**ジョミニー曲線**という）の例を**図7-18**に示した。炭素鋼（a）よりも合金鋼（b）の方が焼入れ性が良いことが明瞭

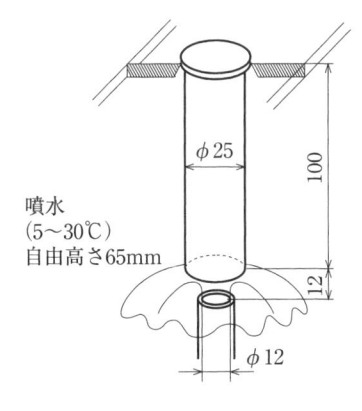

図7-17 ジョミニ試験

である。なお，最大硬さは焼入れ性とは関係なく，炭素量によってほぼ定まる。

焼入れ深さはマルテンサイト量50％の位置までとみなす。炭素量0.4％では硬さHRC40〜45，HV約400である。

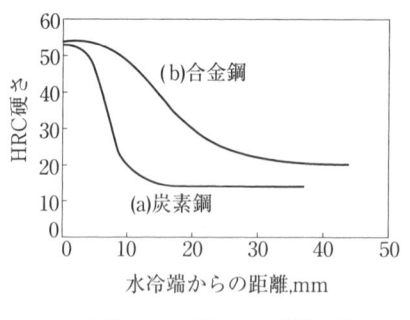

図7-18 ジョミニ曲線の例

7.3.8 表面硬化法

部材の表面部だけを焼入れし，硬化させたい場合がある。部材全体を加熱し急冷することが困難な場合，あるいは，表面部のみ耐摩耗性や疲労強度を上昇させたいが，内部は高いじん性を維持したい場合などがこれに当たる。このような要求を満たす**表面硬化法**（case hardening, surface hardening）として次のようなものがある。

(1) 高周波焼入れ（induction hardening）　焼入れ部分に銅製コイルを接近させて高周波電流を流し，試料表面に誘導電流を生じさせる。表面近傍のみが内部抵抗発熱（ジュール熱）によって加熱され，オーステナイト状態となったところで水冷し，硬化させる。**図7-19**（1）にその概略を示す。簡便で短時間に処理でき，軸，歯車など，広く用いられる。炭素量0.3％以上の鋼に適する。

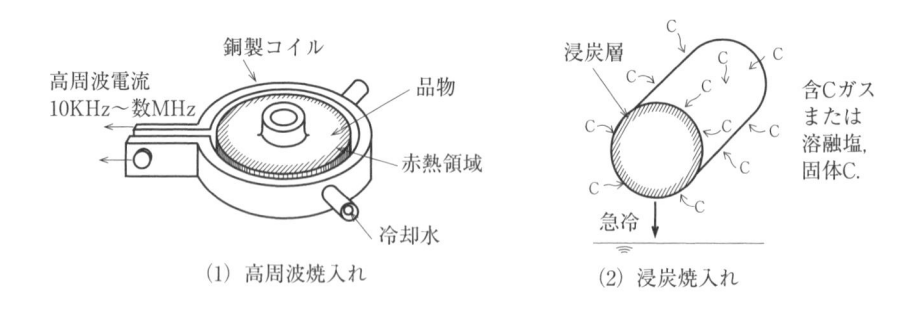

(1) 高周波焼入れ

(2) 浸炭焼入れ

図7-19　表面焼入れ法の例

(2) **火炎焼入れ**（flame hardening）　バーナーの火炎によって，試料表面のみを加熱してオーステナイト状態とし，内部が焼入れ温度に達する前に冷却，硬化させる方法。高周波焼入れが適用困難な大型重量物の表面，凹型の曲面等に応用される。

(3) **浸炭焼入れ**（carburizing）　高じん性であるが，炭素量が少なく，焼入れ硬化しないような鋼の表面部に，オーステナイト状態の高温で炭素を拡散浸透させ，これを急冷して表面部のみを硬化させる方法。**肌焼き**ともいう。浸炭の原料として木炭などの固体炭素を用いる**固体浸炭法**，青酸ナトリウムNaCN等の溶融塩を用いる**液体浸炭法**，メタン，プロパン等のガスを用いる**ガス浸炭法**がある。浸炭層は各方法と浸炭時間によって異なるが，0.2～2mmである。表面の薄い層のみの耐摩耗性の向上に有効である。**図7-19**（2）はその概念図である。浸炭量が多過ぎるとセメンタイトが析出し，じん性が低下する。これを**過剰浸炭**という。

(4) **窒化**（nitriding）　合金元素としてAl，Cr等を含む鋼を500～600℃の高温に加熱し，アンモニアガスと接触させると，鋼の表面に極めて硬い窒化物の層が形成される。これを窒化という。浸炭性のガスを混合した場合には，浸炭と窒化が同時に生じ，**浸炭窒化**（carbonitriding）となる。窒化層は厚さ1mm以下であるが，硬さはHV1000以上に達する。普通の炭素鋼に対しては，溶融KCN等の塩浴による窒化（塩浴窒化）が行われる。これを**軟窒化**と呼ぶ。硬さはHV500～700程度であるが，疲労強度，耐磨耗性が向上する。

(5) **セメンテーション**（cementation）　各種の元素を高温で表面に拡散させ，金属間化合物を形成させて硬化する方法。耐摩耗性，耐食性，疲労強度が向上する。硫黄を用いる**浸硫法**，クロムを用いる**クロマイジング**（cromizing），ホウ素を用いる**ボラダイジング**（bordizing）などがある。

7.4　構造用鋼・炭素鋼

市販の鋼材は成分，用途によって次のように分類することができる。

(1) **合金成分によって** 炭素鋼と合金鋼。合金鋼はさらに，低合金鋼と高合金鋼。
(2) **用途の一般性によって** 普通鋼と特殊鋼。
(3) **成形加工方法によって** 圧延鋼，鍛造鋼，鋳鋼。

これらの分類は厳密なものではない。またそれぞれを組合わせた分類もなされる。**構造用鋼**（structural steel）はこれら，機械・構造物の構成要素材料として用いられる鋼の総称である。この内，合金元素として炭素以外のものをほとんど含まないものを**普通炭素鋼**（plain carbon steel），または単に**炭素鋼**という。構造鋼は普通，棒，板，H形・L形などの形材，管，薄板（帯）等として供給される。JISに規定されているおもな鋼種には次のようなものがある。

7.4.1 一般構造用圧延鋼材

普通鋼材，**SS材**とも呼ばれる。炭素量0.3％以下の熱間圧延鋼材で，P，S以外の成分は定められていない。引張強さで分類され，JISには**表7-1**のようにSS330〜SS540が規定されている。3桁の数値が**引張強さの下限値**（MPa）である。安価であり，車両，船舶，橋梁，建築構造等に最も広く用いられる。

SS材と同種の鋼材としては**溶接構造用圧延鋼材**（SM400〜SM520），および**ボイラ用圧延鋼材**（SB410〜SB480）がある。溶接用の鋼では，溶接部に有害な焼入れ硬化組織，熱影響部（heat affected zone, **HAZ**）が生ずることを抑制するために，炭素量を低くし，Mn，Si 等を次の**炭素当量**（carbon equivalent）によって制限（0.44％以下等）する。

$$\text{炭素当量 (C.E.) \%} = C + \frac{Mn}{6} + \frac{Si}{24} + \frac{Ni}{40} + \frac{Cr}{5} + \frac{Mo}{4} + \frac{V}{14} (\%) \quad (7\text{-}1)$$

上式中の元素はいずれも焼入れ性に寄与する元素であり，係数は炭素と比べての効果の大きさを表す。C.E.値が大きいほど炭素量が多いことに相当し，熱影響部が生じやすい。

熱間圧延軟鋼板（**SPH**材），冷間圧延鋼板（**SPC**材）はプレス成形品用の

薄板として広く用いられる。配管用炭素鋼鋼管（**SGP**，**STPG**）等も圧延鋼材と同種である。表7-1〜2はこれらの鋼材のJIS規格例（抜粋）である[*1)]。

表7-1　一般構造用圧延鋼材（JIS G3101-1995）

記号	化学成分 %		引張強さ MPa	降伏点 MPa	伸び %
	C（例）	P, S			
SS330	(0.08〜0.12)	<0.050	330〜430	>195	>26
SS400	(0.16〜0.26)		400〜510	>235	>21
SS490	(0.28〜0.35)		490〜610	>275	>19
SS540	<0.30	<0.040	>540	>390	>17

（厚さ t=16〜40mm）

表7-2　各種構造用圧延鋼材の例（JIS G3101-1999, G3103-1987, G3131-1996, G3141-1996, 抜粋）

鋼種	記号	化学成分 %				引張強さ MPa	降伏点 MPa	伸び %	その他
		C	Si	Mn	P, S				
溶接構造用圧延鋼材	SM400A	<0.23	—	>2.5×C	<0.035	400〜510	>245	>23	シャルピー値 0℃, >28
	SM490B	<0.18	<0.55	<1.60		490〜610	>315	>21	
	SM520C	<0.20	<0.55	<1.60		520〜640	>355	>19	
ボイラ及び圧力容器用炭素鋼及びモリブデン鋼鋼板	SB410	<0.27	0.15〜0.30	<0.90	P<0.035 S<0.040	410〜550	>225	>21	Mo : 0.41〜0.64
	SB450	<0.31		<0.90		450〜590	>245	>19	
	SB480M	<0.23		<0.90		480〜620	>275	>17	
熱間圧延軟鋼板（板及び帯）	SPHC	<0.15	—	<0.60	P,S<0.05	>270	—	>29 *	一般用
	SPHD	<0.10	—	<0.50	P,S<0.04			>33	絞り用
	SPHE	<0.10	—	<0.50	P<0.030 S<0.035			>35	深絞り用
冷間圧延鋼板（板及び帯）	SPCC	—	—	—	—	>270	—	(>38)[*2]	一般用
	SPCD							>40	絞り用
	SPCE							>42	深絞り用

（厚さ *t=2〜2.5mm *2 t=1.6〜2.5mm）

7.4.2　機械構造用炭素鋼

　一般構造用圧延鋼材は，機械加工および溶接によって成形し，使用される。これに対して，機械加工の後，焼入れ，焼もどしなどの熱処理を行うことを想定した鋼材が機械構造用炭素鋼（**SC**材）[*2)]である。表7-3のように，炭素量によってS10CからS58Cまでが規定されている。2桁の数値が炭素量の中央値（0.**%）である。SS材よりも不純物元素の量を低くし，またSi，

＊1）本章の表は例であり，規格の鋼種をすべて網羅してはいない。表記JIS参照
＊2）鋳鋼品SC＊＊材等と混同せぬように注意が必要

Mnの量にも制限がある。なお，炭素CにSi, Mn, P, Sを加えた5元素は，鉄鋼材料に最も一般的に含まれる元素であって，その量の制御は鋼材の特性の管理において非常に重要である。

構造用炭素鋼は，その炭素量と熱処理条件によって極めて広い機械的性質を示す。図7-20はその例である。炭素量0.2％以下は低炭素鋼，軟鋼であり，軟らかく伸びが大きい。しかし，焼入れによって硬化しない。塑性加工に適し，溶接もできる。リベット材，強度要求の厳しくない機械部品に用いられる。

炭素量0.3～0.4％の中炭素鋼は焼入れ焼もどしにより大きな強度とじん性を持たせることができる。軸，歯車等の重要強度部材として広く用いられる。高周波焼き入れにも適する。しかし溶接は困難である。

表7-3 機械構造用炭素鋼（JIS G4051-1979, 抜粋）

記号	化学成分 %	
	C	その他
S10C	0.08～0.13	Si 0.15～0.35
S15C	0.13～0.18	Mn 0.30～0.60
S25C	0.22～0.28	P<0.03, S<0.035
S35C	0.32～0.38	Si 0.15～0.35
S45C	0.42～0.48	Mn 0.60～0.90
S55C	0.52～0.58	P<0.03, S<0.035
S58C	0.55～0.61	
S9CK	0.07～0.12	P<0.025
S15CK	0.13～0.18	S<0.0.25
S20CK	0.18～0.23	

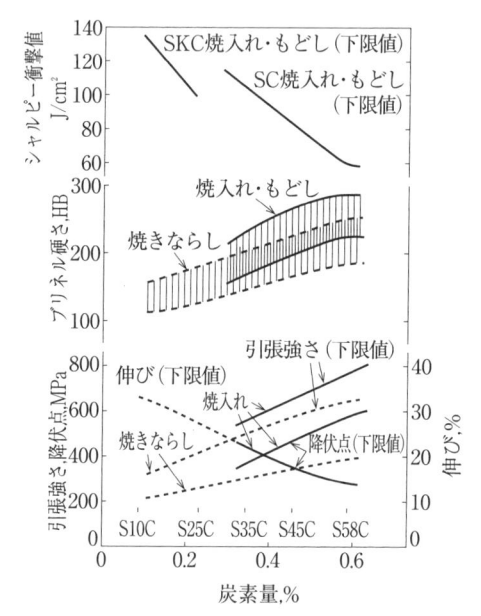

図7-20 炭素鋼の機械的性質（下限値）

炭素量0.5％以上の鋼では焼入れによる硬化が著しい。しかし，割れが生じ易く，熱処理が難しい。ピン，キー等，耐摩耗性を要求される部材に用いられる。JISにはこのほか，炭素量が0.2％以下で，特に浸炭焼入れを想定し

た**肌焼鋼**（SCK材，表7-3.下段）が規定されている。

7.5 低合金鋼
7.5.1 合金添加の効果

基本的な金属組織が変化しない範囲で，数％以下の元素を添加した鋼を**低合金鋼**（low alloyed steel）という。添加元素としてはMn，Ni，Cr，Mo，V，Ti等がある。合金の効果は次のようなものである。

(1) フェライトに固溶して**基地を強化**する（Mn，Ni等）。
(2) 炭化物を形成し，その分散によって強化する，あるいは**炭化物を安定化**する（Cr, W 等）。
(3) **熱処理性の改善**，すなわち，焼入れ性の向上および焼もどしに対する抵抗の増大（Mn，Ni，Cr，Mo，V等）。

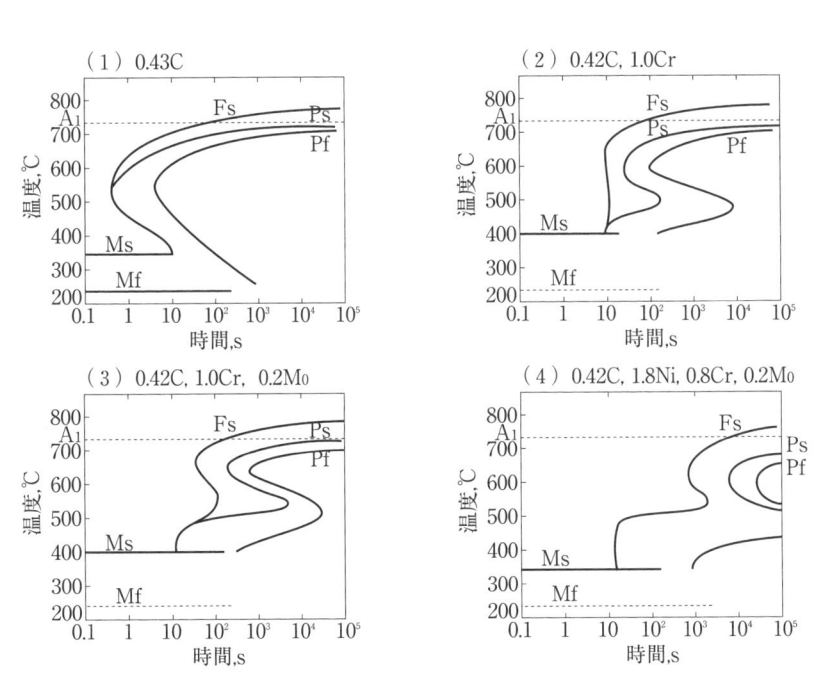

図7-21　合金元素添加によるS曲線の移動の例
　　　　（(2)～(4)：大同特殊鋼(株)特殊鋼ハンドブック，p498-502）

7.3節で述べたように，焼入れ性の向上はS曲線，あるいはCCT曲線におけるパーライトノーズを長時間側へ移動させることに相当する。図7-21は合金添加によるS曲線の変化の例である。S曲線が右へ移動し，これに伴って臨界冷却速度が遅くなれば，水冷よりも冷却能の小さい油焼入れでも硬化させることができる。また焼割れの防止，ひずみの低減にもなる。低合金鋼は焼入れ性が向上し，炭素鋼では内部まで硬化できない大寸法の部材でも，肉厚内部まで焼入れ硬化させることができる。合金元素はまた，共析点を低炭素側に移動させる。前述 (7-1) 式の炭素当量はこのような効果を表したものである。

7.5.2 低合金鋼の種類

構造用低合金鋼には次のようなものがある。またそれらの化学成分，特性等の例を**表7-4**に示した。また，合金鋼のジョミニー曲線の例を**図7-22**に示した。

(1) **マンガン鋼（SMn）** Mnは最も安価で強度と熱処理性を改善する合金元素である。1.5〜2％のMn添加により，引張強さが20％以上向上する。さらに0.5％程度のCrを加えたものがマンガンクロム鋼（SMnC）である。

(2) **クロム鋼（SCr）** 1％のクロム添加により，焼入れ焼もどし後の強度が1.5倍以上になる。しかし，伸びは減少する。

(3) **ニッケルクロム鋼（SNC）** クロム鋼にさらに1〜3％のNiを加え，伸びとじん性を改善したものである。低炭素 (0.12〜0.18) のものは浸炭用鋼である。

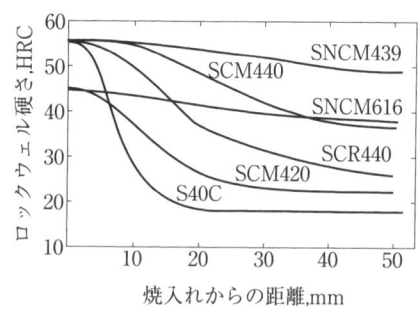

図7-22 低合金鋼のジョミニ曲線

表7-4 低合金鋼の化学成分と機械的性質の例（JIS 抜粋）
＊規格の鋼種すべてを網羅してはいない。表記JIS参照

(1) マンガン鋼，マンガンクロム鋼（JIS G4106-1979, 抜粋）

記号	化学成分 %			熱処理	引張強さ MPa	降伏点 MPa	伸び %	衝撃地 J/cm²	用途例
	C	Mn	Cr						
SMn 420	0.17～0.23	1.12～0.05	—	はだ焼	>686	—	>14	>49	軸等
SMn 433	0.30～0.36	〃	—	調質	>686	>539	>20	>98	
SMn 438	0.35～0.41	1.35～1.65	—	〃	>735	>588	>18	>78	
SMn 443	0.40～0.46	〃	—	〃	>784	>637	>17	〃	
SMnC443	0.40～0.46	1.35～1.65	0.35～0.70	調質	>931	>784	>13	>49	

(2) クロム鋼（JIS G4104-1979, 抜粋）

記号	化学成分 %		熱処理	引張強さ MPa	降伏点 MPa	伸び %	衝撃地 J/cm²	用途例
	C	Cr						
SCr 415	0.13～0.18	0.9～1.2	はだ焼	>784	—	>15	>59	カム軸, ピン
SCr 420	0.18～0.23	〃	〃	>833	—	>14	>49	歯車, スプライン
SCr 430	0.28～0.33	〃	調質	>784	>637	>18	>88	ボルト, ナット
SCr 440	0.38～0.43	〃	〃	>931	>784	>13	>59	ボルト, アーム, 軸
SCr 445	0.43～0.48	〃	〃	>980	>833	>12	>49	軸, キー, ノックピン

(3) ニッケルクロム鋼（JIS G4102-1979, 抜粋）

記号	化学成分 %			熱処理	引張強さ MPa	降伏点 MPa	伸び %	衝撃地 J/cm²	用途例
	C	Ni	Cr						
SNC 236	0.23～0.40	1.00～1.50	0.50～0.90	調質	>735	>588	>12	>118	ボルト, ナット
SNC 415	0.12～0.18	2.00～2.50	0.20～0.50	はだ焼	>784	—	>9	>88	ピストンピン, 歯車
SNC 631	0.27～0.35	2.50～3.00	0.60～1.00	調質	>833	>686	>12	>118	クランク軸, 軸, 歯車
SNC 815	0.12～0.18	3.00～3.50	0.70～1.00	はだ焼	>980	—	>8	>78	カム軸, 歯車
SNC 836	0.32～0.40	〃	0.60～1.00	調質	>931	>781	>8	〃	軸, 歯車

(4) クロムモリブデン鋼（JIS G4105-1979, 抜粋）

記号	化学成分 %			熱処理	引張強さ MPa	降伏点 MPa	伸び %	衝撃地 J/cm²	用途例
	C	Cr	Mo						
SCM 415	0.13～0.18	0.90～1.20	0.15～0.30	はだ焼	>833	—	>16	>69	ピストンピン, 歯車, 軸
SCM 420	0.18～0.23	〃	〃	〃	>931	—	>14	>59	
SCM 430	0.28～0.33	〃	〃	調質	>833	>686	>18	>108	
SCM 435	0.33～0.38	〃	〃	〃	>931	>784	>15	>78	ボルト, スタッド, 軸, アーム
SCM 445	0.43～0.48	〃	〃	〃	>1030	>882	>12	>39	大型軸

(5) ニッケルクロムモリブデン鋼（JIS G4103-1979, 抜粋）

記号	化学成分 %				熱処理	引張強さ MPa	降伏点 MPa	伸び %	衝撃地 J/cm²	用途例
	C	Ni	Cr	Mo						
SNCM 220	0.17～0.23	0.40～0.70	0.40～0.65	0.15～0.30	はだ焼	>833	—	>17	>59	歯車, 軸
SNCM 240	0.38～0.43	〃	〃	〃	調質	>882	>784	>17	>69	軸
SNCM 431	0.27～0.35	1.60～2.00	0.60～1.00	〃	〃	>833	>686	>20	>98	クランク軸, タービン翼, コンロッド
SNCM 447	0.44～0.50	〃	〃	〃	〃	>1030	>931	>14	>59	歯車, 軸
SNCM 630	0.25～0.35	2.50～3.50	2.50～3.50	0.50～0.70	〃	>1080	>882	>15	>78	ボルト, 歯車

(4) **クロムモリブデン鋼（SCM）**　高価なNiに代えて少量（0.15〜0.35％）のモリブデンMoを添加したものである。ニッケルクロム鋼に匹敵する機械的性質を示し，溶接性が優れている。焼もどし抵抗が大きく，高温でも使用できる。強力ボルト，軸，歯車，ピンなどの重要強度部材に広く用いられる。低炭素の浸炭用鋼もある。

(5) **ニッケルクロムモリブデン鋼（SNCM）**　ニッケルクロム鋼にMoを0.15〜0.7％添加することによって，じん性と焼入れ性をさらに改善したものである。図7-22のジョミニー曲線は，この鋼種では大寸法のものでも内部まで焼きが入ることを示している。またMoによって，焼もどし後の徐冷による焼もどしぜい性を防ぐことができる。

(6) **ボロン鋼**　クロム鋼に0.0005〜0.003％の少量のホウ素Bを添加することにより焼入れ性を著しく改善することができる。焼入れ焼もどしの必要な肉厚部材に用いられる。

7.5.3　高張力鋼

炭素量を増やし，焼入れ焼もどしを施せば，引張強さを1000 MPa以上とすることは容易である。しかし，このような鋼は溶接が困難である。溶接性が良く，かつ引張強さが500〜600 MPa以上とした構造用鋼を**高張力鋼**（high tensile strength steel）という。引張強さ600 MPa級（約60 kgf/mm^2）の高張力鋼を**60キロハイテン**等という。現在，50キロハイテンから100キロハイテンまでが用いられている。引張強さ500〜600 MPaでは炭素量を低くし，Si，Mnの添加により焼ならし状態での強度を上げる。それ以上ではNi，Cr，Mo，V，Cu，Bなどの合金の添加により，熱処理性を良くし，焼入れ焼もどし（調質）によって降伏点を高め，また強じん性を与える。建築構造，橋梁，タンク，圧力容器など，広く用いられる。引張強さ1000 MPaに近い鋼では，**水素ぜい性**による破壊の危険性があるので注意が必要である。**表7-5**は高張力鋼の例である。

引張強さが1500 MPa以上の超高張力鋼は高合金鋼に分類され，7.12節にて述べる。

表7-5 低合金高張力鋼の例

化学成分 %									引張強さ* MPa	降伏点 MPa	伸び %	熱処理
C	Si	Mn	Cu	Ni	Cr	Mo	V	B	Ce			
0.16	0.54	1.41	—	—	—	—	—	—	0.42	650	540	37	非調質
0.10	0.31	0.90	0.26	1.03	0.47	—	0.03	0.001	0.44	840	800	25	調 質
0.15	0.25	0.90	0.33	1.00	0.60	0.20	0.05	0.002	—	900	810	18	調 質

7.6 鋳鋼と鍛鋼

構造用鋼は普通，棒，形鋼，板などの圧延材として供給され，機械（切削）加工あるいは塑性加工により成形して使用する。これに対して鋳造あるいは鍛造によって成形する場合がある。これらを**鋳鋼品**（steel casting），**鍛鋼品**（steel forging）という。

7.6.1 鋳鋼

炭素鋼鋳鋼品（SC）と**低合金鋼鋳鋼品**（SCMn，SCCrMなど）がある。表7-6（1）はJISの炭素鋼鋳鋼品で，SC360，SC410のように，**3桁の数値**で

表7-6(1) 炭素鋼鋳鋼品（JIS G5101-1988）

記号	化学成分 %		引張強さ MPa	降伏点 MPa	伸び %
	C	P, S			
SC 360	<0.20	<0.040	>360	>175	>23
SC 410	<0.30	〃	>410	>205	>21
SC 450	<0.35	〃	>450	>225	>19
SC 480	<0.40	〃	>480	>245	>17

表7-6(2) 構造用低合金鋼鋳鋼品（JIS G5111-1988, 抜粋）

鋼 種		化学成分 %				引張強さ MPa	降伏点 MPa	伸び %	熱処理
		C	Mn	Cr	Mo				
低マンガン鋼 SCMn	1	0.20～0.30	1.0～1.6	—	—	>540	>275	>17	非調質*2
	3	0.40～0.50		—	—	>640	>370	>13	〃
マンガンクロム鋼 SCCMnCr	2	0.25～0.35	1.2～1.6	0.4～0.8	—	>590	>370	>13	〃
	4	0.35～0.45		〃	—	>690	>410	>9	〃
クロムモリブデン鋼 SCCrM	1	0.20～0.30	0.5～0.8	0.8～1.2	0.15～0.35	>590	>390	>13	〃
	3	0.30～0.40		〃	〃	>690	>440	>9	〃
ニッケルクロム鋼 SCNCrM	2	0.25～0.35	0.9～1.5	0.3～0.9 Ni : 1.6～2.0	0.15～0.35	>780	>590	>9	〃

（*2 調質の場合は，引張強さ50～100MPa,降伏点約100MPa上昇）

* 表中「>」，「～」などの範囲で示した数値には規格値，実数で示したもの,および「例」としたものは数値例である。

引張強さの**下限値（MPa）**が規定されている。**表7-6（2）**は低合金鋼鋳鋼品で，代表的成分と性質を示した。

鋳鋼は1600℃以上の高温で溶解し，砂型に鋳込んで凝固させる。鋳造後，偏析を改善し，粗大な鋳造組織を細かくし，また鋳造応力を除去するために，焼なましあるいは焼ならしの熱処理が必要である。これにより，機械的性質，特にじん性が著しく改善される。また低合金鋳鋼では**焼入れ焼もどし（調質）**によって強度が増加する。このほか，炭素量を0.22％以下とした溶接用鋳鋼品，SCWがある。後述のステンレス鋼（SUS），耐熱鋼（SUH）等も鋳造品として成形され，SCS，SCH等として規格化されている。鋳鋼品の強度評価には，本体と同じ条件の鋳造，冷却，熱処理を経た試験片を用いる必要がある。

7.6.2 鍛鋼

種々の鋼種が鍛造によって成形される。鍛造用の鋼では欠陥の原因となる不純物P，Sを低く押さえる。一般に成形比（鍛造前後の寸法比）3以上（場合によって異なる）で成形し，その後，適当な熱処理を施す。**表7-7**は**炭素鋼鍛鋼品（SF）**の例である。3桁の数値が引張強さの下限値（MPa）である。JISではこのほか，SCM，SNCM等の低合金鋼，ステンレス鋼等を鍛鋼品として成形したSFCM，SFNCM，SUSF等が規定されている。

表7-7 炭素鋼鋳鋼品（JIS G3201-1988, 抜粋）

記号	引張強さ[*3] MPa	降伏点 MPa	伸び %	化学成分 %	熱処理
SF390A	390～490	>195	>25	C<0.60	非調質（焼なまし，焼ならし，焼もどし）
SF490A	490～590	>245	>22	Si:0.15～0.50	〃
SF590A	590～690	>295	>18	Mn:0.30～1.2	〃
SF590B	590～740	>335*	>19	P<0.030	調質
SF640B	640～780	>360*	>16	S<0.035	〃

[*3]（厚さt=100mm～250mm）

7.7 特殊用途鋼

構造用の炭素鋼，低合金鋼以外に，特定の用途用に開発され使用される鋼種がある。そのうちのいくつかについて記述する。また**表7-8（1）～（4）**

表7-8(1) 快削鋼の例（JIS G4804-1999, 抜粋）

鋼　種	記号	化学成分　%				
		C	Mn	P	S	Pb
硫黄快削鋼	SUM 11	0.08〜0.13	0.30〜0.60	<0.040	0.08〜0.13	—
	SUM 22	<0.13	0.70〜1.00	0.07〜0.12	0.24〜0.33	—
	SUM 33	0.40〜0.48	0.35〜1.65	<0.040	0.24〜0.33	—
硫黄複合快削鋼	SUM 22L	<0.13	0.70〜1.00	0.07〜0.12	0.24〜0.33	0.10〜0.35
	SUM 31L	0.14〜0.20	1.00〜1.30	<0.040	0.08〜0.13	0.10〜0.35

表7-8(2) バネ鋼の例（JIS G4801-1984, 抜粋）

記号	化学成分　%					引張強さ MPa	伸び %	熱処理
	C	Si	Mn	Cr	その他			
SUP 3	0.75〜0.90	0.15〜0.35	0.30〜0.60	—	—	>1080	>8	焼入焼戻し
SUP 6	0.56〜0.64	1.50〜1.80	0.70〜1.00	—	—	>1220	>9	〃
SUP 9	0.52〜0.60	0.15〜0.35	0.65〜0.95	0.65〜0.95	—	〃	〃	〃
SUP 10	0.47〜0.55	〃	〃	0.80〜1.10	V:0.15〜0.25	〃	>10	〃
SUP 13	0.56〜0.64	〃	0.70〜1.00	0.70〜0.90	Mo:0.25〜0.35	〃	〃	〃

（P.S<0.035）

表7-8(3) 軸受鋼の例（JIS G4805-1990, 抜粋）

記号	化学成分　%				
	C	Si	Mn	Cr	Mo
SUJ 2	0.95〜1.10	0.15〜0.35	<0.50	0.90〜1.20	—
SUJ 5	〃	0.40〜0.70	0.90〜1.15	—	0.10〜0.25

（P.S<0.025, 機械的性質についての規定はない）

表7-8(4) 表面硬化用鋼の例（大同特殊鋼（株）特殊鋼ハンドブック, p104）

鋼　種		化学成分　%						引張強さ MPa	0.2%耐力 MPa	伸び %	硬さ HB
		C	Mn	Ni	Cr	Mo	Al				
窒化鋼	Al-Cr-Mo系	0.4〜0.5	<0.6	<0.25	1.30〜1.70	0.15〜0.30	0.70〜1.20	>834	>686	>15	241〜302
	Cr-Mo-V系	0.3	0.5	—	2.5	0.3	V1.5	>1226	>1030	>9	—
	Al-Cr系	0.4	0.4	—	1.5	0.2	V1.0	>834	>686	>15	—
軟窒化鋼	Al-Cr系	0.20	0.9	—	1.0	—	適量	>588	>294	>20	>166

はその例である。

(1) 快削鋼（free cutting steel, **SUM**）　切削加工を容易にすることを目的とした鋼である．切削の際に生じる切り粉（きりこ）が連続せずに分断され，自動工作機械による精密加工に適する．硫黄を加え，MnSを分散さ

せた硫黄快削鋼，鉛粒子を分散させた鉛快削鋼がある。このほか，S45C等の炭素鋼，SCM435等の低合金鋼に鉛を0.1〜0.3％添加したものがある。

(2) バネ鋼（SUP） バネは高い降伏点と疲労強度およびじん性を必要とする。また，コイル，板バネなどの形状に成形するため，熱間あるいは冷間での加工が必要である。このため炭素量0.6％程度の炭素鋼を用いる。最も一般的なSUP6はSi 1.5〜1.8％を加えたもので，焼入れ後500℃程度で焼もどし，ソルバイト組織とする。引張強さ1200MPa以上，降伏点1100MPa以上になる。熱処理性改善のため，1％程度のCr（SUP10），Mo，V，Bなどが加えられる。SUP6では中心まで焼きが入る（50％マルテンサイト）丸棒直径は30mmであるが，SUP10では60mmまで焼きが入る。

(3) 軸受鋼（SUJ） 玉軸受け，コロ軸受けの内輪，外輪および転動体（玉，コロ）は，高い硬さと耐摩耗性が要求される。一般に炭素量1％程度に炭化物形成元素Crを1％程度を含む高炭素クロム鋼を用いる。800〜900℃でセメンタイトを球状にして分散させる球状化焼なましを施した後，A_{cm}線以下から焼入れ，200℃以下の低温で焼もどす。HRC65（約HV800）程度の硬さが得られる。SUJ2が最も一般的である。

(4) 表面硬化用鋼 表面硬化については7.3.8にて述べた。表面硬化用鋼は，特に浸炭あるいは窒化のための鋼種である。浸炭用には0.2％C以下低炭素の低合金鋼，SCM，SNC，SNCM等が用いられる。**表7-4**にて「はだ焼き」と記したものがこれに相当する。

窒化鋼は炭素量0.4〜0.5％の鋼にAl約1％，Cr約1.5％を添加したものである。このままではHV300程度の硬さであるが，窒化により表面硬さがHV1000に達する。低炭素の普通鋼，合金鋼には塩浴による軟窒化が用いられ，じん性を保持したまま，表面層の硬度を上げることができる。

7.8 ステンレス鋼（stainless steel）

Cr12％以上を含む高合金鋼である。耐食性が高く，化学工業用から建築材料，家庭用品まで，広く用いられる。また耐熱材料としても有用である。

表面に極めて薄い酸化被膜が生じ，これが不働態として作用し，内部への腐食の進行を防ぐ。炭素量およびNi量によって基地組織と強度，耐食性などの特性が異なる。フェライト系，マルテンサイト系，オーステナイト系の3種類，およびこれに析出硬化系を加えた4種類に分類される。成分例を表7-9に示した。

表7-9 ステンレス鋼の例（JIS G4303-1991，抜粋）

鋼種	記号	化学成分 %				引張強さ MPa	耐力 MPa	伸び %	熱処理
		C	Ni	Cr	その他				
フェライト系	SUS 405	>0.08	—	11.50～14.50	Al 0.10～0.30	>410	>175	>20	焼きなまし
	SUS 430	>0.12	—	16.00～18.00	—	>450	>205	>22	〃
マルテンサイト系	SUS 403	<0.15	—	11.50～13.00		>590	>390		調質
	SUS 431	<0.20	1.25～2.50	15.00～17.00		>780	>590		〃
	SUS 440A	0.60～0.75	—	16.00～18.00		HRC>54			〃
	SUS 440C	0.95～1.20	—	〃		HRC>58			〃
オーステナイト系	SUS 304	<0.08	8.00～10.50	18.00～20.00		>520	>205	>40	固溶化処理
	SUS 316	<0.08	10.00～14.00	16.00～18.00	Mo 2.00～3.00	>520	>205	>40	〃
	SUS 316L	<0.03	12.00～15.00	16.00～18.00	Mo 2.00～3.00	>480	>175	>40	〃
	SUS 317	<0.08	11.00～15.00	18.00～20.00	Mo 3.00～4.00	>520	>205	>40	〃
	SUS 836L	<0.03	24.00～26.00	19.00～24.00	Mo 5.00～7.00	>520	>205	>40	〃
析出硬化系	SUS 630	<0.07	3.00～5.00	15.00～17.50	Cu 3.00～5.00 Nb 0.15～0.45	>1070	>1000	>12	H1025
	SUS 631	<0.09	6.50～7.75	16.00～18.00	Al 0.75～1.50	>1230	>1030	>4	RH950

(1) **フェライト系**　12～18％のCrを含む。炭素量が0.15％以下であり，フェライト組織である。引張強さは450MPa程度，軟質で冷間加工が容易である。JIS SUS 430が代表的である。建築材料，日用品に用いられる。

(2) **マルテンサイト系**　Cr量12～16％であるが，炭素量が0.2～0.9％である。焼入れによってマルテンサイト組織となり，硬化する。しかし炭素量が増えるとクロムの炭化物が生じ，耐食性が低下する。刃物，食器，航空機など高強度を要する耐食部材に用いられる。SUS 403が代表的である。

(3) **オーステナイト系**　18-8ステンレスと呼ばれ，Cr 約18％，Ni 約8％を含むオーステナイト組織の**ステンレス鋼**である。炭素量は0.1％以下である。耐食性が極めて良く，化学機器，反応装置等に用いられる。非磁性であるが，加工によって加工誘起マルテンサイトが生じ，わずかな磁気を帯びる。また耐食性が低下する。Ni，Crを均一に固溶させるため1000～

1100℃から溶体化処理を行う。**SUS 304**が最も広く使われる。耐食性を上げるためにさらに低炭素，高ニッケルとしたSUS 316Lがある。ただ，この種のステンレス鋼では，Cl^-等，特定のイオンがある場合に，非常に小さな応力で特有な形態の割れを生ずる**応力腐食割れ**（stress corrosion cracking, **SCC**）という現象があり，注意を要する。密度がやや大きい（8.0 g/cm^3）こと，また，熱膨張係数が約17×10^{-6}/Kで，他の鋼種の約1.5倍であること，および熱伝導率が低い（炭素鋼の約$\frac{1}{3}$）ことが留意事項である。

(4) **析出硬化系**　オーステナイト系ステンレス鋼は耐食性は良いけれども強度が低い。加工硬化によって降伏点を上げることはできるが，形状の制限があり，耐食性が低下する。析出硬化型ステンレス鋼は17％のCr，7％のNiの他に約1％のAlを添加し，溶体化処理後時効によってマルテンサイト組織中にNi-Al化合物を析出させ，硬化させるものである。Precipitation Hardeningから，**17-7-PHステンレス鋼**（SUS 631等）という。耐食性はオーステナイト系よりもやや劣るけれども，強度はステンレス鋼中で最も高く，1000 MPa以上の引張強さが得られる。Niを3～5％とし，Cuを3～5％とし，Nbを加えたSUS 630もこのタイプである。

7.9　耐熱鋼　(heat resisting steel)

耐熱鋼に要求される特性は，高温での耐酸化性と高温強度，クリープ強度ならびに高温での組織の安定性である。クロムモリブデン鋼などの低合金鋼も一定の耐熱性を示し，ボイラ，蒸気タービン等に用いられる。より高温，高応力で使用しうる耐熱鋼としては次の2つがある。

(1) **マルテンサイト系耐熱鋼**（SUH 3等）　炭素0.2～0.5％，Cr 10～20％，Ni 1％程度を含む**クロム鋼**。1100℃から焼入れ，600～800℃で焼もどす。室温での引張強さ850～900 MPa，700℃での引張強さは250 MPa程度である。内燃機関の排気弁，蒸気タービンの翼，シャフト等に用いられる。

(2) **オーステナイト系耐熱鋼**（SUH 31等）　炭素0.15～0.25％で，Cr 15～

表7-10 耐熱鋼の例（JIS G4311-1991, 抜粋）

鋼 種	記 号	化学成分 %				引張強さ MPa	耐力 MPa	伸び %	熱処理
		C	Ni	Cr	その他				
フェライト系	SUH 446	<0.20	—	23.00〜27.00	N<0.25	>510	>275	>20	焼なまし
マルテンサイト系	SUH 3	0.35〜0.45	—	10.00〜12.00	Mo0.70〜1.30	>880	>635	>15*	調質
	SUH 4	0.75〜0.85	1.15〜1.65	19.00〜20.50	—	>880	>685	>10	
オーステナイト系	SUH 31	0.35〜0.45	13.00〜15.00	14.00〜16.00	W2.00〜3.00	>690	>315	>25*2	固溶化処理
	SUH 36	0.48〜0.58	3.25〜4.50	20.00〜22.00	N0.35〜0.50	>880	>560	>8*3	〃
	SUH 330	<0.15	33.00〜37.00	14.00〜17.00		>560	>205	>40*4	〃
	SUH 660	<0.08	24.00〜27.00	13.50〜16.00	Mo1.00〜1.50 Ti1.90〜2.35	>900	>590	>15	固溶化・時効

(厚さ t =*25〜75mm以下　*2 25〜18mm　*3 25mm以下　*4 180mm以下)

26%，Ni 15〜25%を含むニッケルクロム鋼。1100℃程度から溶体化処理して使用する。700℃での引張強さ350〜600 MPa，900℃でもなお110〜250 MPaの引張強さが得られる。700℃1000時間のクリープ破断強さは約100 MPaである。排気弁のほか，ガスタービンの翼にも用いられる。

他に，C＜0.2%でCr 25%の**フェライト系耐熱鋼**（SUH 446）がある。**表7-10**は耐熱鋼の例，**図7-23**は耐熱鋼の高温強度の例である。

なお，これ以上の高温で高い強度が求められる場合は，NiおよびCo基の超合金と呼ばれる耐熱材料が用いられる。これについては第8章，8.5節で述べる。

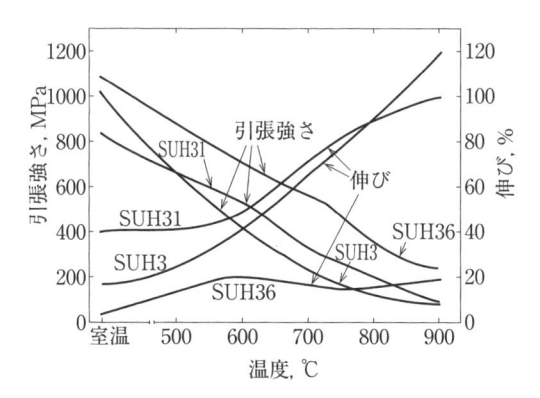

図 7-23 耐熱鋼の高温強度（大同特殊鋼(株)特殊鋼ハンドブック, p146-3）

7.10 工具鋼

　カッター，バイト，ドリル等の切削工具，およびダイス等の塑性加工用の工具の製作に用いる鋼を**工具鋼**（tool steel）という。硬さ，耐摩耗性と同時に，ある程度のじん性が必要であり，また工具の形状に加工するための加工性も要求される。一般に炭素量1％内外の高炭素鋼，およびこれに各種合金成分を加えて熱処理性を良くしたものが用いられる。合金の有無，種類によって次のような種類がある。

(1) **炭素鋼工具鋼（SK）**　　炭素量0.6〜1.5％の高炭素鋼。焼入れおよび150〜200℃での焼もどしにより，硬さをHRC 54〜63とする。

(2) **合金工具鋼（SKS）**　　0.4〜1.5％の炭素に加え，Ni，Cr，W，Vを添加し，熱処理性とじん性を改善したもの。760〜900℃からの水冷または油冷による焼入れ，150〜200℃からの焼もどしを行う。

(3) **金型用鋼（SKD，SKT）**　　**ダイス鋼**ともいう。熱間および冷間での塑性加工用の型，ダイスに用いる。冷間金型用では1〜2％の炭素に5〜15％のCrを添加し，焼もどし後の硬度をHRC 60以上とする。熱間金型用ではじん性を上げるために炭素量を0.2〜0.8％とし，工具鋼としては低い。2〜5％のCr，4〜5％のW，0.5〜2％のVで硬さを上げる。600〜650℃からの空冷で焼もどし，硬さをHRC 53以下とする。

(4) **高速度鋼（SKH）**　　高速切削では工具の先端が500℃あるいはそれ以上の温度になるから，工具には高温での硬さが要求される。高速度鋼はそのような要求に応じて開発された**高合金工具鋼**である。Wを12〜18％含むタングステン系と，Mo 5〜10％，Cr約4％を含むモリブデン系がある。
　表7-11は各種工具鋼の化学成分および熱処理後の硬さである。

7.11　耐摩耗高マンガン鋼（SCMnH）

　耐摩耗性は一般に硬さが高いほど良好である。したがって，耐摩耗材料としては高炭素の工具鋼を焼入れして用いるのが普通である。これに対して**高マンガン鋼**（**ハドフィールド**（Hadfield）**鋼**とも呼ばれる）は使用中の表面

表7-11 工具鋼の例 (JIS G4401, G4403, G4404-1950, 抜粋)

鋼種		記号	化学成分 %						硬さ HRC	用途例
			C	Cr	Mo	W	V	Ni, (Co)		
炭素工具鋼		SK1	1.30~1.50	—	—	—	—	—	>63	やすり
		SK3	1.00~1.10	—	—	—	—	—	>63	刃物, 治工具, ぜんまい
		SK5	0.80~0.90	—	—	—	—	—	>59	帯のこ, 刃物, 型
		SK7	0.60~0.70	—	—	—	—	—	>56	プレス型, ナイフ
合金工具鋼	切削工具用	SKS2	1.00~1.10	0.50~1.00	—	1.00~1.50	—	—	>61	タップ, ドリル, カッタ
		SKS5	0.75~0.85	0.20~0.50	—	—	—	0.70~1.30	>45	丸のこ, 帯のこ
		SKS7	1.10~1.20	0.20~0.50	—	2.00~2.50	—	—	>62	ハクソー
	耐衝撃工具用	SKS4	1.45~0.55	0.50~1.00	—	—	—	—	>56	たがね, ポンチ
		SKS43	1.00~1.10	—	—	—	0.10~0.25	—	>63	ヘッディングダイス
	冷間金型用	SKS3	0.90~1.00	0.50~1.00	—	0.50~1.00	—	—	>60	ゲージ, シャー刃, プレス型
		SKS94	0.90~1.00	0.20~0.60	—	—	—	—	>61	〃
		SKD1	1.80~2.40	12.00~15.00	—	—	—	—	>61	線引ダイス, プレス型
		SKD12	0.95~1.05	4.50~5.50	0.80~1.20	—	—	—	>61	ゲージ, 転造ダイス, 金属刃物
	熱間金型用	SKD4	0.25~0.35	2.00~3.00	—	5.00~6.00	0.30~0.50	—	<50	プレス型, ダイカスト型, シャー刃
		SKD6	0.32~0.42	4.50~5.50	1.00~1.50	—	0.30~0.50	—	<53	〃
		SKD8	0.35~0.45	4.00~4.70	0.30~0.50	3.80~4.50	1.70~2.20	(3.80~4.50)	<55	プレス型, 押出工具
		SKT4	0.50~0.60	0.70~1.00	0.20~0.50	—	—	1.30~2.00	—	鍛造型, プレス型, 押出工具
高速度工具鋼	タングステン系	SKH2	0.73~0.83	3.80~4.50	—	17.00~19.00	0.80~1.20	—	>63	一般切削用
		SKH3	〃	〃	—	〃	〃	(4.50~5.50)	>64	高速重切削用
		SKH10	1.45~1.60	〃	—	11.50~13.50	4.20~5.20	(4.20~5.20)	>64	高難削材用
	モリブデン系	SKH52	1.00~1.10	3.80~4.50	4.80~6.20	5.50~6.70	2.30~2.80	—	>63	じん性を必要とする
		SKH56	0.85~0.95	〃	4.60~5.30	5.70~6.70	1.70~2.20	—	>64	高硬度材, 高速重切削
		SKH58	0.95~1.05	3.50~4.50	8.20~9.20	1.50~2.10	—	—	>64	

の変形, 打撃等で生じる加工誘起マルテンサイトによって耐摩耗性を実現する鋼である. **表7-12**はその成分例である. 炭素量約1%で, Mn 11~14%を含む. 約1000℃から溶体化処理 (特に**水じん処理**, water tougheningという) し, 組織をオーステナイトとする. この状態では軟らかく, 変形しやすい (引張強さ750 MPa程度, 伸び35%以上). しかし, 変形によって著しい加工硬化を示し, また, マルテンサイトが生じるために, 打撃, 衝撃など重負荷摩耗に対し, 優れた特性を示す. 鋳造により成形するが, 正確な機械加工はできない. 土木建設機械, 破砕機, 鉄道の交差レールなどに用いられる.

表7-12 高マンガン鋼 (JIS G5131-1998, 抜粋)

記号	化学成分 %				引張強さ MPa	耐力 MPa	伸び %	用途
	C	Mn	Cr	V				
SCMnH 3	0.90~1.20	11.00~14.00	—	—	>740	—	>35	クロッシングレール
SCMnH 11	0.90~1.30	〃	1.50~2.50	—	>740	>390	>25	ハンマー, ジョープレート
SCMnH 21	1.00~1.35	〃	2.00~3.00	0.40~0.70	>740	>440	>10	キャタピラシュー

7.12 超高張力鋼

引張強さが1500 MPa程度以上の鋼を**超高張力鋼**と呼ぶ。Ni，Cr，Mo等を含む低合金鋼を焼入れ焼もどしするものと，10％以上のNiを含む高合金鋼に**マレージング**（maraging），**オースフォーミング**（ausforming）等の特殊熱処理，加工熱処理を施して強度を上げるものがある。ロケットの機体や重要部品，ジェットエンジンの軸など，航空宇宙機器等に用いられる。**表7-13**は超高張力鋼の例である。

表7-13 超高張力鋼の例（大同特殊鋼（株）特殊鋼ハンドブック，p112-113）

鋼種	化学成分 %								引張強さ MPa	降伏点 MPa	伸び %	熱処理
	C	Ni	Cr	Mo	V	Co	Al	Ti				
低合金4340鋼	0.40	1.8	0.8	0.25	—	—	—	—	1790	1500	—	焼入, 焼もどし
4340M鋼	0.42	1.8	0.8	0.4	0.08	—	(Si 1.6)	—	1930	1590	—	
18Ni マレージング鋼	—	18.0	—	4.3	—	8.0	0.1	0.2	1440	1370	8	固溶化処理後, 時効
	—	18.0	—	4.8	—	8.0	0.1	0.4	1660	1590	6	
	—	18.5	—	4.8	—	9.0	0.1	0.6	1950	1890	5	
	—	17.5	—	3.8	—	12.5	0.2	1.7	2350	2300	5	

7.13 鋳鉄

炭素量が約2％以上の鉄合金を**鋳鉄**（cast iron）というが，一般にはさらに0.5〜3％のケイ素（Si）が含まれる。鋼より融点が低く，溶湯（これを**湯**という）の流動性が良く，また凝固による収縮が少なく，型の転写が良くできる等，鋳造によって成形する材料に適する。これらの性質をまとめて**鋳造性**（castability）という。7.2節（7.2.2）で述べたように，鋳鉄は大きく，遊離黒鉛が生じた**ねずみ鋳鉄**（gray iron，ただし，一般には後述の**片状黒鉛鋳鉄**を**ねずみ鋳鉄**という）と，黒鉛がなく，レデブライトが析出した**白鋳鉄**（white iron）に分けられる。図7-4の（5）〜（7）

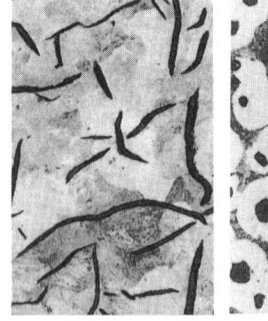

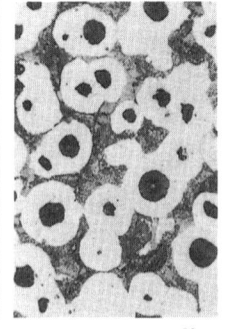

(1) 片状黒鉛鋳鉄 20μm　(2) 球状黒鉛鋳鉄 20μm

図7-24 ねずみ鋳鉄の組織の例

は白鋳鉄の，また，**図7-24**はねずみ鋳鉄（片状黒鉛および球状黒鉛）の組織の例である。**基質**（基地，matrix）の組織と析出相の種類，形状，寸法によって，鋳鉄の材質は著しく広範囲に変化する。

7.13.1 鋳鉄の組織

(1) 組織を決める要因　ねずみ鋳鉄と白鋳鉄の2つを分ける要因は，炭素量および Si 量と冷却速度である。一般的に炭素量，Si量が少なく，冷却速度が速い場合に白鋳鉄となり，逆の場合にはねずみ鋳鉄となる。またこれによって，ねずみ鋳鉄の基地組織も，フェライトからパーライトまで広範囲に変化する。炭素量，Si量と組織の関係を示したのが**図7-25**の**マウラー線図**である。Ⅰの領域が**白鋳鉄**，Ⅱが**パーライトねずみ鋳鉄**，Ⅲが**フェライトねずみ鋳鉄**である。

ⅠとⅡの境界ではセメンタイトと黒鉛がともに現れる**まだら鋳鉄**となる。

　白鋳鉄は極めて硬く，耐摩耗材料に用いられる。フェライトねずみ鋳鉄は軟らかく，弱い。パーライトねずみ鋳鉄は一定の強度があり，機械用に多く使用される。まだら鋳鉄はもろく，機械材料には適さない。

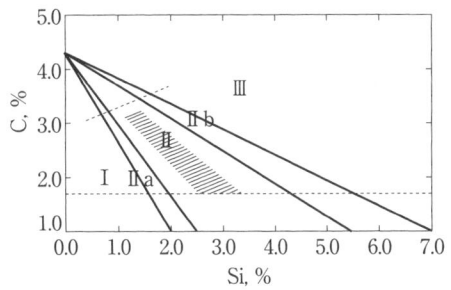

Ⅰ ：白鋳鉄（セメンタイト,パーライト）
Ⅱa：まだら鋳鉄（セメンタイト,黒鉛,パーライト）
Ⅱ ：パーライト鋳鉄（黒鉛,パーライト）
Ⅱb：軟鋳鉄（黒鉛,パーライト,フェライト）
Ⅲ ：フェライト鋳鉄（黒鉛,フェライト）

図7-25　マウラーの組織図

(2) 炭素当量　黒鉛が生じる場合には，鉄－黒鉛系（安定系）の状態図が適用される。その共晶点は4.26*%, 1153℃であるが，Si が多いほど低炭素側，かつ高温側へ移動する。これらの関係を**図7-26**に示した。1%のSiによる移動がほぼ0.3%であることから，**炭素当量C.E.**（carbon

---

　*　文献によっては4.23%，4.27%等がある。

(1) Siによる共晶温度の変化　　(2) Siによる共晶点の移動

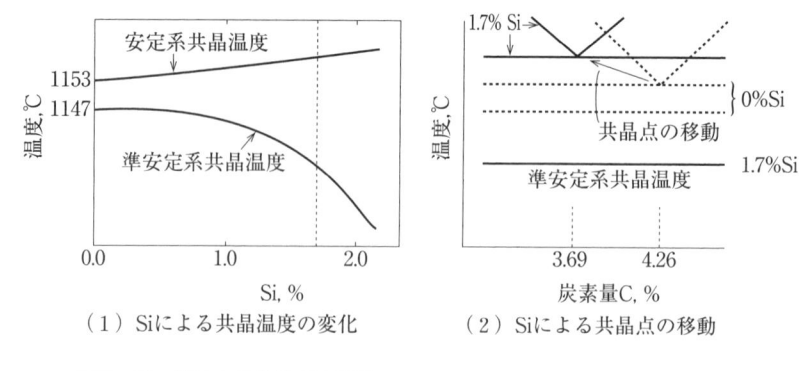

図7-26　Siによる共晶点の移動
ASM Metals hadbook 9th ed. Vol.15(1988).p65)

equivalent) が次のように定義される。

$$炭素当量 C.E. = C + \frac{1}{3} Si \quad (\%) \tag{7-2}$$

C.E.値を用いることにより，Siが入った場合の組織をFe-Cの2元状態図から推定することができる。一般にC.E.＝4.3％以下を**亜共晶鋳鉄**，4.3％以上を**過共晶鋳鉄**とする。例えば，C3.7％，Si2.7％の場合，C.E.値は4.6％であり，過共晶である。

一方，**図7-26**に示すように，鉄－Fe₃C系（準安定系）の共晶温度はSi量の増加によって低下する。冷却速度が速く，凝固がFe₃C系の共晶温度以下で進行する場合には，組織はセメンタイトが生じた白鋳鉄になる。Si量が少ないほど白鋳鉄を生じ易いことが理解される。Shipは次式の炭素飽和度 Ce，共晶度 Sc と肉厚から，**図7-27**のような組織図を提案している。

$$Sc = \frac{C}{C_e} = \frac{C}{4.26 - \dfrac{Si}{3}} \tag{7-3}$$

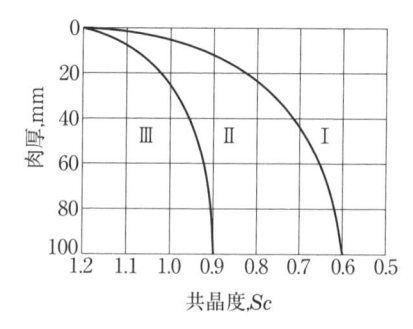

Ⅰ：白鋳鉄
Ⅱ：パーライト鋳鉄
Ⅲ：フェライト鋳鉄

図7-27　シップの組織図

白鋳鉄が生ずる場合，これを**白銑化，チル**（chill）**化**という。白鋳鉄は耐摩耗材料として用いられる（7.13.4節）。一方，ねずみ鋳鉄が期待される場合のチル化は，加工困難，じん性低下を生じ，一種の材料欠陥である。

(3) **黒鉛の形状** ねずみ鋳鉄では黒鉛片が晶出する。その形状は大別して**片状黒鉛**（flake graphite）と**球状黒鉛**（spheroidal graphite, nodular graphite）に分けられる。その中間は**塊状黒鉛，いも虫状黒鉛**（compacted vermicular graphite, **CV** graphite）など呼ばれる。図7-28は黒鉛形状の分類である。

片状黒鉛はその形態によって図7-29のA型～E型のように分けられる。

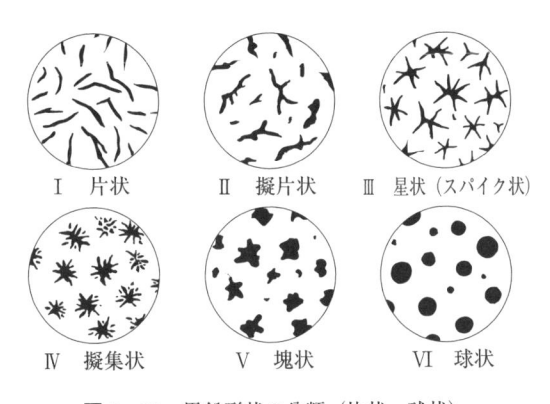

図7-28　黒鉛形状の分類（片状～球状）

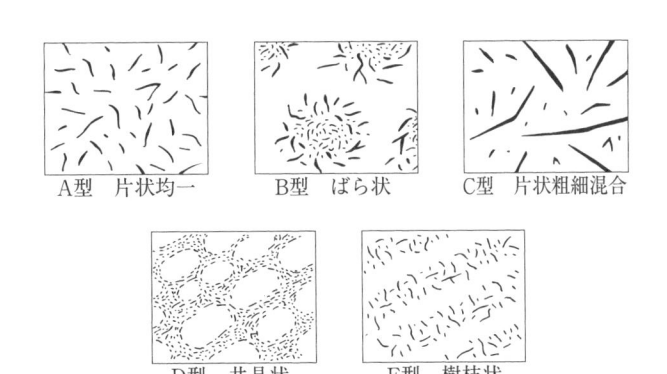

図7-29　片状黒鉛の分類（A～E型）

黒鉛片の寸法もまた，長さ0.1mm程度から1mm以上に及ぶ。球状黒鉛の粒径も数μから0.1mm以上になる。

これら，黒鉛の形状，分布形態および寸法により機械的性質その他の性質が広範囲に変化する。基地組織が同じであれば，黒鉛が細かく，A型のような均一分布の組織が高強度である。B，C，D型は一種の異常組織である。黒鉛晶出の核を多数生じさせ，黒鉛の寸法を小さくするために，溶湯にFe-Si合金等を添加する**接種処理**（inoculation）が行われる。

工業的に用いられる鋳鉄には大まかに次の種類（7.13.2～7.13.6）がある。

7.13.2　片状黒鉛鋳鉄（**FC**）

片状の黒鉛が分布した鋳鉄。単に**ねずみ鋳鉄**ともいう。JISでは引張強さによってFC100～FC350が規定されている。機械的性質，成分の例を**表7-14**に示す。低密度の黒鉛を晶出するために凝固時の収縮が少なく，鋳造性

表7-14　ねずみ鋳鉄（JIS G5501-1989）

記号	引張強さ MPa	硬さ HB	化学成分例　%	
			C	Si
FC 100	>100	<201	3.6～3.9	1.5～2.4
FC 150	>150	<212	3.4～3.7	1.8～2.3
FC 200	>200	<223	3.3～3.6	1.6～2.0
FC 250	>250	<241	3.2～3.4	1.2～1.9
FC 300	>300	<262	3.0～3.3	1.4～1.8
FC 350	>350	<277	2.4～2.9	1.4～2.5

が良い。複雑形状で，さほど強度を要しない部分の構造用として最も広く用いられる。切削性，振動吸収能，耐摩耗性等も利点である。伸びは1%以下であり，変形能はほとんどない。基地組織は，FC100など低強度のものは**フェライトあるいはフェライト＋パーライト**，FC300など高強度のものは**パーライト**である。**図7-24**（1）はこれに相当する。

7.13.3　球状黒鉛鋳鉄（**FCD**）

黒鉛が球状のねずみ鋳鉄である。Nodular iron, Spheroidal graphite（**SG**）ironともいう。片状黒鉛鋳鉄の溶湯中にMg（マグネシウム）を添加することにより，晶出する黒鉛が球状になる。JISでは引張強さによりFCD400～

FCD700を規定している．基地組織は，低強度のものでは**フェライト**，中強度では**フェライト＋パーライト**，高強度では**パーライト**である．片状黒鉛鋳鉄に比べてじん性が著しく大きく，フェライト地のFCD400では伸びが30％以上になる．このため球状黒鉛鋳鉄には**ダクタイル鋳鉄**（ductile cast iron, ductile iron）の別名がある．鋳造性，切削性は片状黒鉛鋳鉄より劣るが，自動車部品など，高強度，高じん性を要する複雑形状の部材に用いられる．

図7-24（2）は球状黒鉛鋳鉄の組織の例である．黒鉛球の周りにフェライトが生じた**ブルスアイ**（bull's eye）**組織**である．

球状黒鉛鋳鉄に**恒温変態熱処理（オーステンパ）**をすることにより，基地組織を**ベイナイト**（オースフェライトとも呼ばれる）にした**オーステンパ球状黒鉛鋳鉄（ADI）**が得られる．JISではFCAD900～1400が規定されている．ADIの強度と伸びは鋼に匹敵する．疲労において切欠および欠陥に対する感受性が強い欠点がある．**表7-15**はJISにおける球状黒鉛鋳鉄の例である．

球状黒鉛と片状黒鉛の中間の黒鉛形状（図7-28のⅡ～Ⅴ）の鋳鉄を**CV黒鉛鋳鉄**と呼ぶ．工作機械等で，強度と加工性，熱伝導性など，両鋳鉄の各利点を生かす用途に用いられる．

表7-15 球状黒鉛鋳鉄（JIS G5502, G5503-1989, 抜粋）

記号	引張強さ MPa	降伏点 MPa	伸び ％	硬さ HB	組織 （参考）
FCD 350	>350	>220	>22	<150	フェライト
FCD 400	>400	>250	>18	130～180	〃
FCD 450	>450	>280	>10	140～210	〃
FCD 500	>500	>320	>7	150～230	フェライト＋パーライト
FCD 700	>700	>420	>2	180～300	パーライト
FCAD 900	>900	>600	>8	—	ベイナイト
FCAD 1000	>1000	>700	>5	—	〃
FCAD 1200	>1200	>900	>2	>341	〃
FCAD 1400	>1400	>1100	>1	>401	〃

7.13.4 白鋳鉄

白鋳鉄はセメンタイトが析出しており，極めて硬い．このため耐摩耗材料として用いられる．次のような種類がある．

(1) チル鋳鉄 鋳型の表面に鋼あるいは鋳鉄製の**冷し金**（chiller）をあて，

鋳物の表面を急冷凝固させ，白鋳鉄としたもの。炭素量2.7〜3.8％で，Si 0.5〜1％程度の溶湯を用いる。ロール，車輪等に用いる。

(2) ニハード鋳鉄 Ni5％程度を含む。共晶オーステナイトが鋳放しでマルテンサイトになり，マルテンサイト－セメンタイトの共晶組織となる。極めて硬い。

(3) 高クロム鋳鉄 クロム12〜17％を含む。鉄Cr炭化物とマルテンサイトの共晶組織が生じ，硬く，かつ一定のじん性を示す。耐熱，耐食性にも優れた耐摩耗材料である。

表7-16は耐摩耗白鋳鉄の例である。

7.13.5 高合金耐熱鋳鉄

鋳鉄は普通の鋼材に比べて耐酸化性が優れており，耐熱用途に用いられる。これは表面に生じた酸化物層が剥離しずらいためである。これに Si, Cr, Ni 等を加え，さらに耐熱性の向上をはかった**高合金鋳鉄**として，**シラル，ニレジスト，ニクロシラル**がある。これらはねずみ鋳鉄系で，黒鉛は片状，球状いずれも可能である。ニレジスト，ニクロシラルはオーステナイト地で

表7-16 耐摩耗白鋳鉄の例

種類	化学成分例 %					硬さ HRC	熱処理
	C	Si	Ni	Cr	Cu		
チル鋳鉄	3.4	0.3	0.1	1.9	0.8	48	鋳放し
ニハード鋳鉄(2)	2.8	0.5	4.6	1.8	—	55	鋳放し
(4)	2.9	1.9	5.5	9.0	—	60	〃
高クロム鋳鉄 10Cr	3.2	0.7	—	12.0	(Mo 0.5)	60	焼入れ
20Cr	2.8	1.0	—	18.8	—	53	〃
32Cr	2.6	0.5	—	32.0	—	60	〃

表7-17 高合金耐熱鋳鉄の例（日本鋳物協会編，鋳物便覧－改訂4版, 1986, p.690）

種類	化学成分例 %					最高使用温度℃	組織
	C	Si	Ni	Cr	Al		
シラル鋳鉄	2.5	4〜6	—	—	—	850	ねずみ鋳鉄系
ニレジスト鋳鉄	<3.0	1〜2	18〜22	1.8〜2.5	—	800	〃 ，オーステナイト地
ニクロシラル	<2.4	4〜5	18〜30	2〜4	—	950	〃
高 Al 鋳鉄	2.0	1〜4	—	—	9〜10	1100	白鋳鉄系
高 Cr 鋳鉄	<3.0	1〜2	—	25〜35	—	1100	

ある。高Al鋳鉄，高Cr鋳鉄は**白鋳鉄系の耐熱鋳鉄**である。これらの例を表7-17に示した。

7.13.6 可鍛鋳鉄 (malleable iron)

白鋳鉄を熱処理して得る，延性のある鋳鉄。**白心可鍛鋳鉄と黒心可鍛鋳鉄**がある。形状が複雑で，かつ，じん性を必要とする量産小物部品に用いられる。

(1) **白心可鍛鋳鉄（FCMW）**　白鋳鉄を1000℃以上の高温で40～70時間保持し，脱炭したものである。組織はフェライトである。

(2) **黒心可鍛鋳鉄（FCMB）**　白鋳鉄を高温で焼なまし，セメンタイトを分解してフェライトと黒鉛にしたものである。黒鉛は塊状となる。引張強さ280～350 MPa，5～10％の伸びが得られる。黒鉛化には850～950℃，5～20時間の**第1次焼なまし**と，700℃，10～15時間の**第2次焼なまし**の2段焼なましが行われる。配管の継手，曲り管等に用いられる。**表7-18**は可鍛鋳鉄の例である。パーライト可鍛鋳鉄は，第2次焼なまし後の冷却速度を早くし，基地をパーライトとしたものである。

表7-18　可鍛鋳鉄の例（JIS G5702, G5703, G5704-1988, 抜粋）

種　類	記　号	引張強さ MPa	耐力 MPa	伸び %
黒心可鍛鋳鉄	FCMB 270	>270	>165	>5
	FCMB 360	>260	>215	>14
白心可鍛鋳鉄	FCMW 330	>330	>165	>5
	FCMW 370	>370	>185	>8
白心パーライト可鍛鋳鉄	FCMWP 540	>540	>345	>3
パーライト可鍛鋳鉄	FCMP 490	>490	>305	>4
	FCMP 690	>690	>510	>2

7.13.7　その他の鋳鉄

その他，Moを添加して強度，耐摩耗性，耐熱性を上げた**モリブデン鋳鉄**，Niを約35％含み，熱膨張係数が通常の鋳鉄の$\frac{1}{5}$程度の**低膨張鋳鉄**等がある。

第7章の練習問題 (Exercises for Chapter 7)

7.1 Name the four basic elements in the microstructure of steels. Describe the fundamental properties of these four elements.

7.2 Tell the approximate area fraction of ferrite and pearlite observed in annealed steels with (1) 0.2%C, (2) 0.4%C, and (3) 0.8%C, assuming that the density of ferrite and pearlite are the same.

7.3 How do hardness and strength change with increasing carbon content in hypo-eutectoidal steel? Why?

7.4 What are the microstructural elements of hyper-eutectoidal steels. How does the hardness and strength change with increasing carbon content in hyper-eutectoidal steels? Why?

7.5 What is the purpose of quenching of steels? What is the structure obtained by the treatment? Describe the basic properties of this structure.

7.6 Explain the reasons why rapid cooling is required to harden steel using the concept of the S-curve. Estimate the critical cooling rate in Fig.7-6. Assume holding temperature of 800℃.

7.7 Determine the heating temperature for hardening steels with carbon contents (1) 0.35%, (2) 0.55%, (3) 0.8%, and (4) 1.2%. Tell the reasons for selecting the temperatures.

7.8 When a steel with 0.4% C is quenched from 750℃, what are the microstructures at the room temtemperature ? Determine the area (mass) fractions of the constituents.

7.9 (1) Explain the disadvantages of heating to a too high temperature before quenching.
(2) Explain the disadvantages of too rapid cooling in quenching.

7.10 In quenching a high carbon steel, subzero treatment after quenching is required. Explain the reasons for this using Fig.7-14

7.11 Why is tempering treatment required for quenched steel ?

7.12 A steel with 0.4%C was quenched and fully hardened. Estimate the hardness.
Determine the tempering temperature if a hardness HB300 (HRC 32) is desired.

7.13 Explain the advantages of using low alloyed steels in heat treatment using Fig.7-22.

7.14 Estimate the critical cooling rate in steel (4) (0.42C, 1.8Ni, 0.8Cr and 0.2Mo) in Fig.7-21. Assume a holding temperature of 850℃, and consider the S curve as a CCT curve. Compare the result with that for plain carbon steel.

7.15 It is necessary to harden a steel rod with a diameter of 30 mm to harder than HRC45 level. Which steel in Fig.7-22 should be selected ?

7.16 A bending moment of 450 N·m is applied on a 30 mm diameter steel shaft. Which material should be selected by SS (Table 7-1) and SC (Table 7-3 and Fig.7-20) standards ? The stress should not exceed 30% of the tensile strength.

7.17 For surface hardening, which steel in the parentheses below should be selected ? Tell the reasons why you selected the steel and why you did not select the other steels.
(1) For carburizing, (SS400, S45C, SNC415)
(2) For induction quenching, (SS400, S45C, SNC415)

7.18 A steel with 0.05% C is to be carburized in an atmosphere where the surface C concentration is 1.0% at 900 ℃. How long would it take to carburize to 0.4% C at the depth of 0.2 mm ? Estimate the diffusion coefficient from the values in Table 4.1.

7.19 Which material should be selected from those in the parentheses for the following applications ? Tell the reasons why you selected the material and why you did not select the other materials.
(1) Automobile body plate ((a) very low carbon steel, (b) mid carbon steel, (c) alloyed carbon steel)
(2) A 100mm diameter transmission gear ((a) low carbon steel, (b) mid carbon steel, (c) alloyed carbon steel)
(3) Hammer head for garbage crusher ((a) low carbon steel, (b) mid carbon steel, (c) high carbon steel)
(4) Cylinder block for automobile engine ((a) carbon steel, (b) white cast iron, (c) gray cast iron)
(5) A 800 mm long leaf spring ((a) mid carbon steel, (b) high

carbon steel, (c) ductile cast iron)

7.20 Calculate the CE value of a steel with 0.24%C, 0.35%Si, and 1.40%Mn. Is this steel suitable for welding ?

7.21 (1) When constructing a chemical tank that needs tensile strength above 800 MPa, what type of stainless steel should be selected ?
(2) How about when making a shear cutter that works in corrosive environments ?

7.22 Select a suitable material for water turbine runner from the following candidates, SCM 435, SC 450 and FC 200. Tell the reasons.

7.23 Why tool steels has high carbon content ? What are the purposes of adding the alloying elements, Cr, Mo, W and Co to these steels.

7.24 A 40 mm thick cast iron has 2.7% C and 1.9% Si. Estimate the micro structure with Fig.7-27. What is the microstructure when the carbon is decreased to 2.2% C ? What with 3.2 % C and 2.8% Si ?

7.25 A machine member intended to be of spheroidal graphite cast iron showed a pearlite-cementite eutectic microstructure. Discuss the reasons.

第8章　非鉄金属材料

アルミニウム合金，銅合金，チタン合金などの**非鉄金属材料**（Nonferrous alloys）も，機械の構造体の材料として広く用いられる。それらは主として，軽量，耐食・耐熱性，加工性，熱・電気伝導性など，鉄鋼材料では得られない特性を利用するものである。本章ではこれらの構造用非鉄合金のおもなものについて，その特性と応用に関する基本的な考え方を述べる。

8.1 アルミニウム合金

8.1.1 アルミニウム合金の特性と分類

(1) 比強度，比弾性率

　　アルミニウム合金（aluminum alloys）は鉄鋼に次いで多量に使用される**構造用金属材料**である。まず，その密度が2.7〜2.8g/cm³で，鉄の約$\frac{1}{3}$という軽量のため，航空機，自動車など，軽量化が要求される機器構造物用として用いられる。加えて，耐食性，熱および電気伝導性，加工性等の特性を利用し，精密機械部品から建築用材料まで多方面に応用される。

　　アルミニウム合金の強度は鋼に比べて低い。しかし，引張強さを密度ρで除した値，**比強度**（specific strength）を求めると，次のようになる。

一般アルミニウム合金(5052-O)　　比強度 $= \dfrac{\text{引張強さ} 200\,\text{MPa}}{2.7} = 74 \left(\dfrac{\text{MPa}}{\text{g/cm}^3}\right)^{*}$

高力アルミニウム合金(7075-T6)　　比強度 $= \dfrac{\text{引張強さ} 580\,\text{MPa}}{2.8} = 207\ (\text{〃})$

一般構造用鋼(SS400)　　　　　　　比強度 $= \dfrac{\text{引張強さ} 400\,\text{MPa}}{7.8} = 51\ (\text{〃})$

高張力鋼(100キロハイテン)　　　　比強度 $= \dfrac{\text{引張強さ} 1000\,\text{MPa}}{7.8} = 128\ (\text{〃})$

$*\quad \dfrac{\text{MPa}}{\text{g/cm}^3} = \dfrac{10^3 \text{N}\cdot\text{m}}{\text{kg}},\quad \dfrac{\text{GPa}}{\text{g/cm}^3} = \dfrac{10^6 \text{N}\cdot\text{m}}{\text{kg}}$

比強度は，同じ荷重を負担するに必要な部材の重量の指標であり，この観点で比較すれば，アルミニウムの方が優れているということができる。

アルミニウムは鋼に比して弾性率も小さい。すなわち剛性においても劣るけれども，同様にして**比弾性率**（比剛性，specific modulus）$=\dfrac{\text{たて弾性係数}}{\text{密度}}$ によって比較すれば，次のようになり，鋼と大きな差がない。

アルミニウム（5052） 　　比弾性率 $= \dfrac{71\,\text{GPa}}{2.7} = 26\dfrac{\text{GPa}}{\text{g/cm}^3}$

鋼（SS400） 　　比弾性率 $= \dfrac{206\,\text{GPa}}{7.8} = 26\dfrac{\text{GPa}}{\text{g/cm}^3}$

価格もまた，単位重量（質量）当たりで比較すれば，アルミニウムの方が鋼の約10～15倍（薄板材での比較）となるが，単位体積当たりの価格では3～5倍程度ということになる。

(2) アルミニウム合金の分類と強化法

アルミニウム合金は次のように分類することができる。

(a) 合金の有無により，工業用純アルミニウムとアルミニウム合金
(b) 加工法により，鍛練加工用アルミニウム合金と鋳造用アルミニウム合金
(c) 強化法，熱処理法により，熱処理強化型と非熱処理型

アルミニウムは面心立方晶（FCC）の軟らかい金属であり，塑性変形が容易で加工性が良い。しかしこれは低強度であることを意味する。構造材料としては，いかにして強度増加を図るかが問題である。基本的な金属の強化法については5.12節（材料の強化方法）にて述べた。非熱処理型アルミニウム合金は，この内，合金成分の固溶による固溶強化，鍛練・圧延による加工硬化，ならびに硬い析出物の分散による分散強化を利用して強度増加を図るものである。これに対して熱処理強化型アルミニウム合金は，状態図の固溶限度線の傾きを利用して溶体化処理，時効硬化によって強度を増加させるものである。

アルミニウム合金への添加元素として最も一般的なものはCu，Mg，Si

およびMnである。これら元素とAlの2元系状態図を**図8-1**(1)〜(4)に示した。これらは合金化の効果の判断の基礎となる。また，アルミニウム合金では，熱処理および加工の状態によって強度および耐食性などの特性が著しく

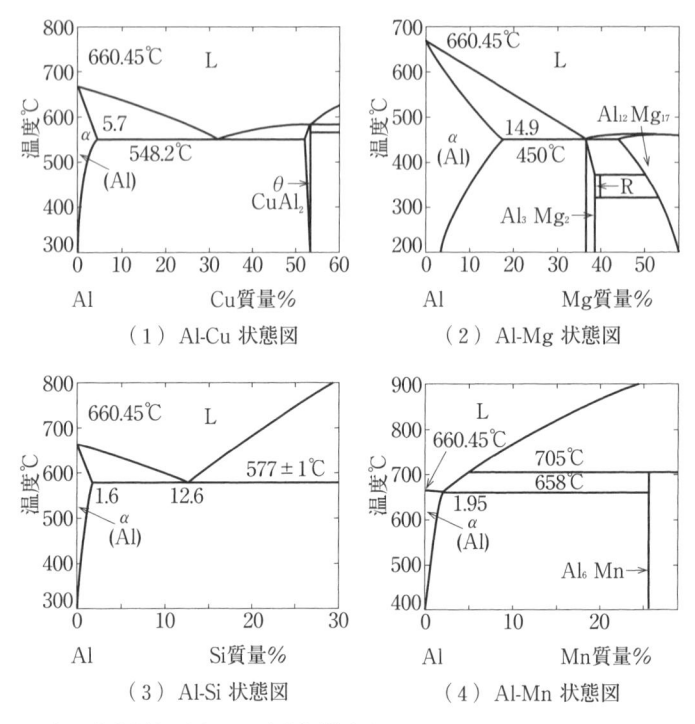

（1）Al-Cu 状態図
（2）Al-Mg 状態図
（3）Al-Si 状態図
（4）Al-Mn 状態図

図8-1　Alとおもな添加元素の2元系状態図（ASM:Metals handbook,10th Ed.,Vol.3(1992)）

異なる。このため，**表8-1**のような記号を付してその状態を区別する。

本節では，非熱処理型鍛錬用（8.1.2），熱処理型鍛錬用（8.1.3），および鋳造用（8.1.4）の3つに分類して述べる。

8.1.2　非熱処理強化型鍛錬用アルミニウム合金
(1) 工業用純アルミニウム

　　工業用純アルミニウムは純度99％以上で，冷間加工した板，棒，管等の形で市販される。**記号1*****と表記されるものがこれに相当する。耐食性が良く，建築材料，強度をあまり要しない化学装置・食品容器等に広く

表8-1 アルミニウム合金の熱処理および加工状態の記号 (JIS H0001-1988, 抜粋)

```
F：製造（鋳造，鍛造）のまま
O：焼なまし，再結晶
H：冷間加工
  HX9：HX8を10MPa以上超えるもの
  HX8：通常の加工で得られる最大引張強さのもの    HX7：引張強さがHX8とHX6の中間
  HX6：引張強さがHX8とHX4の中間              HX5：引張強さがHX4とHX6の中間
  HX4：引張強さがOとHX8の中間                HX3：引張強さがHX4とHX2の中間
  HX2：引張強さがOとHX4の中間                HX1：引張強さがOとHX2の中間
   Xは基本的な処理の状態，1：加工硬化のみ，2：加工硬化後軟化熱処理，
   3：加工硬化後安定化処理，4：加工硬化後塗装
W：溶体化処理
T：溶体化処理後，時効硬化
  T1：製造後自然時効                        T2：製造後冷間加工，自然時効，
  T3：溶体化処理後加工，自然時効              T4：溶体化処理，自然時効
  T5：製造後人工時効                        T6：溶体化処理，人工時効
  T7：溶体化処理，過時効により安定化          T8：溶体化処理，冷間加工，人工時効，
  T9：溶体化処理，人工時効後冷間加工          T10：製造後冷間加工，人工時効
```

(他は JIS H0001参照)

用いられる。高純度アルミニウムは耐食性を上げるために純度を99.9％以上としたものである。

アルミニウムに少量の不純物あるいは合金元素が加わると強度が増加するが，耐食性が著しく低下する。アルミニウムの表面に，陽極酸化により薄いAl_2O_3の皮膜を作り，耐食性を向上させる方法を**アルマイト加工**という。

純アルミニウムは加工によって強度を増加させる。1100材は焼なまし（O）状態で引張強さ90MPaであるけれども，厚さで約$\frac{1}{4}$まで冷間加工したHX8の状態では引張強さが170MPaまで増加する。加工強化したアルミニウムは，アルミ箔，電気機器，コンデンサ箔等に用いられる。

(2) **Al-Mn合金**　1～2％のMnを含む耐食アルミ合金で，**記号3＊＊＊**で表される。加工硬化により引張強さ190MPaで3％以上の伸びが得られる。耐食性とともに，強度，溶接性が要求される用途，食品用タンク・容器，飲料缶，車両の構造体等に用いられる。

(3) Al-Mg合金 2〜8%のMgを含む耐食アルミ合金で，**記号5***で表さ**れる。3***よりもさらに高強度が得られる。5056材ではHX6の状態で250MPaの引張強さ，18%以上の伸びが得られる。海洋，船舶関係，航空機および車両，低温タンク等に用いられる。

アルミニウム合金はまた，その熱および電気伝導性を利用し，熱交換器，伝熱管，電線等の用途にも用いられる。非熱処理型鍛錬用アルミニウム合金の代表的な例について，おもな化学成分と機械的性質，用途を**表8-2 (1)** に示した。

表8-2(1)　鍛錬用アルミニウム合金の例－非熱処理型（JIS H4000-1982, H4140-1982, 抜粋）

合金系	合金番号	おもな合金成分 %	質別	引張強さ MPa	耐力 MPa	伸び %	用途，その他
工業用純アルミ	1100	Al>99 (99.5)	O	90	34	40	加工性,耐食性,溶接性
			H18	165	150	10	容器,パイプ,熱交換機
	1199	Al>99.9 (99.99)	O	45	10	50	
			H18	120	113	5	コンデンサ箔,光反射用コーティング
Al-Mn合金	3003	1.2Mn	O	110	42	35	加工性,耐食性,高強度
			H18	200	190	7	食品加工,容器,パイプ
	3004	1.2Mn, 1.0Mg	O	180	69	20〜25	加工性,高強度
			H38	285	250	4〜6	缶,化学容器
Al-Mg合金	5052	2.5Mg, 0.25Cr	O	195	90	27	加工性,耐食性,溶接性
			H38	290	255	7	航空機用パイプ,舶用,車両
	5056	5.0Mg, 0.1Mn, 0.1Cr	O	290	154	35	耐食性
			H38	420	350	15	ワイヤー,ケーブル被覆材

8.1.3　熱処理強化型鍛錬用アルミニウム合金

一方，熱処理型鍛錬用アルミニウム合金には次のようなものがある。またこれらを**表8-2 (2)** に示した。

(1) Al-Cu 合金　4〜5%のCuを含む合金で**記号2***で表される**。強化要素は$CuAl_2$であり，時効硬化により強化される**高力アルミニウム合金**である。これに0.6〜1.5%のMgを含むものは**ジュラルミン**と呼ばれ，2017が標準であった。現在はMgを多くした2024（**超ジュラルミン**）など，T6状態で450MPa以上の引張強さ，15〜20%の伸びを示すものが用いられている。航空機の構造体，車両，強力リベットなどが主な用途である。$Al_5Cu_2Mg_2$等が硬化要素である。

表8-2(2)　鍛錬用アルミニウム合金の例−熱処理型（JIS H4000-1982, H4140-1982, 抜粋）

合金系	合金番号	おもな合金成分 %	質別	引張強さ MPa	耐力 MPa	伸び %	用途, その他
Al-Cu合金	2017	4.0Cu, 0.6Mg, 0.5Si	O	180	70	22	高強度,切削加工性
			T4	427	275	22	一般建築物,車両,リベット
Al-Cu-Mg合金	2024	4.4Cu, 1.5Mg, 0.6Mn	O	190	77	20	航空機機体,リベット
			T4	470	330	20	トラック車両,一般構造用
			T361*	495	395	13	
	2025	4.5Cu, 0.8Mn	T6	390	230	20	同上
Al-Cu-Ni-Mg合金	2218	4Cu, 2Ni, 1.5Mg	T61*2	407	303	13	耐熱,鍛造用
							航空エンジンピストン,シリンダヘッド
Al-Cu-Mn合金	2219	6Cu, 0.3Mn, 0.2Zr	T61	415	290	10	ジェットエンジンインペラ
							超音速機機体,宇宙ロケット
Al-Si-Cu-Mg-Ni合金	4032	12Si, 1Cu, 1Mg, 1Ni	T6	380	315	9	低熱膨張,耐熱用,ピストン
Al-Mg-Si合金	6061	1.0Mg, 0.6Si, 0.3Cu 0.2Cr	O	126	56	27	強度,耐食性,溶接性
			T6	310	280	15	パイプライン,塔,車両
	6066	1.1Mg, 1.4Si, 1.0Cu 0.8Mn	O	150	83	18	鍛造または引抜き後の溶接部材
			T6	395	359	12	
Al-Mg-Zn合金	7075	2.5Mg, 5.6Zn, 1.2Cu	O	266	105	17	高強度,高耐食性
			T6	580	510	11	航空機機体および部品,スポーツ用品

(* T361:T3を6%冷間加工,自然時効　　*2 T61:温水焼入により溶体化,人工時効)

(2) Al-Mg-Si 合金　0.5〜1%のMg, 0.2〜1%のSiを含む合金で, **記号6*****で示される。強化要素はMg$_2$Siである。6061ではT6状態で300 MPaの引張強さが得られる。強度と耐食性, 溶接性が要求される車両, 塔, 建築材, パイプライン等の用途に用いられる。

(3) Al-Mg-Zn 合金　2〜3%のMgに5〜6%のZn, 1〜2%のCuを添加した合金。硬化要素はMgZn$_2$である。**記号7*****で表され, 7075が代表的なものである。T6処理により, 引張強さ540 MPa, 耐力470 MPa, 伸び7%以上となり, アルミニウム合金中で最高の室温強度が実現される。**超々ジュラルミン**として航空宇宙用材料からスポーツ用品まで広く利用されている。

(4) 耐熱アルミニウム合金　アルミニウム合金のひとつの欠点は高温強度が低いことである。これは, 融点が低く, 再結晶温度も150℃程度であることによる。図8-2は温度による耐力の低下状況である。1100-HX8材の強度は200℃で室温の$\frac{1}{5}$以下になる。7075T6は室温での強度は高いけれども, 150℃以上の温度では強度が著しく低下する。Al-Cu-Ni-Mg 系合金

は特に耐熱性向上を図ったアルミニウム合金で, **表8-2 (2)** の2218がこれに相当する。4%のCu, 1.5%のMg に2%のNiを添加したものである。Al-Cu-Mn系の2219は高温での強度がさらに優れている。内燃機関のピストン, 航空エンジンのシリンダヘッド, ジェットエンジンのインペラなど, 高温で高強度を要求される用途に使われる。

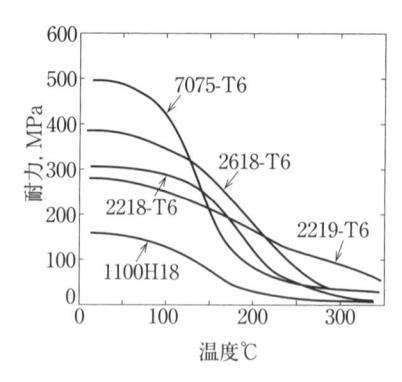

図8-2　アルミニウム合金の最高強度（耐力）

Al-Si-Cu系（**記号4***）の4032はSi 12%にCu, Mg, Niを各1%添加した耐熱, 高強度アルミニウム合金である。熱膨張係数が純Al (24×10^{-6}/K) の約$\frac{1}{2}$（最小12×10^{-6}/K）であり, **ローエックス**（Lo-Ex）と呼ばれる。次項鋳造用アルミニウム合金のAC8Aに相当し, ピストン用の合金として用いられる。

8.1.4　鋳造用アルミニウム合金

アルミニウム合金は, 融解潜熱が大きい, 溶湯の酸化, ガス吸蔵が激しい等の理由で, 鋳鉄や銅合金よりも鋳造が難しい。鋳造法としては砂型による重力鋳造（普通の鋳造）のほか, 金型を用い, 圧力をかけて鋳造する**ダイカスト（ダイキャスト）法**が, 自動車部品等の製造に広く行われる。非熱処理型および熱処理強化型のいずれの合金も鋳造用として用いられる。**表8-3**は鋳造用アルミニウム合金の例である。

(1) Al-Si合金　図8-1 (3) の状態図より, 12%SiのAl合金は共晶組成を持つ。この組成の合金は融点が低く, 流動性が良いため, 鋳造に適する。AC3A（ASTM 413.0）で表されるものがこれに相当する。**シルミン**と呼ばれ, 良好な鋳造性から, 複雑形状の薄肉鋳物に用いられる。

シルミンは鋳造のままで用いられるが, 徐冷の場合には粗大なSi相が

表8-3 鋳造用アルミニウム合金の例(JIS H5202-1990, 抜粋, ( ):対応ASTM記号)

合金系	記号	おもな合金成分 %	質別 鋳造法	引張強さ MPa	耐力 MPa	伸び %	用途, その他
非時効系 Al-Si合金 (シルミン)	AC3A (413.0)	12Si	F	295	145	2.5	薄肉,複雑形状鋳物 耐性,耐圧性
	(443.0)	5.2Si	砂型	130	55	8	複雑形状で高強度
			ダイカスト	230	110	9	耐食,耐圧性
Al-Mg合金 (ヒドロナリウム)	AC7A (514.0)	4Mg	F	172	83	9	耐食性 食品工業,建材
	AC7B (520.0)	10Mg, 0.25Cu	T4	331	150	12	高強度,耐食性 航空機,車両
時効硬化系 Al-Cu合金	AC1A (295.0)	4.5Cu, 1Si	F	160	80	8	強度と加工性
			T6	250	165	5	クランクケース,ハウジング
Al-Cu-Ni-Mg合金 (Y合金)	AC5A (242.0)	4Cu, 2Ni, 1.5Mg	T6	320	290	0.5	耐熱性,高強度 ピストン
Al-Si-Mg合金 (ガンマシルミン)	AC4A	9Si, 0.6Mg	T6	250	180	2	耐熱性 クランクケース,シリンダブロック
Al-Si-Cu合金 (含銅シルミン)	AC4B (333.0)	9Si, 3Cu	T6	290	207	1.5	同上
Al-Si-Cu合金 (ラウタル)	AC2B (319.0)	6Si, 3Cu	T6	248	165	2	溶接性,鍛造性 ポンプケーシング シリンダブロック,クランクケース
Al-Si-Cu-Mg-Ni合金 (ローエックス)	AC8A (332.0)	12Si, 1Cu, 1Mg, 1Ni	T6	280	200	1.5	耐熱,高強度,低熱膨張 ピストン

晶出し,強度が低下する。これを改善するために約0.1%のNaを添加し,図8-3のように共晶点を高Si側,低温側に移動させ,組織を微細化することが行われる。これを**改良処理**という。

ASTM443.0は亜共晶合金の例である。強度はやや低いが耐食性に富む。ダイカストにより薄肉の鋳造品とすることができる。アルミ合金は鋳造法によって組織,強度が大きく異なる。砂型では徐冷のため組織が粗いが,金型ではより細かい組織となり,強度が増す。ダイカストではさらに微細な組織となり,また気泡,引巣等の欠陥が少

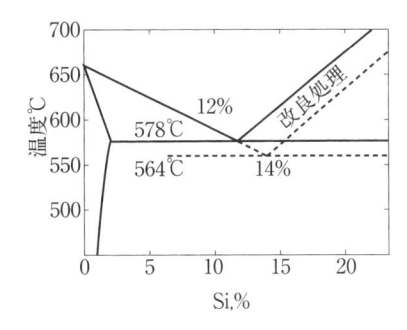

図8-3 シルミンの改良処理

いなどの欠点がある。また，活性金属で酸化しやすく，鋳造，機械加工において発火の危険性があるなど，取り扱い上の困難がある。

　マグネシウム合金は大きく**鍛錬用合金**と**鋳造用合金**に分けられる。加工により強化されるが，その程度はアルミニウム合金よりも小さい。熱処理による強化も用いられる。主として添加される合金元素はAl，Zn，Si，Mn，Sn等である。これらの元素の2元系状態図を**図8-4**に示した。また，おもなマグネシウム合金の例を**表8-4**，および**表8-5**に示した。

表8-4　鍛錬用マグネシウム合金の例（JIS H4201-1998，抜粋，(　)：対応ASTM記号）

合金系	記号	おもな合金成分 %	質別	引張強さ MPa	耐力 MPa	伸び %	用途, その他
Mg-Al合金	M*1 (AZ31)	3Al,1Zn,0.2Mn	O	>210	>105	9	航空機,自動車,バイク, 自転車
			H14	>250	>160	6	
Mg-Zn合金	M*4	1Zn,0.5Zr	H12	>230	>130	8	
	M*5	3Zn,0.5Zr	H12	>250	>150	8	

（※：板P, 管T, 棒B, 型材S）

表8-5　鋳造用マグネシウム合金の例（JIS H5203-1992，抜粋，(　)：対応ASTM記号）

合金系	記号	おもな合金成分 %	質別	引張強さ MPa	耐力 MPa	伸び %	用途, その他
Mg-Al合金 (エレクトロン合金)	MC1 (AZ63)	6Al,3Zn	F	197	94	4.5	強度とじん性,単純形状の鋳物
			T4	254	94	10	一般鋳物
	MC2 (AZ91)	8Al,1Zn	F	230	150	3	耐圧用
			T4	275	90	15	クランクケース,ミッションケース
	MC5 (AM100A)	10Al	T6	280	154	1	高強度,高じん性 エンジン部品
Mg-Zn合金	MC7 (ZK61)	6Zn,0.5～1Zr	T6	315	196	10	高強度鋳物用 インレットハウジング
	MC8 (EZ33A)	3.2Zn,0.5～1Zr	T5	160	110	3	耐熱用,溶接用 エンジン部品
	MC10 (ZE41A)	3.5～5Zn,0.75～1.75RE, 0.6～1Zr,Mn,Cu	T5	210	140	3.5	耐圧,耐熱用 ハウジング
Mg-RE合金 (耐熱Mg)	MC9 (QE22A)	2～2.5RE,2～3Ag, 0.4～1Zr RE:Nd,Pr	T6	263	208		高温強度,耐熱性 じん性,鋳造性

8.2.2　鍛錬用マグネシウム合金

（1）Mg-Al系合金　3～7%のAl，1%のZnを添加したもので，JIS M*1（＊は，板-P，棒-B，型材-S等）（ASTM AZ231等）がこれに相当する。状態図の形状から時効硬化性であるが，冷間加工で強化する。航空機，自動車，自転車，バイクの部品等に用いられる。

(2) Mg-Zn-Zr系合金 1〜3％のZnに，0.5％のZrを添加したもの。JIS M＊4，M＊5。これらは時効硬化型である。

8.2.3 鋳物用マグネシウム合金
鋳物用マグネシウム合金もMg-Al系およびMg-Zn系に分けられ，これに稀土類添加の耐熱Mgが加えられる。

(1) Mg-Al系合金 6〜9％のAlに1〜3％のZn，わずかのMnを加えたもので，JIS MC1〜5（ASTM AZ63, AZ91等）がこれに相当する。Znが多いと鋳造性が悪化する。熱処理強化型で，MC5はT6処理で280 MPaの引張強さが実現される。

(2) Mg-Zn系合金 3〜6％のZnに0.5〜1％のZrを加えたものである。MC7（ZK61）はT6処理で315 MPaの強度に達し，高力鋳物として自動車，バイクのエンジン部品に用いられる。MC10は耐熱鋳物として用いられる。

(3) 耐熱Mg鋳物 表8-5のMC9（QE22A）は2〜3％のAgにわずかの**稀土類**（ネオジウムNd，プラセオジウムPr等）を添加したもので，耐熱用として用いられる。

8.2.4 ベリリウム合金

ベリリウムも密度1.85g/cm^{3}で，アルミニウムより軽量である。弾性率が

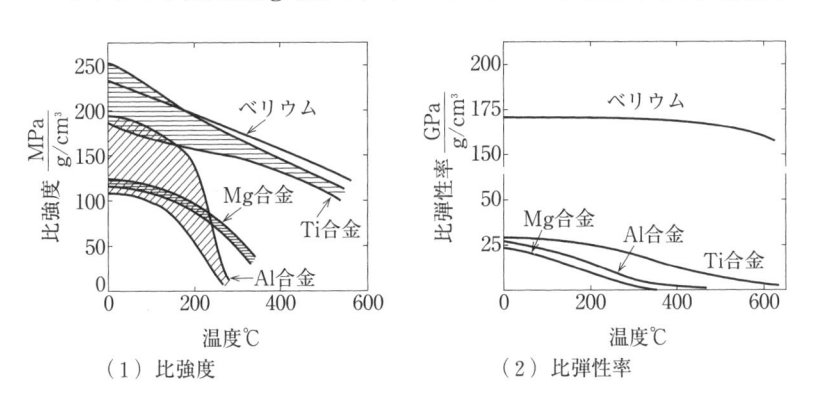

(1) 比強度　　　　　　　　　(2) 比弾性率

図8-5　非鉄合金の比強度および比弾性率
(D.R.Askeland:Sciene and Engineering of Materials(1994),p395,Fig,13-9)

300～310 GPaで，鋼より大きい。したがって，比弾性率 $\left(約160\ \dfrac{\text{GPa}}{\text{g/cm}^3}\right)$ は金属材料中で最大である。**図8-5**は各種非鉄合金の比強度，比弾性率の比較である。ベリリウム合金が，特に航空宇宙機器用材料として卓越した性能を有していることがわかる。しかし，六方晶系で延性が低く，加工性が悪い。酸化性が激しく，毒性のあるBeOに変化しやすい，真空中での鋳造，鍛造が必要であるなど，その取り扱いに困難がある。また，現在では価格が高価である。

8.2.5 リチウム合金 リチウムは密度が0.53g/cm^{3}で，水よりも軽い。活性が強く，単独の金属材料としては利用が難しいが，他の軽合金への添加によって，合金の密度を効果的に下げることが可能である。

8.3 銅合金

8.3.1 銅合金の特性と分類 銅合金の一種である青銅，黄銅は，歴史上，主要な構造材料として用いられた時代があった。鉄鋼に比べて融点が低く，精錬，溶解，鋳造が容易であり，また塑性加工性も優れている。しかし，鉄鋼より強度，硬さが低く，また密度が大きい（$\rho = 8.5 \sim 8.9\,\text{g/cm}^3$）から重い。現在，銅合金は主として耐食性および装飾性，電気および熱伝導性，鋳造および溶接・接合を含む加工性，および摩擦特性を利用した用途に用いられる。

銅は面心立方晶（FCC）の金属であり，軟らかい。したがって強度の増加を図る必要がある。結晶粒微細化のほか，アルミニウムの場合と同じく固溶強化，分散強化，加工硬化，時効硬化のいずれもが用いられる。銅合金への主要な添加元素はZn，Sn，Al，Si，Ni，Be等である。代表的な**2元合金状態図を図8-6**（1）～（4）に示した。

アルミニウム合金の場合と同じく，銅合金もまた次のように分類できる。
(1) 加工法によって，鍛錬用銅合金，鋳造用銅合金
(2) 強化方法によって，熱処理硬化型銅合金，非熱処理型銅合金

銅合金の強度，材質は加工の程度および熱処理状態によって大きく異な

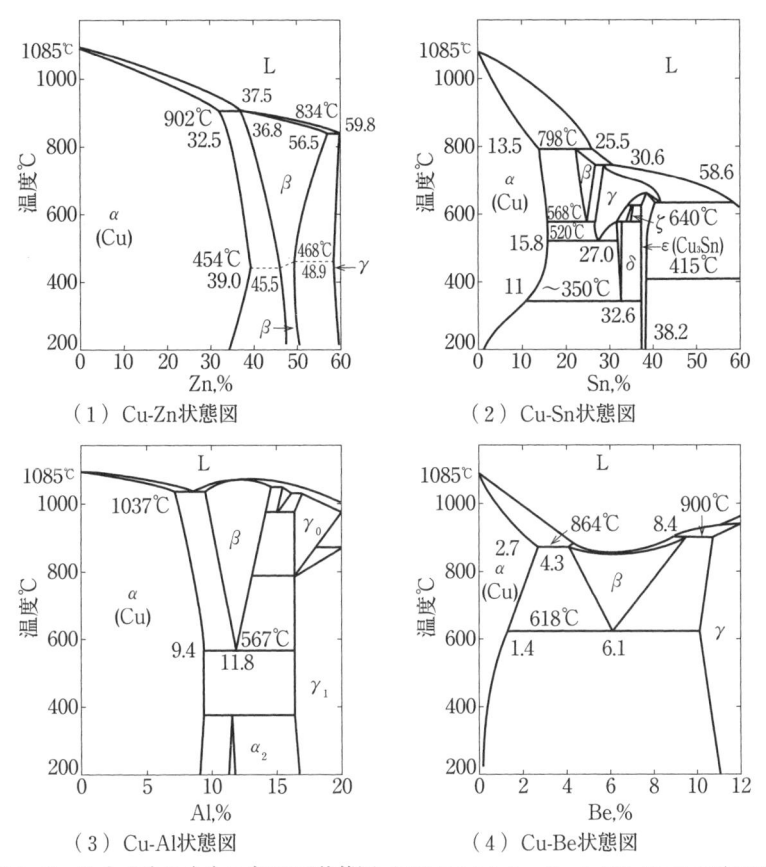

図8-6 Cuとおもな合金元素の2元状態図（ASM:Metals handbook,10th Ed.,Vol.3 (1992)）

る。表8-6はそれらを表す記号である。また図8-7は黄銅の場合の冷間加工による強度の変化である。

表8-7および表8-8はJISおよびASTMに定められた鍛錬用および鋳造用の銅合金の例である。ここでは合金系，すなわち純銅（8.3.2），黄銅系（Cu-Zn）（8.3.3），青銅系（Cu-Sn）（8.3.4），およびその他の銅合金（8.3.5）の分類によって記述する。

8.3.2 工業用純銅

純銅は良好な導電性により，主として電線およびスイッチ等の電気部品と

表8-6 銅の加工硬化記号, 熱処理記号 (JIS H0500-1986, 抜粋)

F：製造のまま，O：焼なまし，SR：ひずみ取り焼なまし，H：加工硬化（次の別がある） SH（スプリング硬質）：引張強さが最大の加工硬化，EH（超硬質）：SHとHの中間 H（硬質）：EHと3/4Hの中間　　　3/4H（3/4硬質）：Hと1/2Hの中間 1/2H：1/4Hと3/4Hの中間　　　1/4H：1/8Hと1/2Hの中間 1/4H：1/2HとO（焼なまし）の中間
ASTMではさらに，超スプリング硬質，特別スプリング硬質，超特別スプリング硬質がある。熱処理状態については次の記号が用いられる。
HR：加工硬化, 応力除去　　　　　HT：冷間加工後熱処理 M：鋳造, 熱間鍛造による成形のまま　TB：溶体化処理 TD：溶体化処理後冷間加工　　　　TF：溶体化処理後析出硬化 TH：冷間加工後析出硬化　　　　　TM：圧延硬化 TQ：焼入硬化　　　　　　　　　　TR：析出硬化, 冷間加工, 熱応力除去

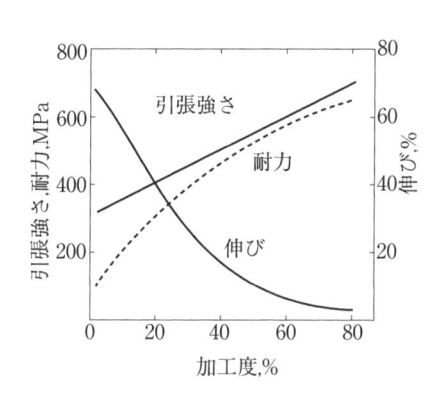

図8-7 黄銅における冷間加工と強度変化の例

して用いられる。**タフピッチ銅**（tough pitch copper），**燐脱酸銅**（phosphorous deoxidized copper）および**無酸素銅**（oxygen-free copper）の3種類に大別される。

(1) **タフピッチ銅**（C1100）　最も一般的な工業用純銅で，純度99.9％以上である。0.04％程度の酸素を含み，電気伝導性が良い（$1.78 \times 10^{-8} \Omega \cdot m$，20℃）。電気材料用の他，ガスケット，建材用にも用いられる。

(2) **燐脱酸銅**（C1220）　タフピッチ銅の酸素は電気伝導性には寄与するが，水素病と呼ばれる高温での割れの原因となり，溶接，高温での加工を困難

表8-7 鍛錬用銅合金の例（JIS H3100-1986, H3110-1986, H3270-1986, 抜粋）

合金系	合金番号	おもな合金成分 %	質別	引張強さ MPa	耐力 MPa	伸び %	用途, その他
純銅 無酸素銅	C1020	99.99Cu	O	220	69	45	電気用,化学工業用
			SH	380	345	4	
タフピッチ銅	C1100	99.95Cu,0.04O	O	220	69	45	電線,電気部品,ガスケット
			SH	380	345	4	
りん脱酸銅	C1220	99.9Cu,0.02P	O	220	75	45	展延性,溶接性,加工性
			SH	380	345	4	熱交換器,建築,化学工業用
丹銅	C2100	95Cu,5Zn	O	240	76	45	加工性,耐食性
			SH	385	340	5	装飾用,コイン,メダル
	C2300	85Cu,15Zn	O	275	83	47	熱交換器,コンデンサ
			SH	580	435	3	装飾用,口紅容器
黄銅 七三黄銅	C2600	70Cu,30Zn	O	340	115	57	ラジエータ,鍵,スプリング
			SH	650	—	3	ポンプ
65-35黄銅	C2680	65Cu,35Zn	O	340	115	57	ラジエータ,台所用品
			SH	625	425	3	配管金具
四六黄銅	C2801	60Cu,40Zn	O	370	145	45	熱交換器,バルブ
			1/4H	485	345	10	装飾用
快削黄銅 (鉛黄銅)	C3560	63Cu,34Zn,3Pb	O	340	115	54	加工性良
			EH	585	425	5	ギヤ,ナット,ねじ,棒
りん青銅	C5102	94.8Cu,5Sn,0.2P	O	340	140	58	クラッチ板,コッターピン
			SH	690	—	4	スプリング,スリーブ,化学装置
	C5212	91.8Cu,8Sn,0.2P	O	400	165	65	橋のベアリング,クラッチ板
			SH	770	—	3	スリーブ,スプリング
アルミ青銅	C6140	92Cu,8Al	O	480	205	65	軸,ボルト,ポンプ
			H	550	380	25	
	C6301	80Cu,10Al,5Ni,5Fe	H	652	320	34	耐塩水性,ポンプ,ボルト,軸 コンデンサ,歯車
シリコン青銅	ASTM C65500	97Cu,3Si	O	415	170	55	航空機用配管,化学機器
			EH	745	415	13	船舶プロペラシャフト
キュプロニッケル (白銅)	C7060	90Cu,10Ni	O	358	98	35	コンデンサ,熱交換器
			SH	565	540	3	塩水用パイプ
	C7150	70Cu,30Ni	O	380	125	36	高耐食性
			SH	580	545	3	
洋白	C7541	62Cu,15Ni,23Zn	O	365	140	43	美しい光沢,耐食性
			EH	655	525	3	装飾品,食器,医療,光学機器
ベリリウム銅	C1720	98Cu,2Be	(TB00)[*]	580	340	35〜60	高強度,高弾性,疲労強度
			(TH04)[*2]	1300	1200	1〜4	クリープ強度,加工性 スプリング,フレキシブルホース 電気部品

（[*] TB00:溶体化処理後1/8H　[*2] TH04:溶体化処理,硬質冷間加工後析出硬化）

にする。P（燐）により酸素を0.01％以下まで下げた燐脱酸銅は安価で加工性，溶接性に優れ，機械用に適する。0.02％程度のPが残留するために，電気伝導性はやや落ちる（1.8〜1.85×10^{-8}Ω・m, 20℃)。

表8-8 鋳造用銅合金の例(JIS H5120-1997, 抜粋, Metals Handbook 10th. ed. Vol.2, ( ):対応ASTM記号)

合金系	記号	おもな合金成分 %	質別	引張強さ MPa	耐力 MPa	伸び %	用途,その他
純銅	CAC101	99.5Cu		>175		35	羽口,冷却板
	CAC103	99.9Cu		>135		40	転炉用ランス,電気部品
黄銅系							
丹銅	CAC201	85Cu,15Zn		>145		>25	装飾品,電気部品
七三黄銅	CAC202	70Cu,30Zn		>195		>20	電気部品,機械部品
四六黄銅	CAC203 (C86400)	60Cu,40Zn (旧YBsC)		>245		>20	給排水金具,建築用金具
高力黄銅	CAC301 (C86500)	58Cu,39Zn,1Fe,1Al,0.5Mn (旧HBsC1)	焼鈍	490	195	>30	高強度,耐食性,船舶用プロペラ
マンガン青銅	CAC303 (C86100)	64Cu,25Zn,3Fe,4Al,4Mn (旧HBsC3)	焼鈍	655	330	>20	舶用鋳物,歯車 ブッシュ,ベアリング
青銅 (砲金)	CAC402 (C90300)	88Cu,8Sn,4Zn (旧BC2)	砂型	310	145	30	耐食性,耐圧性 軸受,ポンプ羽根車
	CAC403 (C90500)	88Cu,10Sn,2Zn (旧BC3)	砂型	310	150	25	バルブ,歯車 (耐食性>402)
	CAC407 (C92200)	88Cu,6Sn,4Zn,2Pb (旧BC7)	砂型	275	140	30	(鋳造性>402,403)
りん青銅	CAC502	89.8Cu,10Sn,0.2P		>195	>120	>5	耐食性,耐摩耗性,歯車,スリーブ
	CAC503	84.8Cu,15Sn,0.2P		>265	>145	>3	高硬さ,耐摩耗性,歯車,スリーブ
鉛青銅	CAC603 (C93700)	80Cu,10Sn,10Pb (旧LBC3)	砂型 遠心	240	125	20	耐圧,耐摩耗性 大型エンジン軸受
	CAC605 (C94500)	73Cu,7Sn,20Pb (旧LBC5)	砂型	170	83	12	なじみ性,耐焼付性 エンジン用軸受
アルミニウム青銅 Cu-Al-Fe	CAC701 (C95200)	88Cu,9Al,2Fe,1Mn,1Ni (旧AlBC1)	砂型 遠心	550	185	35	高強度,高じん性,耐食,耐熱 耐酸ポンプ,軸受 バルブシート,歯車
Cu-Al-Mn	CAC704 (C95700)	75Cu,8Al,12Mn,3Fe,2Ni (旧AlBC4)	砂型 遠心	620	275	20	単純形状の大型鋳物 舶用プロペラ,スリーブ 化学用機器
シルジン青銅 (シリコン青銅)	CAC801	86Cu,10Zn,4Si	砂型	>345		>25	湯流れ,高強度,耐食性 軸受,歯車,舶用ぎ装品
	CAC803 (C87500) (C87800)	82Cu,14Zn,4Si	砂型 ダイカスト	460 585	205 310	21 25	耐食鋳物,舶用ぎ装品 ポンプ羽根車
ベリリウム銅	(C82500)	97Cu,2Be,1Co	F T6 砂型 ダイカスト	515 1105	275 1035	25 1	鋳造性,高強度 航空宇宙用機器,事務機器

(3) 無酸素銅(C1020) 真空溶解と炭素還元によって酸素を除去し,純度99.96%以上にしたものである。電気伝導性がタフピッチ銅よりも約5%優れている(1.71×10^{-8}Ω・m,20℃)。導波管などの電気機器に用いられる。

(4) 鋳物用純銅(CAC101〜103) 熱および電気伝導性が良く,転炉用ラ

ンス，羽口，冷却板等，伝熱性能を要求される機械鋳物，および電気部品用鋳物に用いられる。

8.3.3 黄銅

銅と亜鉛Znの合金が**黄銅**（brass）である。状態図によれば，Zn35％以下ではα相1相であり，これ以上ではα，βの2相になる。β相は硬くてもろい。したがって，Znが35％をこえると硬さが急激に増加し，伸びが低下する。引張強さはZn40％付近で最大，伸びはZn30％付近で最大になる。これを**図8-8**に示した。また**図8-7**，**表8-7**に示すように，冷間加工によって降伏点，引張強さが著しく増加し，一方，伸びは減少する。黄銅系の銅合金は次のように分類できる。

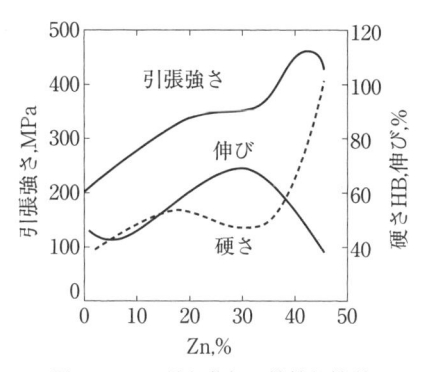

図8-8 Zn量と黄銅の機械的性質

(1) **丹銅**（C2100等）　Zn20％以下。加工性，耐食性に優れ，また熱および電気伝導性が良い。熱交換器，コンデンサ等に用いられる。色調が黄金色で，装飾用，化粧品容器等に用いられる。鋳物（CAC201）も装飾用，電気部品等に用いられる。

(2) **七-三黄銅**（C2600）　Zn30％。塑性加工に適する。ラジエータ，シリンダライナ，リベット，スプリング，自動車部品等の機械部品，電気部品に用いられる。鋳造品はCAC202で，砂型および遠心鋳造によって製造される。

(3) **65-35黄銅**（C2680）　Zn35％。最も強じんで，硬さも高い。ラジエータ，タンク，ファスナー，チェーン，台所用品，配管用金具等に用いられる。

(4) **四-六黄銅**（C2801）　Zn40％。焼なまし状態で最も硬いが，冷間での大きな塑性加工は困難である。加工は熱間で行う。七-三黄銅より安価である。熱交換器，バルブ部品等に用いられる。また**鋳物**（CAC203）は配管金具，建築用として用いられる。

(5) **鉛黄銅，快削黄銅**（C3560等）　四-六黄銅，65-35黄銅に1～3％のPbを添加したもの。切削加工性が良く，精密機械用の歯車，ナット，ねじ，棒等に用いられる。

しかし今日では環境の観点からPbの含有を避ける方向にある。なお，冷間加工のままの黄銅では，内部に残留応力があり，アンモニア雰囲気の下で**時期割れ**（season cracking）という現象が生ずる。応力腐食割れの一種で，粒界割れである。これを避けるため，低温で**応力除去焼なまし**（**表8-6**，SR，HR）を施す。

(6) **高力黄銅鋳物**（CAC301～303，旧記号BsC1～3）　四-六系の黄銅にFe，Al，Mnを1～4％を加えたもので，高強度で，耐食性に優れた鋳物用銅合金である。船舶のプロペラ，舶用の各種鋳物，歯車，ブッシュ等に用いられる。

8.3.4 青銅およびりん青銅

青銅（bronz）はSnを主な合金成分とする銅合金である。銅に比べて鋳造性が良く，強度も優れている。Snが約13％以下では，焼なまし組織はほぼ単一のα相（ε相は少ない）になるが，13％以上，あるいはそれ以下でも偏析により硬い$Cu_{31}Sn_8$化合物であるδ相が生ずる。Sn量と青銅の機械的性質の関係を**図8-9**に示した。鍛錬用および鋳造用青銅の特性および用途は次のようである。

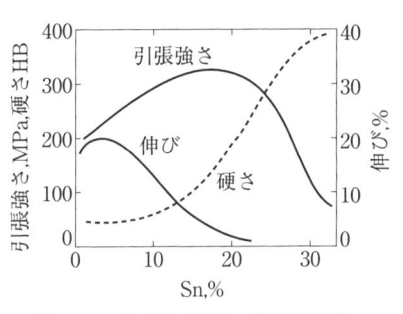

図8-9　Sn量と青銅の機械的性質

(1) **鍛錬用りん青銅**　鍛錬用には青銅にPを添加して脱酸したりん青銅の形で用いられる。Pは強度を増加させるが，伸びを減少させる。C5102，C5212はりん青銅の例で，5～8％のSnに，0.03～0.35％のPが残留している。冷間加工によって強度が著しく（2～3倍）増加し，鋼に匹敵する高強度が得られる。クラッチ板，導電性のスプリング，耐食性と潤滑性を必要とする高強度機械部品として用いられる。

(2) **鋳造用の青銅**（CAC401～407，旧記号BC1～7）　鋳造用の青銅は6～10％のSnに，4％程度のZnを含む。鋳造性と耐食性に優れている。CAC403（旧記号BC3）はその代表で，**砲金**と呼ばれ，軸受，ポンプの羽根車，バルブ等に用いられる。CAC407はこれにPb2％を加えて鋳造性をさらに高めたものである。**りん青銅の鋳物**（CAC502等）も，耐食性，耐摩耗性鋳物として歯車，スリーブ等に用いられる。

8.3.5　その他の銅合金

(1) **アルミ青銅**（C6140等）　約10％のAlを含む銅合金。高強度，高じん性で，特に海水に対する耐食性に優れる。ポンプ，軸，ボルト等に用いられる。Fe，Niを加えたものはさらに強度と耐食性が優れている。同材の鋳物（CAC701）も耐酸性ポンプ等に用いられる。さらに10％程度のMnを加えたマンガンアルミ青銅は，鋳造性は劣るけれども高強度であり，船舶のプロペラ，スリーブなど，単純形状の大形鋳物に用いられる。

(2) **シリコン青銅**　Siを3％含む銅合金。JISには規定がないが，冷間加工により高強度が得られ，航空機用の配管パイプ等に用いられる。

(3) **シルジン青銅**　10～15％のZnと約4％のSiを含む鋳物用銅合金。砂型鋳造の他，ダイカストが可能である。耐食性鋳物として，舶用艤装品，ポンプ羽根車等に用いられる。

(4) **キュプロニッケル**（**白銅**）および**洋白**　これらはCu-Ni系の合金である。Niを10～30％含むキュプロニッケルは耐食性に優れ，熱交換器，コンデンサパイプ等に用いられる。Niが多いほど耐食性に優れる。

洋白は25％程度のZn，15％程度のNiを含み，耐食性に優れ，美しい銀色の光沢を持つ。食器，装飾品，医療用機器等に用いられる。

(5) **ベリリウム銅**　約2％のBeを含む銅である。冷間加工後析出硬化によって引張強さ1300MPa，耐力1200MPaの高強度が得られる。疲労強度，耐クリープ性も優れ，フレキシブルホース，バネ等に用いられる。鋳造用ではさらにCo 1％を含む（ASTM C82500）。時効硬化によって1100MPa以上の高強度を示し，最強の銅合金である。航空宇宙用機器，事務機器の

鋳造部品として用いられる。ただ，ベリリウムは毒性が強く，鋳造や溶接，切削加工にあたって特に注意が必要である。

8.4 チタン合金

チタン（titanium）はその密度が$4.50\,\mathrm{g/cm^3}$で，鋼の約60％である。このため，高い比強度を示す。弾性率は117GPaで，鋼の約60％であるから，比弾性率は約$26\,\dfrac{\mathrm{GPa}}{\mathrm{g/cm^3}}$で，鋼，アルミニウム合金とほぼ等しい。しかし，融点が1820℃で鉄よりも高く，高温強度，クリープ強度において優れているから，**図8-5**に示したように，高温における比強度，比弾性率はアルミニウム合金よりも高い値であり，また鋼に比べても高い。このため，軽量と併せて航空機用の材料として用いられる。線膨張係数が鋼とほぼ等しい$9\sim11\times10^{-6}/\mathrm{K}$であることもまた，特徴のひとつである。

常温でのTi（α Ti）は結晶系がHCPであるため，冷間での加工が難しい。しかし，882℃以上ではBCCのβ Tiとなるため，高温での加工は容易である。Tiはまた優れた耐食性を持つ。特にSUS304等のオーステナイト系ステンレス鋼で問題となるCl^-イオンによる応力腐食割れがないため，海水冷却による火力および原子力発電所の復水器のパイプとして用いられる。眼鏡フレーム，スポーツ用品等の他，生体適合性が良いことから，医療用体内埋込み用の材料としもその特徴が活かされている。ただ，活性が強く，高温の塑性加工では酸化を防ぐために銅被覆を施す必要がある，切削加工ではチタンファイヤと称する発火現象があるなど，取扱いに注意が必要である。

チタンは，純チタン（8.4.1），鍛錬用チタン合金（8.4.2），およびチタン鋳物に分けることができる。これらを**表8-9**に示した。

8.4.1 純チタン

工業用純チタンは99％以上の純度であり，おもに板および管として用いられる。純Ti はわずかなO（酸素）の含有により強度が著しく上昇する。しかし耐食性は高純度ほど良い。JIS H4600ではT-270, 340, 480, 550の4種類が規定されている。数字は引張強さの**下限値**（MPa）である。また形

表8-9　チタン合金の例（JIS H4600-1988, 抜粋, ASM: Metals Handbook, 10th. ed. Vol. 2）

合金系	記号	おもな合金成分 %	質別	引張強さ MPa	耐力 MPa	伸び %	用途, その他
工業用純チタン	ASTMg.1	99.5Ti	圧延	240	172	24	耐熱性,耐海水性
（JIS1種）	T※270#	O<0.15	圧延	>270	165	>27	コンデンサ,化学装置
（JIS4種）	T※550#	99.0Ti,0.4O	圧延	550	485	15	石油化学,バルブ
α型チタン合金	UNS R54520	5Al,2.5Sn	焼鈍	860	776	15	溶接性,高温強度 航空機体,ジェットエンジン
β型チタン合金	UNS 58010	13V,11Cr,3Al	溶体化 時効	1280	1200	5	高強度,高溶接性 短時間高強度 ロケットモーターケース
α-β型チタン合金	UNS R56400	6Al,4V	955℃ 水冷 時効	1120 1183	957 1069	17 16.5	ジェットエンジンタービンディスク ジェットエンジン羽根 航空機機体部品,化学装置 生体埋込材料
			955℃ 炉冷 時効	940 964	836 883	18.8 18.2	
			1065℃ 水冷	1170	1057	8.5	
			845℃水冷 時効	1178	977	16.5	

（※：板P, 条R, 棒B, 管T　　#:熱間圧延H, 冷間圧延C）

態は板（P），管（T），条（R）および棒（B）である。**熱間圧延（H）と冷間圧延（C）**があり，**TB480H**のように表す。純チタンは強度が低く，高温強度も低い（**図8-13**）。しかし耐食性が極めて良いので，前述の海水用冷却パイプの他，石油化学工業用のバルブ，管等に用いらる。

8.4.2　チタン合金

チタンは合金添加による固溶強化および熱処理を利用した分散強化，時効硬化によって強度を上げることができる。おもな添加元素はAl，V，Sn，Mn，Cu等であるが，これらは次のように分類できる。

(i)　α-β変態点を変化させずα相を強化する**固溶強化型** − Sn（約20％以下），Zr等

(ii)　α-β変態点を上昇させる**α安定化型** − Al，O，H，N等

(iii)　α-β変態点を低下させる**β安定化型** − V，Ta，Mo，Nb等

(iv)　**共析型** − Mn，Cr，Ni，Cu等

Ti-AlおよびTi-Vの状態図を**図8-10**（1）および（2）に示した。

（1）Ti-Al状態図　　　　（2）Ti-V状態図

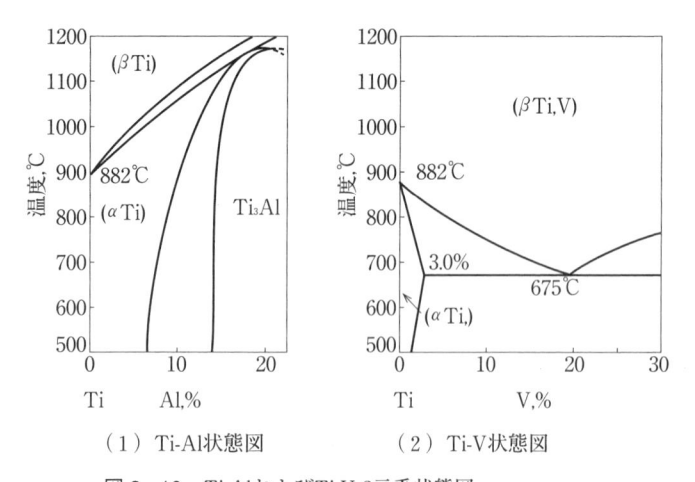

図8-10　Ti-AlおよびTi-V 2元系状態図
（ASM: Metals handbook, 10th Ed., Vol.3 (1992)）

チタン合金は常温での組織により α 型，α-β 型および β 型の3種類に分けられる。**表8-9**はおもなチタン合金の例である。

(1) **α型合金**　HCPの α 相からなる。5％Al-2.5％Sn合金が代表的である。焼なまし状態では板状の組織であり，引張強さは850 MPa程度であるが，850〜900℃からの水冷により，細かい針状の組織となり，引張強さ1000 MPa以上に強化される。さらに**時効処理**により耐力が増加する。HCP晶であるにもかかわらず塑性加工性が良く，溶接性も良い。

(2) **β型合金**　Vを多量に添加した場合には室温でもBCCの β 相が得られる。しかし一般には10％程度のVを添加したものを，β 状態から急冷し，全体を準安定状態の β′ 組織とする。これを時効処理することによって高い強度およびじん性が得られる。Ti-13V-11Cr-3Al合金がその例である。高温強度が優れており，航空宇宙関係の強度部品等に用いられる。

(3) **α-β型合金**　6％Al＋4％V合金が代表的なものであり，最も大量に生産されているTi合金である。航空機の機体，ロケット，ジェットエンジン等，主として航空宇宙用機器用の材料として用いられる。

(Ti-6％Al)-Vの**3元合金の状態図**を**図8-11**に示した。Vの量により αβ変態温度が異なり，4%V では910〜1000℃の間が（α+β）である。一般には組織を微細にするため，細かいα相が残留分散した状態から急冷処理をする。この状態のβ相は急冷によって，溶質の拡散を伴わずに格子系のみがHCPとなるマルテンサイト変態を生じ，α′相になる。したがって，α-β型のチタン合金では，合金の量と熱処理温度，冷却速度の組み合わせによって，種々の量比のα+βあるいはα′，β′の2相混合組織を得ることができる。α′は焼もどしによってαを析出し，β′は時効処理によってβになる。このようなα-β型チタン合金の熱処理の概念を**図8-12**に示した。

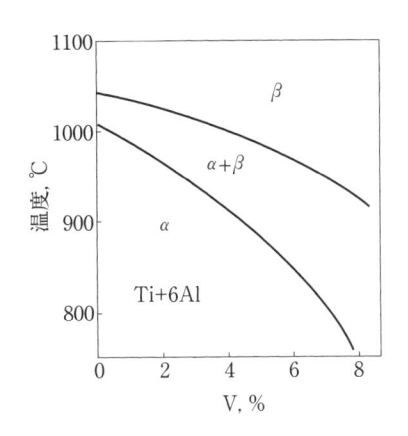

図8-11　(Ti+6Al)-Vの状態図
（ASM:Metals handbook, 10th Ed., Vol.12 (1992) 611）

チタンのマルテンサイトは鋼の場合と異なり，むしろ軟らかく，じん性に富んでいる。しかしこれを細かく分散させることよって，強度とじん性を兼ね備えた材料が得られる。**表8-9**には，熱処理条件の違いによる機械

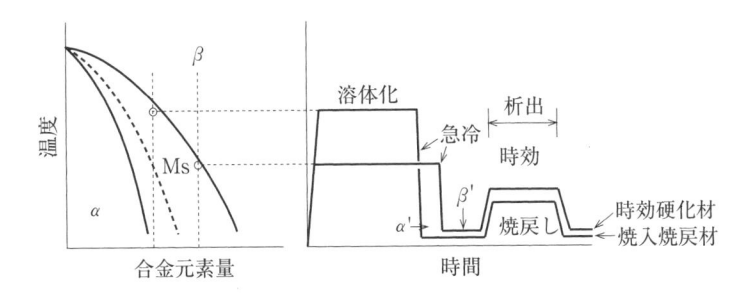

図8-12　α-β型Ti合金の熱処理
（D.R.Askeland:Sciene and Engineering of Materials(1994),p410,Fig.13-14）

的性質の差もあわせて示した。また**図8-13**は，種々のチタン合金の高温における強度である。

(4) 鋳造用チタン合金　上のチタン合金はいずれも鋳造用に用いられる。しかし，チタンは活性の強い金属であるから，溶解－鋳造はすべて真空中で行う。鋳型にはセラミック鋳型，黒鉛鋳型を用いる。純チタン鋳造品は耐海水腐食用，化学工業用のポンプ部品等に，またチタン合金の鋳造品は航空機機体部品，ジェットエンジンの部品等に用いられる。

　溶接もまた，酸化および水素，窒素等の吸収によるぜい化を防ぐために，電極にタングステンを用い，不活性ガス中で保護するTIG溶接によって行われる。

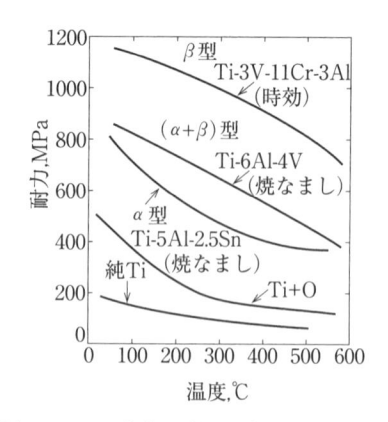

図8-13　Ti合金の高温強度
(D.R.Askeland:Sciene and Engineering of Materials(1994),p407,Fig.13-6)

8.5　ニッケルおよびコバルト合金

　ニッケルは結晶系がFCC，コバルトはHCPである。いずれも高い融点（Ni：1453℃，Co：1495℃）を持ち，耐食性がよいため，耐熱，耐食用金属材料として用いられる。密度もまた，Niが$8.9g/cm^3$，Coが$8.8g/cm^3$と，類似の値である。ここでは，純ニッケルおよびモネル，耐熱合金（超合金），その他のニッケル基合金に分けて述べる。**表8-10**はニッケル合金の例である。

8.5.1　純ニッケルおよびモネル

　99.5％以上の純度をもつ**工業用純ニッケル**は極めて耐食性が良い。また冷間加工によって強度が著しく増加する。耐食材料として用いられる。**モネル**

表8-10 ニッケルおよびコバルト合金の例

合金系	記号	おもな合金成分 %	質別	引張強さ MPa	耐力 MPa	伸び %	用途,その他
純ニッケル		99.9Ni	焼鈍	350	115	45	耐食材料
			冷間加工	670	630	4	
Ni-Cu合金	モネル400	31.5Cu	焼鈍	550	370	37	バルブ,ポンプ 熱交換器
	モネル500	30Cu,3Al,0.6Ti	時効 析出強化	1050	775	30	軸,バネ ポンプ羽根車
耐熱合金 Ni基超合金							
(Ni-Fe合金)	インコネル600	15.5Cr,8Fe	分散強化	633	204	49	熱処理装置
(Ni-Co合金)	インコネル700	15Cr,29Co,Mo,Ti,Al		1200	—	—	ジェットエンジン
	ナイモニック90	20Cr,16Co,Ti,Al,Fe		1250	—	—	ジェットエンジン
(Ni-Mo合金)	ハステロイB2	28Mo	時効	910	420	61	高温耐食性
(Ni-Co-Cr-W合金)	MAR-M246	10Co,9Cr,10W,Al,Mo,Ti	時効	980	880	5	ジェットエンジン
Fe-Ni超合金	インコロイ800	46Fe,30Ni,21Cr	炭化物 分散強化	630	290	37	熱交換器
Co基超合金	ハイネス25	55Co,20Cr,15W,10Ni	炭化物 分散強化	950	460	60	ジェットエンジン
	ステライト6B	60Co,30Cr,4.5W	炭化物 分散強化	1250	725	4	高温耐摩耗性
低熱膨張合金	インバー	Fe,35Ni					線膨張係数α $=1\sim2\times10^{-6}/K$

(Monel) **400**は,約30％のCuを添加し,固溶強化によって強度を上げたものである。これにさらにAl,Tiを添加したモネル500では,Ni_3Al, Ni_3Tiを強化要素とする時効硬化によってさらに高い強度とじん性を得ることができる。高温での耐食性,特に海水に対する耐食性に優れ,熱交換器,バルブ,ポンプの軸,羽根車等に用いられる。

8.5.2 耐熱合金

耐熱合金は,特にジェットエンジンのタービン翼用として重要である。静翼では1300℃までの耐熱性,動翼では700℃以上,最高1000～1100℃での高いクリープ強度,疲労強度を有する材料が望まれる。さらに1200℃以上での実用に耐える合金の開発が求められている。Ni,Coを基とし,Cr,Fe,W,Moなどの合金要素を加え,特に650℃以上での高温強度,耐酸化性,高クリープ強度を実現させる材料を**超合金**(super alloy)という。

添加合金元素は,その強化作用から次のように分けることができる。

(i) 固溶強化元素 Co,Fe,Cr,Mo,V,Ti,Al等。原子半径がNiと1〜

15％異なっており，置換型に固溶して，高温クリープ強度を増加させる。

(ii) **炭化物分散強化元素** Niは炭化物を作らない。このためCr，W，Ti，Ta，Mo，Nb等と少量のCの添加により，M（金属元素）C，M_7C_3，$M_{23}C_6$，M_6C等の炭化物を分散させ，強化する。

(iii) **析出強化元素** Al，Ti等。8.5.1で述べたNi_3Al，Ni_3Ti 相を析出し，強度を増加させる。

超合金には次のようなものがある。

(1) ニッケル基超合金

(a) Ni-Cr-Fe系，および Ni-Cr-Co 系　**インコネル**（Inconel），**ナイモニック**（Nimonic）。0.05〜0.1％のCを含み，炭化物の分散により高温での強度を増加させる。Al，Tiを含むものは析出硬化が加わる。

(b) Ni-Mo系　　28％Moの**ハステロイ**（Hastelloy）

(c) Ni-Co-Cr-W系　　MAR-M246合金

　（b）および（c）はいずれも時効硬化による高温強度の増加が図られる。

(2) 鉄-ニッケル基超合金　Ni-46％Fe，21％Crの**インコロイ**（Incoloy）。炭化物分散強化系。

(3) コバルト基超合金　50％Co，20％Cr，15％W，10％Niの**ハイネス**（Haynes）および，60％Co，30％Cr，5〜10％Wの**ステライト**（Stellite）。いずれも炭化物分散強化系。ガスタービン，ジェットエンジンの部品として用いられる。ステライトはまた，高温での耐摩耗性に優れ，内燃機関排気弁の盛金用にも用いられる。**図8-14**はNi基合金の高温強度である。

8.5.3　凝固制御による耐熱金属の製造

ジェットエンジンの動翼に用いられるような耐熱金属では特に高温での高いクリープ強度が要求される。第6章，6.12節で述べたように，高温でのクリープ変形，クリープ破断は結晶粒界でのすべり，空孔，亀裂の発生によるものである。したがって，結晶粒が主応力の方向に一致するような一方向凝固材，あるいは結晶粒界がない単結晶（第2章，図2-28）は高いクリープ強

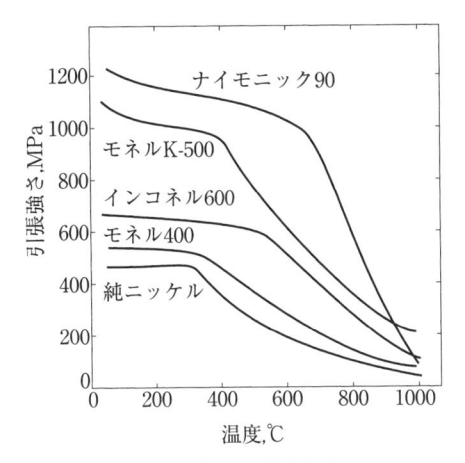

図8-14 Ni基耐熱合金の高温強度
(D.R.Askeland:Sciene and Engineering of Materials(1994),p402,Fig.13-12)

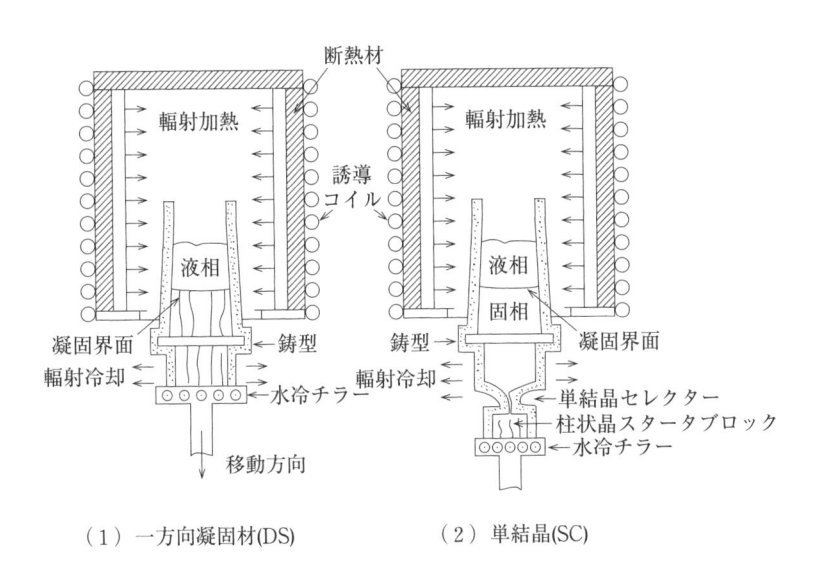

(1) 一方向凝固材(DS)　　(2) 単結晶(SC)

図8-15 冷却制御による一方向凝固および単結晶翼の製造
(石川島播磨技報,34-3(1994),p195)

度を持つ。**図8-15**は結晶の成長，凝固の制御によるタービン翼製造の概念図である。**図8-16**はこれら超合金のクリープ強度の比較である。

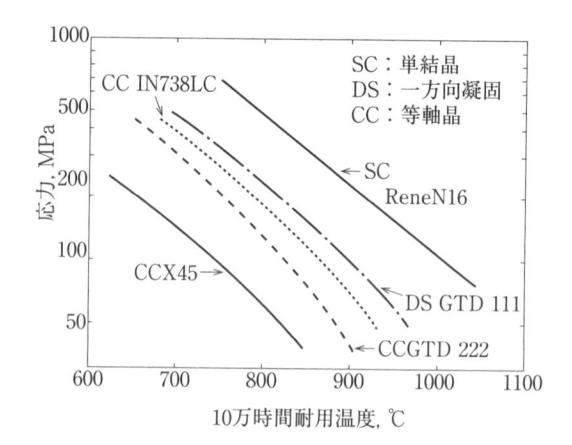

図8-16　超合金のクリープ破断強度
　　　　(G.L.Ericksob:Proc.6th.Int.Symp. on Superalloys(1996))

Rene N6 : Ni-4.2Cr-12.5Co-6W-14Mo-5.75Al-5Re 他
IN738LC : Ni-16Cr-8.5Co-2.6W-1.75Mo-3.4Ti-3.4Al 他
GTD111 : Ni-22.5Cr-19Co-2W-2.3Ti-1.2Al 他
GTD222 : Ni-22.5Cr-19Co-2W-2.3Ti-1.2Al 他
X45　　 : Co-25Cr-10Ni-1Fe-8W 他

8.6　錫，鉛および亜鉛合金

　錫，鉛および亜鉛はいずれも低融点（Sn：232℃，Pb：327.4℃，Zn：420℃）で，密度が大きく（Sn：5.8 g/cm^3，Pb：11.4 g/cm^3，Zn：7.1 g/cm^3），低強度である。Sn，PbはFCCで延性に富み，冷間での加工が容易である。再結晶温度が室温近傍であるから，加工硬化はほとんどない。ZnはHCPで，冷間加工はSn，Pbより困難である。しかし，いずれも鋳造は容易である。これらの合金の主たる用途には次のようなものがある。(1) 低強度，潤滑性を利用した軸受け用合金，(2) 低融点を利用した金属接合用ろう材（**はんだ**），(3) 鋳造材料，(4) 防食用犠牲金属（Zn），(5) メッキ用

8.6.1　軸受合金

　鉛および錫基の合金である**ホワイトメタル**（white metal）は，潤滑性，耐摩耗性に優れ，銅合金（8.3節）とともにすべり軸受けとして広く用いら

れる。JIS H5401ではWJ 1〜10までの10種類を定めている。
表8-11はSn, Pb基軸受合金の例である。

表8-11 錫および鉛基軸受合金（ホワイトメタル）の例（JIS H5401-1952, 抜粋）

合金系	記号	おもな合金成分 %	用途, その他
Sn基	WJ1	6Sb,4Cu	高速高荷重用
	WJ3	10Sb,4.5Cu	高速中荷重用
	WJ4	12Sb,4Cu,14Pb	中速中荷重用
(Sn-Zn)	WJ5	28Zn,2Cu	中速中荷重用
(Pb-Sn)	WJ6	45Sn,10Sb,2Cu	高速小荷重用
Pb基	WJ7	12Sn,14Sb	中速小荷重用
	WJ9	6Sn,10Sb	中速小荷重用
	WJ10	1Sn,15Sb	中速小荷重用

(1) **Sn基軸受合金**（WJ 1〜5）
　Snを基とし，2〜8％のCu，5〜12％のSbを含む軸受合金はバビットメタル（Babbitt metal）と呼ばれる。基地中にCuSn，SnSb粒子が分散し潤滑性をもたらす。高速高荷重用に適する。WJ4は13〜15％のPbを，またWJ5は約30％のZn含み，中速中荷重用である。

(2) **Pb基軸受合金**（WJ 6〜10）　Pbを基とし，10〜20％のSb，5〜20％のSnを含む。摩擦係数が小さいが，圧縮強度が低い。高速，小荷重に適する。Sn基よりも安価である。

　これら合金の軸受はいずれも鋳造によって製造される。より大型，高荷重用の軸受には8.3節で述べた鉛青銅，アルミ青銅等の銅合金が用いられる。

8.6.2 はんだ

　Sn-Pb合金の状態図は図3-14に示したように共晶系である。38％Pbが共晶組成で，共晶温度は183℃であり，ろう付用のはんだ（軟ろう，solder）として用いられる。Sn-Ag合金も3.5％Agで共晶組織（共晶温度221℃）になる。有害な鉛を含まない錫銀はんだとして，IC回路用に用いられる。

8.6.3 亜鉛ダイカストおよび鍛錬用亜鉛合金

　亜鉛は融点が420℃であり，ダイカスト鋳物に適当である。薄肉，複雑形状の鋳物用として広く用いられる。JISでは一般用と高強度用の2種類（表8-12）が規定されている。

　一般用は4％のAlを含み，鋳造性，メッキ性が良く，自動車部品，玩具，電気機器・事務機器のフレーム類等に多用される。

高強度用は1%のCuを加えたもので，強度と耐食性に優れ，自動車ブレーキピストン，小形エンジンのフライホイール等，強度を要する機械部品用鋳物として用いられる。

JIS規格にはないが，**表8-12**に鍛錬用Zn合金の例も示した。Pb，Cuの添加により固溶強化を図っている。Zn-22%Al合金は**超塑性**（superplasticity）現象を示し，通常の塑性加工では不可能な大変形，複雑な成形加工が可能である。

表8-12 亜鉛合金の例（JIS H5301-1979, ASM: Metals Handbook 10th. ed. Vol. 2）

	合金系	記号	おもな合金成分 %	質別，鋳造法	引張強さ MPa	耐力 MPa	伸び %	用途, その他
鋳造用	Zn-Al-Cu合金	ZDC1 (AC41A)	4Al,1Cu	ダイカスト	325	—	7	高強度用 ブレーキピストン,強度部品
	Zn-Al合金	ZDC2 (AG40A)	4Al	ダイカスト	285	—	10	一般用,キャブレタ 事務機器,玩具
			27Al	砂型鋳物	421	366	5	
鍛錬用	Zn-Pb合金		0.1Pb	冷間圧延	159	—	45	
	Zn-Cu合金		1Cu	冷間圧延	248	—	30	
	Zn-Al合金		22Al	超塑性	400	350	11	

亜鉛はこのほか鉄鋼の防食用の**犠牲金属**として用いられる。すなわち，陽イオンとなる傾向がより強いZnが優先的に腐食することによって，これと接触する鉄鋼の腐食を防ぐことがる。溶融亜鉛メッキは鋼板の防食用として一般的（通称トタン板）である。錫もまた鋼板（通称ブリキ板），鋼線の化粧用メッキとして用いられる。

8.7 その他の非鉄特殊用途合金

8.7.1 ジルコニウム

ジルコニウム（zirconium）ZrはHCP系，密度6.5g/cm^3，高融点（1852℃）で，Tiと類似の性質を持つ金属である。耐食性，特に高温水，高温水蒸気に対する耐食性に優れ，また熱中性子透過性が大きいことから，原子炉の核燃料容器，炉心材料，熱交換器，ポンプ，バルブなどに用いられる。ジルカロイ（zircaloy）は少量のFe，Cr，Niを加え，高温水に対する耐食性を上

げたものである。酸，アルカリ等への耐食性は純Zrが最も優れている。

8.7.2 高融点金属 (refractory metals)

ニオブ（niobium）Nb，モリブデン（molybdenum）Mo，タンタル（tantalum）Ta，タングステン（tungsten）Wおよびレニウム（rhenium）Reはいずれも2000℃以上の高い融点を持ち，特に高温の耐熱金属として用いられる。**表8-13**はこれらの金属の特性および強度である。おもな用途は次のようなものである。

表8-13 高融点金属の性質

金属	融点 ℃	密度 g/cm^3	室温での強度			1000℃での強度	
			引張強さ, MPa	耐力, MPa	伸び, %	引張強さ, MPa	耐力, MPa
Nb	2468	8.6	310	138	25	120	55
Mo	2610	10.2	830	550	10	345	210
Ta	2996	16.6	345	240	35	185	165
W	3410	19.3	2070	1520	3	450	105

(D.R.Askeland: Science and Engineering of Materials (1984) p345)

(1) **ニオブ** 耐火金属の中では密度が比較的小さい（8.57g/cm^3）ので，ロケットのノズルや耐熱板に用いられる。他にナトリウムランプの電極。

(2) **タンタル** Wとの合金として，高温熱交換器，反応塔のライニング等。

(3) **モリブデン** 宇宙機器用耐熱部品，熱機関や原子炉の耐熱板等。熱間引抜加工用のダイス。

(4) **タングステン** 線材は電球および電子管のフィラメント，熱電対。高い密度（19.3g/cm^3）を利用した釣合錘，X線遮蔽板。特に高温の耐熱板。炭化物WCは超硬工具として広く用いられる。

(5) **レニウム** 単体のほとんどはPtとともに触媒用に用いられる。Irとの合金は小型ロケットのノズル，分析機器のフィラメント等。ReはWおよびMoの固溶強化元素として有用である。W-5%Re合金は2000℃でもなお，200～500MPaの強度を持つ。

W，Moのワイヤを強化繊維とする超耐熱金属基複合材料は極めて高い耐クリープ性能を持ち，ジェットエンジンの動翼用として期待されている。

上の金属はいずれもBCCおよびHCP（Re）であるので，室温近傍に延性ー脆性遷移温度がある。これ以下の低温度で延性，じん性が著しく低下する。

第8章の練習問題 (Exercises for Chapter 8)

8.1 Calculate the specific strength of 2024 Al alloy in table 8-2 and SCM 430 steel in table 7-4. Explain why aluminum alloys are more suitable for aircraft use than steels.

8.2 A 20 m long wire is to hold 40 kN. Compare the weight of the wire when the materials below were used. The stress should not exceed the yield strength.
(1) SS400   (2) SNCM 630   (3) 1100 H18   (4) 7075 T6

8.3 Aluminum alloy 7075 T6 has excellent specific strength. Why is it not used for jet engine turbine blades ?

8.4 What concentration of Si (in%) is suitable for aluminum casting ? Explain the reason with a phase diagram.

8.5 Which among the Al alloys and Cu alloys can be hardened by solution treatment ?
(1) Al-5%Cu,   (2) Al-10%Mg,   (3) Cu-20%Zn,
(4) Cu-8% Al,   (5) Cu-2% Be

8.6 Calculate the rate of strength increase by work hardening in the following alloys.
(1) 1100 Al alloy   (2) 1199 Al alloy   (3) 5052 Al alloy

(4) C1100 Cu alloy (5) C5102 Cu alloy

8.7 Explain the room temperature microstructure of the following Cu alloys with phase diagrams.
(1) Cu-30% Zn (2) Cu-40% Zn (3) Cu-10% Sn
(4) Cu-5% Al (5) Cu-11% Al

8.8 (1) An Mg-Al alloy (Fig.8-4) is to be hardened by solution treatment, what are the suitable Al concentration and the heating temperature?
(2) What about a Mg-Zn alloy?

8.9 Explain the reason why the hardness of a Cu-Sn alloy increases with Sn content above 15%.

8.10 Pressure die casting is frequently used for Al alloy and Zn alloy castings. What are the advantages? Why is this process not usually used for iron castings?

8.11 Compare the specific strength of a Ti-6Al-4V alloy with that of the 7075 T6 Al alloy and SCM430 steel.

8.12 Explain the reason why unidirectionally solidified or single crystalline Ni alloys show better creep strength than usual polycrystal alloys.

第9章 高分子材料

パソコンやラジカセの外装からCD，ペットボトル，ポリ袋まで，我々の身の回りには多種大量の高分子材料が使われている。高分子は平均分子量 $1000 \sim 10^6 \mathrm{g/mol}$ の巨大な糸状あるいは網目状の構造をもつ有機物質であり，一般にプラスチックとも呼ばれている。プラスチックはまた，機械の構造用材料としても多くの用途がある。本章ではこれらの高分子材料について，その構造と特性に関する基本的な事項について述べる*。

9.1 高分子材料の構造
9.1.1 基本単位

図9-1にポリエチレン（polyethylene）の構造とその**基本単位**（mer unit）を示す。**高分子**とはこのような基本単位が，おおむね500個以上結合した長い分子（これを**分子鎖**という）をいう。実際のポリエチレンはこの高分子が

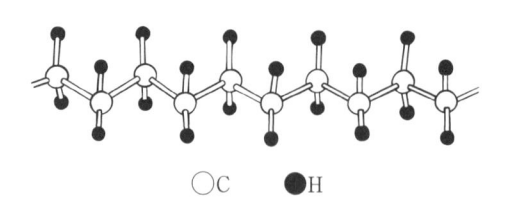

図9-1 ポリエチレンの構造と基本単位

---

* 本章では次の文献を参照した。成沢郁夫：プラスチックの強度設計と選び方，工業調査会（1986），中村次雄，佐藤功：初歩から学ぶプラスチック，工業調査会（1995），日本材料学会編：先端材料の基礎知識，オーム社（1991）

さらに多数集まって構成される。高分子の骨格は炭素原子の共有結合によって作られており，その結合力は強い。しかし線状の高分子同士の結合は，弱い**ファンデルワールス力**（2.1.4節）による2次結合である。高分子材料が一般に金属材料より軽く，軟らかく，強度が低く，また耐熱性に乏しいのはこのような構造によるものである。**図9-2**（次ページ）に代表的な高分子材料とその基本単位を示す。

9.1.2 重合反応

基本単位を生ずる化合物を**モノマー**（monomer）という。ポリエチレンのモノマーは**エチレン**（ethylene）である。モノマーをつなぎ合わせて分子量の大きな高分子を作る**化学反応を重合**（polymerization）という。重合には**付加重合**（additional polymerization）と**縮合重合**（condensation polymerization）の2種類がある。

(1) **付加重合** 図9-3にエチレンの**重合反応**を示す。エチレン（C_2H_4）は2重結合を持っているが，これを活性な**化学種**（ラジカル，radical）である**重合開始剤**（initiator）によって開き，新たなモノマーを生成する。このモノマーの片端は活性化しており，他のエチレンと容易に反応する。これが連鎖的に生じ，高分子が形成される。このように，モノマー同士が結合し，副産物を生じないような重合を**付加重合**という。重合は，端部が活性化した高分子同士が結合するか，あるいは活性化した端部にラジカルが結合することよって停止する。**ポリエチレン，ポリプロピレン，ポリ塩化ビニル**等が付加重合によって合成される。

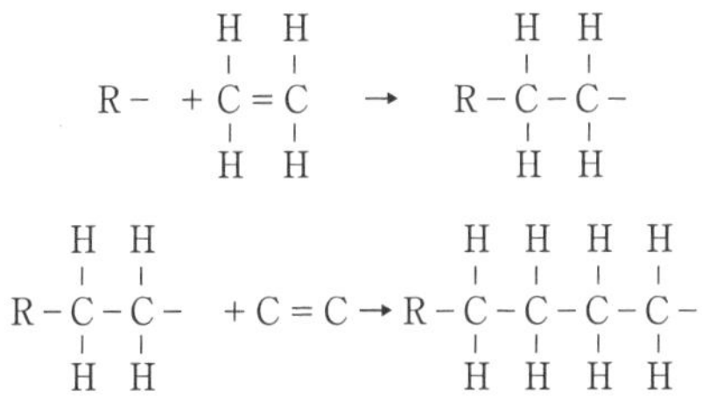

$$R- + \underset{\underset{H}{|}}{\overset{\overset{H}{|}}{C}} = \underset{\underset{H}{|}}{\overset{\overset{H}{|}}{C}} \rightarrow R - \underset{\underset{H}{|}}{\overset{\overset{H}{|}}{C}} - \underset{\underset{H}{|}}{\overset{\overset{H}{|}}{C}} -$$

$$R-\underset{\underset{H}{|}}{\overset{\overset{H}{|}}{C}}-\underset{\underset{H}{|}}{\overset{\overset{H}{|}}{C}}- + C=C \rightarrow R-\underset{\underset{H}{|}}{\overset{\overset{H}{|}}{C}}-\underset{\underset{H}{|}}{\overset{\overset{H}{|}}{C}}-\underset{\underset{H}{|}}{\overset{\overset{H}{|}}{C}}-\underset{\underset{H}{|}}{\overset{\overset{H}{|}}{C}}-$$

図9-3 エチレンの付加重合

(2) **縮合重合** 図9-4にフェノール樹脂の生成過程を示す。

気体の**フォルムアルデヒド**（CH_2O）と固体の**フェノール**（C_6H_5OH）が結合し，その際に副産物としてH_2Oが生ずる。このように，異種の分子

(1) ポリエチレン
Polyethylene(PE)

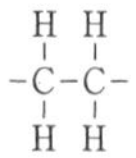

$$-\underset{\underset{H}{|}}{\overset{\overset{H}{|}}{C}}-\underset{\underset{H}{|}}{\overset{\overset{H}{|}}{C}}-$$

(2) ポリプロピレン
Polypropylene(PP)

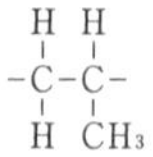

$$-\underset{\underset{H}{|}}{\overset{\overset{H}{|}}{C}}-\underset{\underset{CH_3}{|}}{\overset{\overset{H}{|}}{C}}-$$

(3) ポリスチレン
Polystyrene(PS)

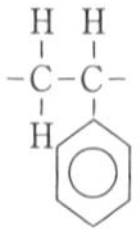

$$-\underset{\underset{H}{|}}{\overset{\overset{H}{|}}{C}}-\underset{\underset{\phi}{|}}{\overset{\overset{H}{|}}{C}}-$$

(4) 塩化ビニル
Polyvinyl chloride(PVC)

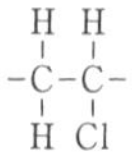

$$-\underset{\underset{H}{|}}{\overset{\overset{H}{|}}{C}}-\underset{\underset{Cl}{|}}{\overset{\overset{H}{|}}{C}}-$$

(5) ポリメチルメタクリレート（アクリル）
Polymethyl methacrylate(PMMA)

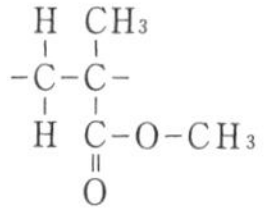

$$-\underset{\underset{H}{|}}{\overset{\overset{H}{|}}{C}}-\underset{\underset{\underset{O}{\|}}{\overset{|}{C}-O-CH_3}}{\overset{\overset{CH_3}{|}}{C}}-$$

(6) ナイロン6-6
Polyhexamethylene adipamide(nylon 6-6)

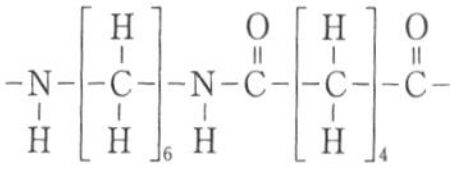

$$-N-\left[\underset{\underset{H}{|}}{\overset{\overset{H}{|}}{C}}\right]_6-\underset{\underset{H}{|}}{N}-\overset{\overset{O}{\|}}{C}-\left[\underset{\underset{H}{|}}{\overset{\overset{H}{|}}{C}}\right]_4-\overset{\overset{O}{\|}}{C}-$$

(7) ポリエチレンテレフタレート(PET)
Polyethylene terephthalate

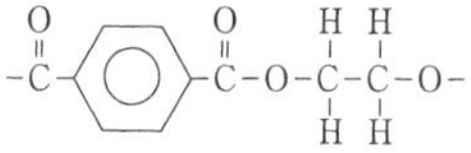

$$-\overset{\overset{O}{\|}}{C}-\phi-\overset{\overset{O}{\|}}{C}-O-\underset{\underset{H}{|}}{\overset{\overset{H}{|}}{C}}-\underset{\underset{H}{|}}{\overset{\overset{H}{|}}{C}}-O-$$

(8) ポリアセタール
Polyoxymethylene(POM)

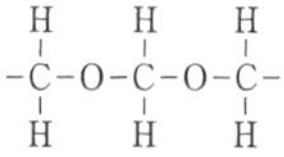

$$-\underset{\underset{H}{|}}{\overset{\overset{H}{|}}{C}}-O-\underset{\underset{H}{|}}{\overset{\overset{H}{|}}{C}}-O-\underset{\underset{H}{|}}{\overset{\overset{H}{|}}{C}}-$$

(9) ポリカーボネート
Polycarbonate(PC)

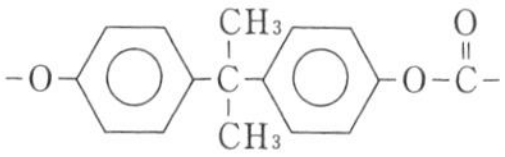

$$-O-\phi-\underset{\underset{CH_3}{|}}{\overset{\overset{CH_3}{|}}{C}}-\phi-O-\overset{\overset{O}{\|}}{C}-$$

(10) ポリテトラフルオロエチレン（テフロン）
Polytetrafluoroethylene(PTFE)

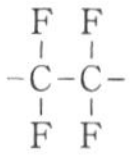

$$-\underset{\underset{F}{|}}{\overset{\overset{F}{|}}{C}}-\underset{\underset{F}{|}}{\overset{\overset{F}{|}}{C}}-$$

(11) フェノールホルムアルデヒド（ベークライト）
Phenol-formaldehyde(Bakelite)

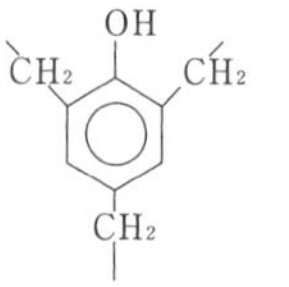

図9-2　代表的な高分子と基本単位

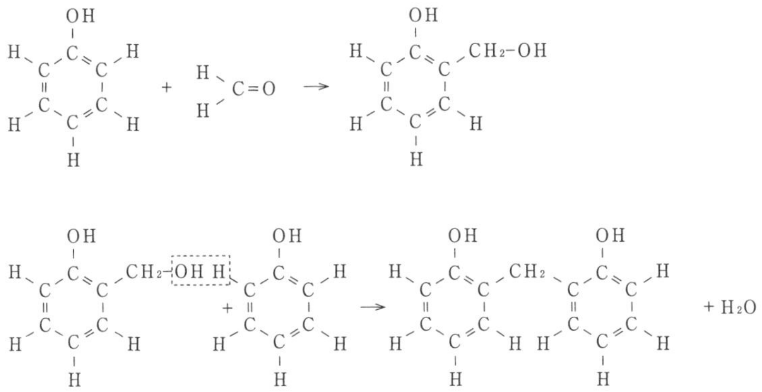

図9-4 フェノール樹脂の縮合重合

が結合して，より大きな分子を生じ，かつ小さな分子の副産物を生ずる重合を**縮合重合**という。フェノール樹脂のモノマーは3つの活性な結合部（図9-2）を持っており，3次元網目構造をとるようになる。**熱硬化性ポリエステル，ナイロン，ポリカーボネート**等は縮合重合によって合成される。

9.1.3 平均分子量と重合度

高分子材料の特性は基本単位の種類，平均的な分子量，分子同士の結合の仕方によって大きく異なる。ひとつの高分子材料には種々の分子量の高分子鎖が含まれている。平均分子量は次のようにして求められる。

数平均分子量 $\qquad M_n = \dfrac{\sum x_i M_i}{\sum x_i}$ (9-1)

質量（重量）平均分子量 $\quad M_m = \dfrac{\sum w_i M_i}{\sum w_i}$ (9-2)

ここで，x_iは，材料中の高分子鎖を**図9-5**のように分子量ごとに階級分けした場合の，各階級に含まれる分子数，M_iは各階級の平均分子量，w_iは各階級における高分子の質量の和である。

階級幅を無限小にしたときには，分子量Mの高分子数の確率密度を$f(M)$として，(9-1)および(9-2)式は次式と同等になる。

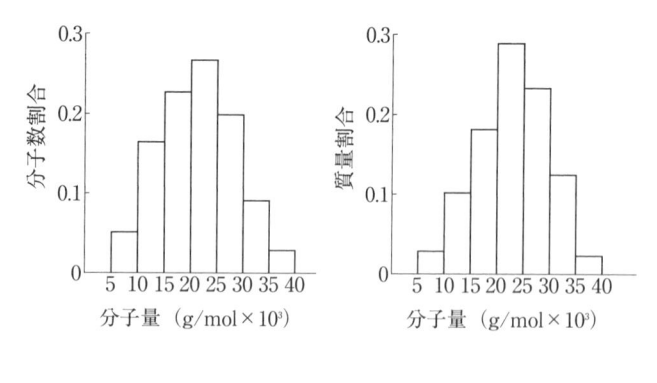

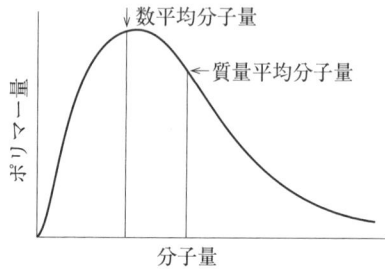

図9-5　分子量の分布と数平均分子量および質量平均分子量
(W.D.Callister,Jr:Materials Science and Engineering:An Introductim, 3rd.ed.,(John Wiley & Sons.Inc)(1994),p452)

$$M_n = \frac{\int_0^\infty M f(M)\, dM}{\int_0^\infty f(M)\, dM} \tag{9-3}$$

$$M_m = \frac{\int_0^\infty M^2 f(M)\, dM}{\int_0^\infty M f(M)\, dM} \tag{9-4}$$

高分子の大きさを表すもうひとつの尺度は1分子中の基本単位の数で表される**重合度**（degree of polymerization）である。基本単位の分子量をmとして，数平均重合度と質量平均重合度が次の様に定義される。

数平均重合度　　$N_n = \dfrac{M_n}{m}$ 　　　　　　　　　　　　　　(9-5)

質量平均重合度　$N_m = \dfrac{M_m}{m}$ 　　　　　　　　　　　　　(9-6)

市販の高分子材料の重合度はおよそ$10^3 \sim 10^5$である。

同じ種類の高分子材料でも，分子量や重合度によってその形態が異なる。

一般に分子量100g/mol以下は液体，1000g/mol程度ではワックス状である。固体高分子の分子量は10^4〜10^6g/molである。材料の強度や熱変形抵抗は分子量や重合度とともに増大する。**図9-6**にポリエチレンの引張強さおよび軟化温度（9.3.2参照）と重合度の関係を示す。重合度によるこれらの値の増加は，分子鎖が長いほど分子同士の2次結合力が大きくなるためである。

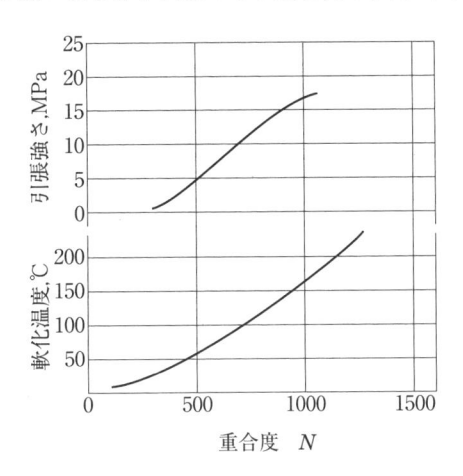

図9-6 重合度による軟化温度と引張強さの変化（ポリエチレン）
（堀内良，大塚正久，金子純一訳：材料工学（内田老鶴圃）(1992),p268）

9.1.4 高分子の結合形態

高分子材料はその結合形態から，**線状（linear）高分子，枝分かれ（branched）高分子，架橋（cross-linked）高分子，網目状（network）高分子**の4種類に分類される。**図9-7**はその概要である。この図で，円で示す部分が基本単位である。

(1) の線状高分子は基本単位の単純な繰り返しで構成されている。高分子同士の結合はファンデルワールス力による2次結合である。

(2) の枝分かれ高分子は線状高分子の途中に別の高分子が横から結合している。この高分子もまた，2次結合で結び付けられるが，密度は一般に線状高分子よりも低くなる。

(3) の架橋高分子では線状の高分子同士が近くの高分子と共有結合による1

(1) 線状構造　　　　　(2) 枝別れ構造

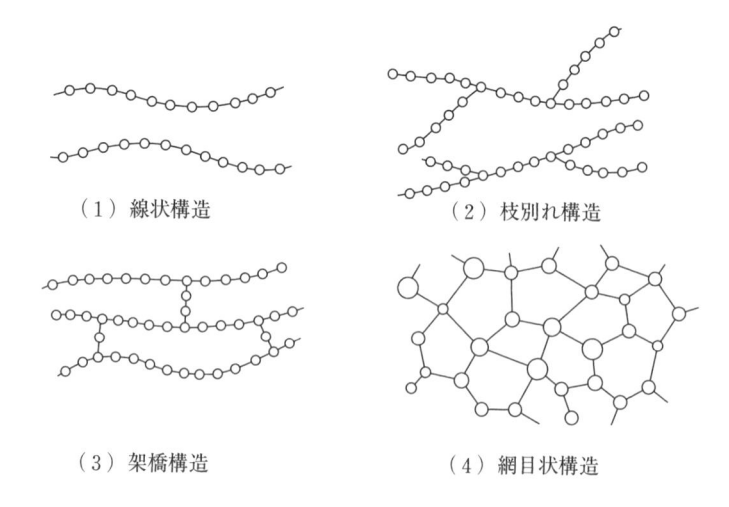

(3) 架橋構造　　　　　(4) 網目状構造

図 9-7　高分子の結合状態
(W.D.Callister,Jr:Materials Science and Engineering:An Introductim, 3rd.ed.,(John Wiley & Sons.Inc)(1994),p457)

次結合によって結びついている。**エラストマー**（ゴム）の多くがこのような構造を持つ。

(4) は網目状の高分子で，3次元の網目構造をとる。基本単位に3つ以上の共有結合部を持つものはこの構造をとりやすい。(3) の架橋部分が多くなったものは網目状高分子に分類される。網目状高分子は2次結合の割合が低く，耐熱性の高いものが多い。

　これらの分類は必ずしも厳密ではない。線状高分子でも部分的に架橋や枝分かれをもつのが普通である。

9.1.5　結晶性高分子と非結晶性（非晶質）高分子

高分子鎖の骨格をなす炭素－炭素（C－C）結合は109.5度の角度を持ち(2.1.4節，図2-3 (3)，図2-4)，180度より小さい。このため，線状高分子であっても直線ではなく，図9-8のように，曲線状態になることが可能である。むしろ図9-9のように，曲がり，ねじれているのが普通である。急冷によりこの状態が室温まで持ちきたされたものを**非晶質高分子**（non-crystalline polymer) という。一方，徐冷した場合には**図9-10**のように一部に規則的な配列が生ずる。このような構造をとりやすい高分子を**結晶性高分子**（crystalline polymer) という。通常，**結晶化**する部分は重量比で40〜80%である。

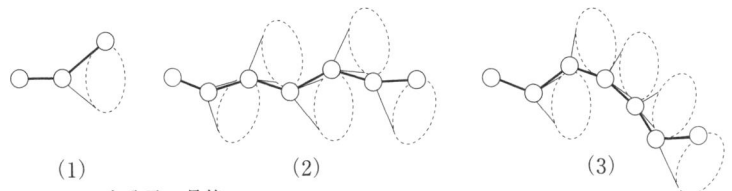

図9-8 高分子の骨格
(W.D.Callister,Jr:Materials Science and Engineering:An Introductim, 3rd.ed.,(John Wiley & Sons.Inc)(1994),p455)

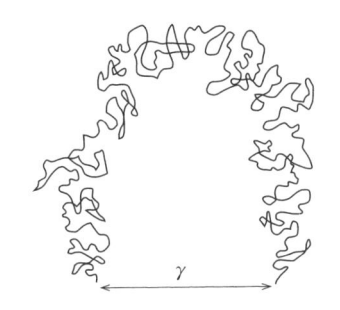

図9-9 高分子鎖の概念図
(W.D.Callister,Jr:Materials Science and Engineering:An Introductim,3rd.ed., (John Wiley & Sons.Inc)(1994),P.456

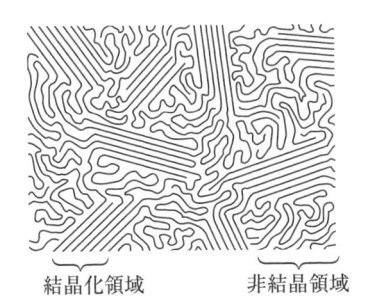

図9-10 結晶性高分子の配列状態
(W.D.Callister,Jr:Materials Science and Engineering:An Introductim,3rd.ed., (John Wiley & Sons.Inc)(1994),p465

冷却速度のほかの因子として，化学構造が単純なもの，C-Cの骨格に結合している原子団が小さいものほど結晶化しやすい。架橋高分子は線状高分子に比べて結晶化しにくく，網目状高分子は非晶質である。

9.2 高分子材料の一般的分類
9.2.1 熱可塑性高分子材料 (thermoplastic polymers)
熱可塑性高分子とは，加熱によって軟化または溶融し，塑性変形を生じさせられる（これを**可塑性**，plasticity，という）高分子をいう。線状高分子，少量の枝分かれ構造を持つ高分子がこれに属する。**ポリエチレン，ポリ塩化ビニル，ポリスチレン，アクリル**などがこれである。可塑性の主因は温度による2次結合のゆるみ，分子間のすべりである。熱可塑性高分子は一般に軟らかく，延性に富み，再加熱によるリサイクルが可能である。現在生産されている高分子材料の80％を占める。

9.2.2 熱硬化性高分子材料 (thermosetting polymers)
熱硬化性高分子とは，加熱による重合反応で硬化する高分子をいう。一旦硬化した後は再加熱によって軟化溶融せず，過熱すれば分解する。リサイクルは困難である。架橋高分子，網目状高分子はこれに属する。**フェノール樹脂，エポキシ樹脂**が例である。熱硬化性高分子は一般に熱可塑性高分子に比べて硬く，強く，弾性率も大きい。しかしぜい性的である。

熱硬化性高分子の英語名thermosetting polymerは本来プラスチック（可塑性）の意味を含まないが，習慣的に熱可塑性，熱硬化性両高分子をあわせて**プラスチック**と呼んでいる。

9.2.3 エラストマー (elastomer)
小数の化学的架橋を有する線状構造の高分子（**図9-7**(3)）は，著しく大きな弾性（回復可能な）変形能を示すので，特に**エラストマー**，あるいはゴムと呼ばれる。**イソプレン**（$-C_5H_8-$），**ブタジェン**（$-C_4H_6-$），**ブチレン**（$-C_4H_8-$），**クロロプレン**（$-C_4H_5Cl-$）などがこの例である。これらの高分子に硫黄を加えて加熱することによって架橋反応を生じさせる。これ

を**加硫**（vulcanization）という。**図9-11**はポリイソプレンの加硫反応プロセスである。加硫によって弾性率，引張強さが増加し，弾性変形を示す領域（ゴム領域，次節）が高温域まで拡大する。

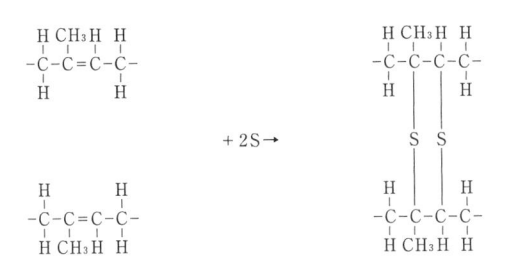

```
    H CH₃H H                              H CH₃H H
    | |  | |                              | |  | |
   -C-C=C-C-                             -C-C-C-C-
    | |  | |                              | |  | |
    H H                                   H  S  S
                    +2S →                    |  |
    H     H                               H  |  | H
    | |  | |                              | |  | |
   -C-C=C-C-                             -C-C-C-C-
    | |  | |                              | |  | |
    H CH₃H H                              H CH₃H H
```

図9-11 ポリイソプレンの加硫処理

9.3 高分子材料の機械的特性

9.3.1 応力−ひずみ曲線

高分子材料の応力−ひずみ曲線は**図9-12**の4種類に分類できる。

Aは応力−ひずみ関係が破断までほぼ直線的である。破断ひずみは数％以下で，破壊はぜい性的である。

Bでは応力−ひずみ関係が直線からわん曲した後破断する。破断ひずみは100％に達し，破壊は延性的である。

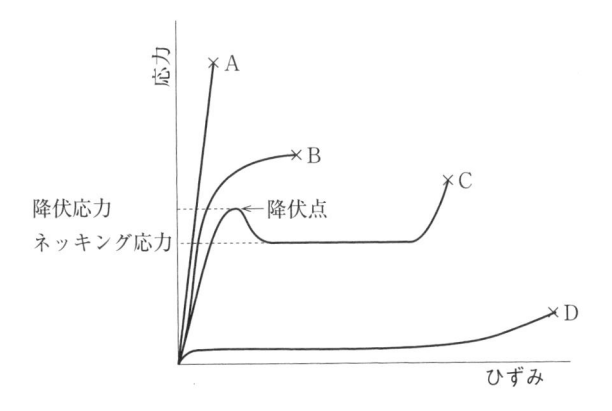

図9-12 高分子の応力-ひずみ線図

Cは弾性変形の後に降伏挙動を示す。降伏の後，一定応力でひずみが急増する領域がある。これを**ネッキング**（necking）という。ネッキングの後，応力が再度上昇して破断する。破断ひずみは100％を越え，破断はBよりさらに延性的である。

　Dでは弾性率が極めて小さい。除荷すれば元に戻る弾性変形であり，降伏挙動はない。破断ひずみは500％を越えるものがある。

　熱硬化性高分子のほとんどはAのタイプである。熱可塑性高分子は条件によってA～Cの種々のタイプになる。エラストマー（ゴム）はDの挙動を示す。

　図9-13にアクリル（**PMMA**）の温度による応力-ひずみ線図の変化を示す。低温ではAタイプであるが，温度の上昇に伴いCタイプへと変化する。破壊形態もぜい性から延性へと変わる。温度の他にひずみ速度も応力-ひずみ曲線に影響し，高ひずみ速度は温度が低下したことと等価になる。同じ高分子でも結晶化が進めばより延性的になる。

　図9-14はCタイプでネッキングが生ずる機構の模式図である。ネッキングは高分子鎖が軸方向に伸ばされ，整列するために起こる。この領域が試験片全体に広がり，高分子の整列が終了すると応力が再度増加し，破断に至る。

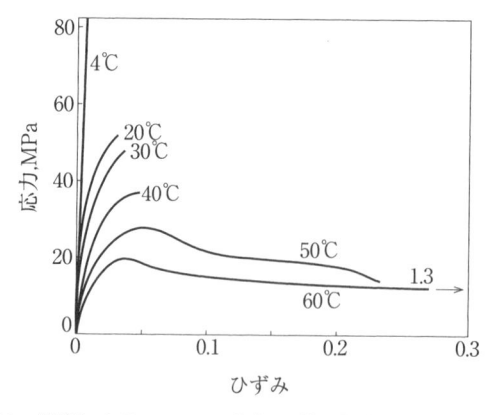

図9-13　温度によるPMMAの応力-ひずみ曲線の変化
(W. D. Callister, Jr:Materials Science and Engineering: An Introductim, 3rd.ed., (John Wiley & Sons.Inc) (1994), p476

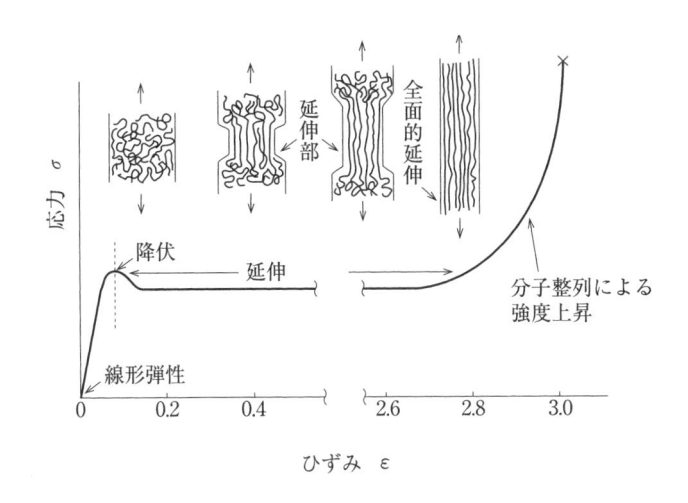

図 9-14 延性高分子の応力-ひずみ線図と延伸過程
　　　　（堀内良，大塚正久，金子純一訳：材料工学（内田老鶴圃）(1992),p292）

この方法は**延伸配向処理**として高分子の強化に応用される。

9.3.2　融点とガラス転移点

　高分子の機械的性質は温度によって大きく変わる。**図9-15**は結晶化の程度が異なる高分子の，体積と温度の関係の模式図である。結晶化した高分子Cは，金属と同様に，融点T_mにおいて急激な**体積変化**を示す。これに対し，非晶質の高分子Aは，明瞭な融点を示さず，代わりに，温度変化に対する体積変化率（図9-15の曲線の傾き）が不連続に変化する点を示す。このような変化をガラス転移（glass transition），温度T_gを**ガラス転移温度**（glass transition temperature, fictive temperature）という。

　多くの高分子で，$T_g \fallingdotseq \frac{2}{3} T_m$（絶対温度K）である。$T_g$以下では高分子同士が2次結合で結びつき，$T_g$以上ではこれが解け始める。したがって，$T_g$は高分子材料の延性－ぜい性の目安になる。一般に$\frac{3}{4} T_g$（$\fallingdotseq \frac{1}{2}$

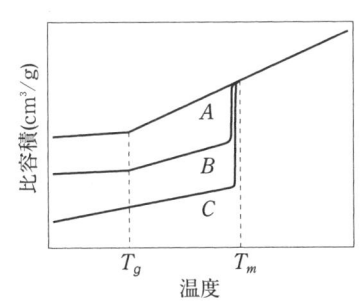

図 9-15　高分子の温度による体積変化

T_m, K) 以下で破壊はぜい性的である。一部の結晶性高分子はBのようにAとCの中間の性質を示し，融点とガラス転移点の両方が観察される。

実用的にはこの他に**軟化温度**（softening tempetarure）が定義される。軟化温度は実用上変形が大きくなって外力に耐えられなくなる温度であって，3点曲げのたわみ，あるいは針状圧子の浸入深さが一定値に達する温度（Vicat法）等で定義する。軟化温度は融点よりもかなり低い温度になる。

9.3.3 弾性率と温度依存性

弾性率は部材設計の上で重要な材料定数である。しかし高分子ではこれが温度によって大きく変化する。

(1) 非晶質高分子 図9-16に非晶質PMMAの弾性率と温度の関係を示す。T_g以下のガラス領域では2次結合が解けておらず，弾性率はGPaのオーダーである。また温度上昇による低下は緩やかである。ガラス転移領域では弾性率が急激に減少する。またこの領域では，部分的な2次結合の抵抗による弾性変形と，高分子間のすべりによる粘性が組合わされ，**粘弾性挙動***（visco-elasticity）を示す。ゴム領域では，弾性率がガラス領域

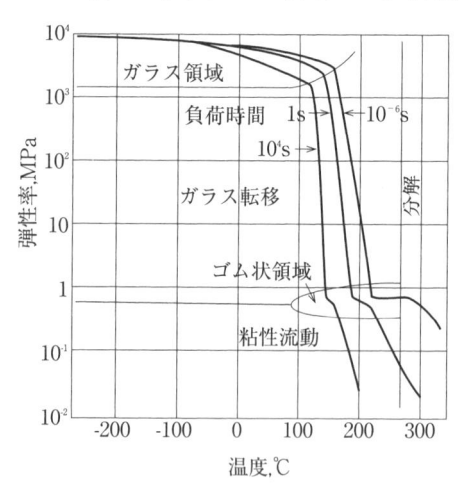

図9-16 非晶質PMMAの弾性率に及ぼす温度の影響
(堀内良，大塚正久，金子純一訳：材料工学（内田老鶴圃）(1992), p288)

---

* 変形させるのに必要な力が変形速度によって異なる現象，性質

の $\frac{1}{1000}$ 程度に減少する。この領域では2次結合の多くは解け，分子鎖のもつれ，絡みあいによって，物理的に架橋と類似の状態になっている。**図9-17**はゴム領域での変形状態を示したものである。

粘性領域では2次結合がすべて解放され，絡みも解け，相互のすべりが容易に生ずる。弾性率はさらに減少し，挙動は液体に近くなる。

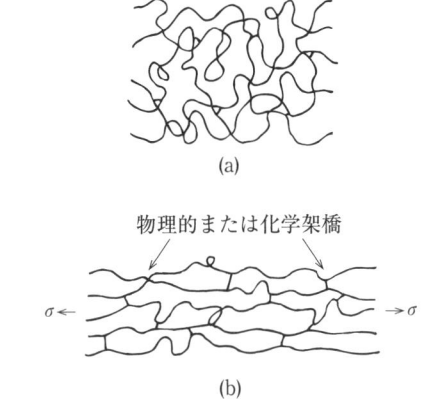

図9-17 ゴム領域での高分子の変形挙動
(W.D.Callister, Jr:Materials Science and Engineering:
An Introductim, 3rd.ed., (John Wiley & Sons.Inc) (1994), p488)

(2) **結晶性高分子と架橋高分子** 弾性率と温度の関係は結晶化の程度によっても異なる。**図9-18**において，Aは結晶性高分子の場合である。弾性率はガラス転移温度T_g以上でもなだらかに低下する。結晶性高分子では分子鎖が緻密で配向性があり，広範囲に2次結合があるため，T_g以上でも分子相互のすべりが生じにくいためである。融点付近では弾性率が急減する。

Bの架橋高分子では，T_g付近で弾性率が急減するが，その後は温度によらずほぼ一定のまま分解に至る。これは非晶質高分子のゴム領域が高温まで拡大された状態と類似である。架橋は化学的な結合であって，分子鎖同士の結びつきが分解温度まで機能するからである。エラストマーの加硫

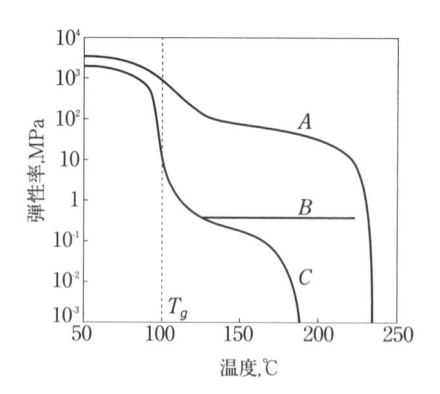

図 9-18 結晶化の異なる高分子の弾性率と温度の関係
(W.D.Callister, Jr: Materials Science and Engineering:
An Introductim, 3rd. ed., (John Wiley & Sons.Inc) (1994), p487)

処理は，架橋構造を作り，Bの特性を持たせるためのものである。

9.3.4 可塑剤

高分子材料の弾性率やガラス転移点を低下させ，成形加工の際の流動性を改善し，また製品の使用温度での柔軟性を得るために，**可塑剤**（plasticizer）を添加することがある。可塑剤にはアジピン酸，フタル酸等の脂肪酸エステル，リン酸エステル，塩素化パラフィン等が用いられる。

9.4 各種の高分子材料

表9-1におもな高分子材料の基本データを示す。以下，熱可塑性高分子（9.4.1），熱硬化性高分子（9.4.2），およびエラストマー（9.4.3）に分けて，機械的特性と用途を述べる。

9.4.1 熱可塑性高分子

【**汎用プラスチック**】　耐熱温度が約100℃以下と比較的低く，安価なプラスチックを**汎用プラスチック**と呼んでいる。これには次のようなものがある。

(1) **ポリエチレン**（polyethylene, PE）　結晶性高分子であり，軟質低密度から硬質高密度まで多くの種類がある。最も多用されるプラスチックである。水，油，薬品に強く，成形加工性が良い。フィルム，食品容器，ポリバケツ等の日用品の他，絶縁性に優れるため，電線被覆材として用いられ

表9-1 代表的な高分子材料の特性

高分子名称	略称	密度 g/cm³	弾性率 GPa	引張強さ MPa	伸び %	破壊じん性 MPa√m	ガラス転移温度℃	熱変形温度℃	融点 ℃	比熱 kJ/kg/K	熱伝導度 W/m/K	熱膨張係数 ×10⁻⁶/K
【熱可塑性】												
ポリエチレン	PE	0.91~0.94	0.15~0.24	7~17	50~800	1~2	-125		82	107~120	2.25	0.35	160~190
高密度ポリエチレン		0.95~0.98	0.55~1.0	20~37	15~130	2~5	-125		120	120~140	2.1	0.52	150~300
ポリプロピレン	PP	0.91	1.2~1.7	50~70	10~700	3.5	-20	35	167~170	1.9	0.2	100~300
ポリスチレン	PS	1.1	3.0~3.3	35~68	1~60	2	100	100	230	1.35~1.5	0.1~0.15	70~100
ポリ塩化ビニル	PVC	1.4	2.4~3.0	40~60	2~100	2.4	70~100	100	212~220	—	0.15	50~70
アクリル	PMMA	1.2	3.3	80~90	2~5	1.6	105	130	200	1.5	0.2	54~72
ポリアミド（ナイロン）	PA	1.15	2.35	60~110	50~300	3~5	53~100	77~147	225	1.9	0.2~0.25	80~95
ポリエチレンテレフタレート	PET	1.38	2.8~4.2	60~75	50~300		67~81		248~260	1.18	0.08~0.17	25~65
ポリアセタール	POM	1.42	3.1	70	25~75		-82	143	179	1.47	0.23	81~90
ポリカーボネート	PC	1.2	2	83	110~130		45~231	135	46~300	1.26	0.19	60~70
ポリフェニレンエーテル	PPE	1.06~1.10	2.4~2.7	42~63				86~120				
フッ素樹脂（テフロン）	PTFE	2.13	4.1~5.5	14~48	100~400		130		327	1.05	0.25	100
熱可塑性ポリイミド	TPI	1.3	3	90	90	—	250	240	390	—	0.1~0.2	50
ポリエーテルエーテルケトン	PEEK	1.30~1.52	2.9~11.4	97~172	300~500		144	286~300	335	1.34	—	44~48
【熱硬化性】												
フェノール樹脂	PF	1.27	8	35~55	0~2	—	—	92~277	—	1.5~1.7	0.12~0.24	26~60
ユリア樹脂	UF	1.5	7~11	42~90	0~1					1.67	0.3~0.4	22~36
メラミン樹脂	MF	1.5	8~10	49~90	0~1					1.67	0.3~0.4	40
不飽和ポリエステル	UP	1.1~1.4	1.3~4.5	45~85	0~3	0.5		67	147~167	1.2~2.4	0.2~0.24	50~100
エポキシ	EPX	1.2~1.4	2.1~5.5	40~85	0~6	0.6~1.0	107	127~167		1.7~2.0	0.2~0.5	55~90
ポリイミド	PI	1.6	8.5	100	8~10		310~365	320	—		0.2~0.3	50
【エラストマー】												
ポリイソプレン	IR	0.91~0.93	0.002~0.1	10~20	~800	—	-73	~30		~2.5	~0.15	~600
ポリブタジエン	BR	0.94	0.004~0.1	24	~800		-90	~120		~2.5	~0.15	~600
ポリクロロプレン	CR	1.24	~0.01	24	~800		-50	~80		~2.5	~0.15	~600

(高分子学会:新版高分子辞典（朝倉書店）(1988), 堀内良他訳:材料工学入門（内田老鶴圃）(1992), 日本化学会:化学便覧 応用化学編Ⅱ, 材料編（丸善）(1986), 日本熱物性学会編:熱物性ハンドブック（養賢堂）(1990), 成沢郁夫:プラスチックの強度設計と選びかた（工業調査会）(1986), D.R.Askeland: Science and Engineering of Materials（Wodsworth, Inc.）(1984))

る。

　高密度ポリエチレンは，－Ｃ－Ｃ－構造の枝分れを少なくし，線状構造に近付けたもので，密度，強度が向上する。

(2) **ポリプロピレン**（polypropylene, PP）　結晶性高分子であり，比重が0.89～0.91と，軽量である。ポリエチレンについで多く使用される。ポリエチレンより高強度で融点も高い。フィルム，各種容器，ビールコンテナ，包装用バンドの他，自動車のバンパーにも用いられる。

(3) **ポリスチレン**（polystyrene, PS）　非晶質高分子であり，ポリエチレン，ポリプロピレンより弾性率，引張強さともに大きい。ガラス転移温度が約100℃と高く，室温でぜい性的である。透明度が高く，卓上用品，カセットケース等，安価な成形品に用いられる。クッション材の発泡スチロールはポリスチレンを発砲剤CO_2で多孔質化し，スポンジ状にしたものである。後述の合成ゴム，ABS樹脂等の原料としても重要である。

(4) **ポリ塩化ビニル**（polyvinyl chloride, PVC）　非晶質高分子である。弾性率，引張強さはポリスチレンとほぼ同じであるが，可塑剤の添加により，硬さを広範囲に変えられる特徴がある。また難燃性である。テーブルクロスや風呂敷等のフィルム，住宅の壁材や窓枠等の建材，水道管，レコード盤，電線被覆材など，多種多方面に使用される。

(5) **アクリル**（polymethyl methacrylate, PMMA）　非晶質高分子である。ガラス転移温度が約100℃であり，室温でぜい性的である。前4者よりやや高価である。ガラスと同等の透明度，屈折率を持ち，航空機用の窓ガラスとして使われた。最近はカメラレンズ，プリズム，各種メータカバー，CDピックアップ等，光学用材料としての用途が大きい。

【汎用エンジニアリングプラスチック】　汎用プラスチックより耐熱性や強度が高く，機械構造用として用いられるプラスチックを総称して**エンジニアリングプラスチック**（engineering plastics，略称**エンプラ**）と呼ぶ。このうち，耐熱性100～150℃程度のものを汎用エンジニアリングプラスチック（汎用エンプラ）という。汎用エンプラには次のようなものがある。

(1) **ポリアミド**（polyamide）　**ナイロン**（nylon）の商品名で知られ，エンジニアリングプラスチックの中で最も多量に生産される。弾性率，引張強さ，耐熱性が大きく，耐摩耗性，耐油性にも優れている。歯車，カム等の機械部品や，オイルタンク，燃料タンク，シリンダヘッドカバー等，自動車部品にも使われる。耐吸水性や耐薬品性にやや難がある。

(2) **ポリエチレンテレフタレート**（polyethylene telephthalate, PET）　熱可塑性ポリエステルであり，エンジニアリングプラスチックの中で最もじん性が高い材料のひとつである。疲労強度，耐水性，耐薬品性，耐油性も優れている。衣料用繊維の他，テント，自動車用タイヤコード，各種磁気テープ等のフィルムとしても重要である。飲料用の容器は**ペットボトル**として広く知られている。

(3) **ポリアセタール**（polyoxymethylene, POM）　剛性，耐摩耗性，疲労強度，クリープ特性等機械的性質のバランスがエンジニアリングプラスチックの中でも特に優れている。プラスチック歯車のほとんどがこの材料である。ビデオ，ラジカセ，プリンタ等，AV，OA機器の駆動部分に多く使用されている。

(4) **ポリカーボネート**（polycarbonate, PC）　自動車の車体用に開発され，エンジニアリングプラスチックの中で最も耐衝撃性が高い。耐熱性，耐低温性，耐候性に優れ，透明度も高い。航空機の窓ガラス，自動車のバンパー，ヘッドランプレンズ，ヘルメット，防護眼鏡，CD等，特殊かつ重要な用途に使用される。

(5) **ポリフェニレンエーテル**（polyphenylene-ether, PPE）　耐熱性が高いのが特徴であるが，成形性に難があり，スチレン系の材料と混合して用いられる。寸法安定性，絶縁性に優れ，コネクタ，コイルボビン等，高温になりやすい電気部品に用いられる。ホイールキャップなど，自動車部品にも使われる。

(6) **フッ素樹脂**（fluorocarbon polymer）　ポリエチレンの水素Hがフッ素Fで置換されたもの。ポリ4フッ化エチレンPTFEは**テフロン**

(teflon) の商品名で知られる。化学的に安定で耐熱性が極めて高く，電気特性も優れている。また摩擦係数が低い。耐食性シール類，化学プラントのパイプ，バルブ，慴動部品のコーティング，フライパン等調理器具のコーティング，耐熱電子部品などに広く使われる。

【スーパーエンジニアリングプラスチック】　エンジニアリングプラスチックの中でも，特に耐熱性を向上（150℃以上）させた新しい材料を**スーパーエンジニアリングプラスチック**という。結合エネルギの高さから，多重結合をもつベンゼン環を主鎖に用いる高分子が多い。生産量が少なく，高価であるが，高い機能により，航空宇宙分野をはじめ，極限的な用途に用いられる。

(1) **ポリイミド**（polyimide, PI），**熱可塑性ポリイミド**（thermoplastic polyimide, TPI）　主鎖骨格中にイミド基を持つ高分子の総称である。ポリイミドは当初，非熱可塑性高分子として開発された。商品名**ベスペル**，**カプトン**がその例であり，基本単位を**図9-19**に示す。ガラス転移温度は400℃以上，常用温度は260℃と高い耐熱性をもつ。これらの全芳香族型ポリイミドは溶融成形ができない。このため成形性の改良を目的とした熱可塑性ポリイミドの開発が進められている。商品名**オーラム**などがその例である。以上のようにポリイミドにはいくつかの種類があるが，一般に，弾性率，強度が高く，耐クリープ性，電気絶縁性に優れ，著しく高い耐放射線性を有する。車両用電動機および原子力機器の絶縁材料，人工衛星の太陽電池パネル，フレキシブルプリント回路等に用いられる。

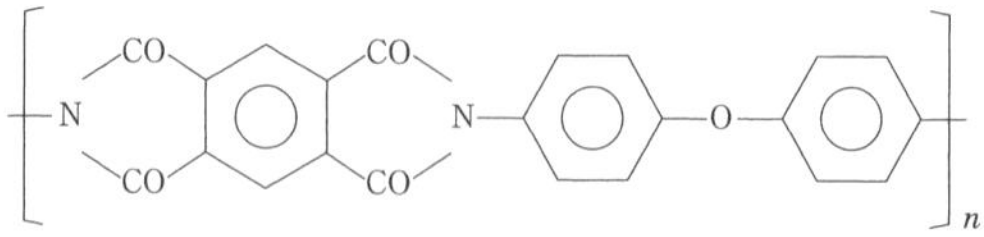

図9-19　ポリイミドの基本単位

(2) **ポリエーテルエーテルケトン**（polyetheretherketon, PEEK）　強靱

な熱可塑性結晶性高分子である。基本単位を**図9-20**に示す。ポリイミドと同等の耐熱性をもち，連続使用温度は260℃である。融点は334℃と高いけれども，射出成形も可能であり，加工性に優れる。高分子材料中最高の高温耐水蒸気性を示す。耐放射線性も優れている。用途はポリイミドと競合するが，高温時の耐酸性，耐アルカリ性がこれより優れている。

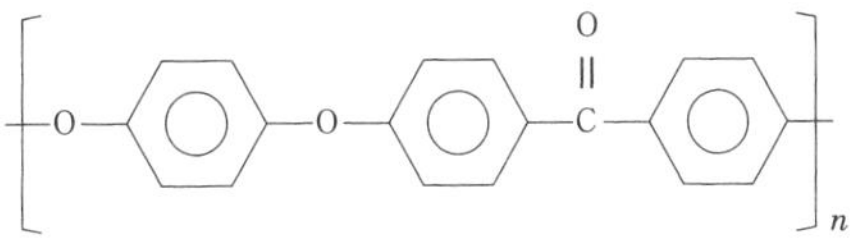

図9-20 PEEKの基本単位

9.4.2 熱硬化性高分子

(1) **フェノール樹脂**(phenolic resin)　1907年，ベークランド(Bakeland)によって発明された，最も歴史の長い合成樹脂。フェノール(C_6H_5OH)とフォルムアルデヒド(HCHO)の重合によって得られ，**ベークライト**(bakelite)の商品名で知られる。黒，褐色以外の着色が困難，臭いがある，もろい等の欠点があるけれども，耐熱性，電気絶縁性に優れ，電気部品，絶縁用積層板，鍋の取手などの日用品等に用いられる。

(2) **ユリア樹脂**(urea formaldehyde resin)　尿素($NH_2-CO-NH_2$)とフォルムアルデヒドの重合による樹脂。安価で着色性が良く，食器，玩具，自動車部品などの成形品，ベニヤ板の接着材などに用いられる。加熱によって微量のホルマリンが溶出する欠点が指摘された。

(3) **メラミン**(melamin formaldehyde resin)　**図9-21**(2)のようなメラミンモノマーとホルマリンの重合による樹脂。ユリア樹脂よりも耐水性，耐薬品性，耐摩耗性に優れ，ユリアに代わって食器用として普及した。この樹脂を含浸させた紙の積層板は建築用化粧板の表面材として用いられる。

(4) **不飽和ポリエステル**(unsaturated polyester)　多塩基酸と多価アルコ

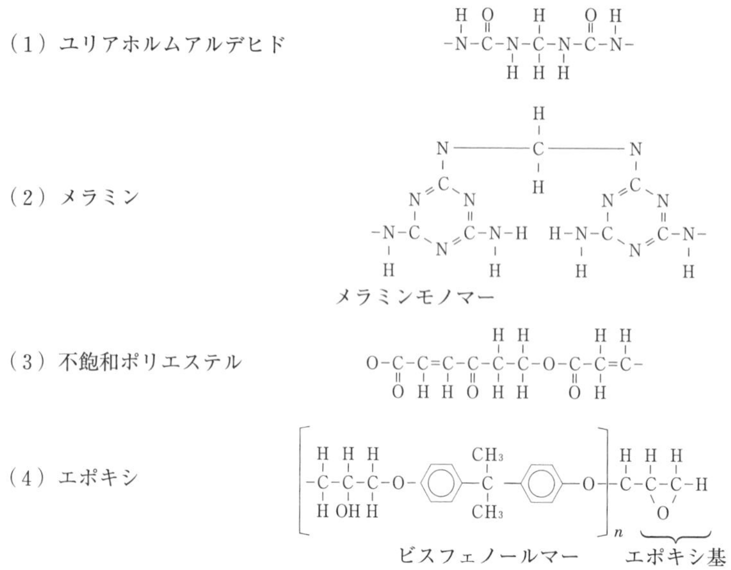

(1) ユリアホルムアルデヒド

$$-N-C-N-C-N-C-N-$$
(with H, O, H, H, O, H, H substituents)

(2) メラミン

メラミンモノマー

(3) 不飽和ポリエステル

$$O-C-C=C-C-C-C-O-C-C=C-$$
(with H, O, H, H, O, H, H, O, H substituents)

(4) エポキシ

$$\left[\begin{array}{c} H\,H\,H \\ -C-C-C-O- \\ H\,O\,H \end{array} - \phi - \begin{array}{c} CH_3 \\ C \\ CH_3 \end{array} - \phi - O- \begin{array}{c} H\,H\,H \\ -C-C-C-H \\ O \end{array} \right]_n$$

ビスフェノールマー　エポキシ基

図 9-21　熱硬化性樹脂の基本構造

ールによるエステル結合の高分子を**ポリエステル**（polyester）と総称する。二重結合部分を残すものは不飽和であり，加熱によって3次元構造になる。積層品，成形品に広く用いられる。ガラス繊維で強化したもの（**GFRP**（11章，11.2））は自動車車体，ボートの船体，ヘルメット等に広く用いられる。

(5) **エポキシ樹脂**（epoxy）　エピクロルヒドリンとビスフェノールの縮合重合による樹脂。C-O-C環を持つエポキシ基が分離し，鎖状高分子と付加重合して3次元構造になる。分子量により液体から固体の樹脂となる。加熱により硬化が進む。耐熱性，耐薬品性，硬さに優れ，また接着力が強く，金属用接着剤（2剤を混合し室温または高温で硬化させるタイプのもの），塗料，および炭素繊維強化等の複合材料の母材として用いられる。

これらの熱硬化性樹脂の基本構造を**図9-21**に示した。

9.4.3　エラストマー

(1) **ポリイソプレン**（polyisoprene）　メチルブタジエンともいい，天然ゴ

ムの構成単位である。塩酸，Naの添加，加熱で重合が促進される。天然ゴムはタイヤ，靴底等一般用の用途に広く用いられるが，耐油性，耐候性が合成ゴムに比べて劣る。

(2) **ポリブタジェン**（polybutadiene）　合成ゴムの主要素で，密度が高く（1.5g/cm^3），自動車用タイヤの主原料である。ガラス転移点が低く，反発弾性が大きく，低温特性が優れている。しかし単独では加工性が良くないので，各種ゴムとブレンドして用いられる。

(3) **ポリクロロプレン**（polychloroprene）　ブタジェンのHの一つがClに置換わった構造であり，**ネオプレン**（neoprene）とも呼ばれる。耐油性に優れ，オイルシール用ゴム等に用いられる。

(4) **シリコンゴム**（silicone rubber，ポリジメチルシロキサン）　線状構造の主鎖のCがケイ素Siに置き換わった構造である。ガラス転移点が-123℃であり，広い温度範囲でゴム弾性を示す。耐熱性，耐候性に優れ，低温用ガスケット，耐熱電線被覆材，医用チューブ等に用いられる。

これらのエラストマーの基本単位を**図9-22**に示した。**一般の合成ゴム**

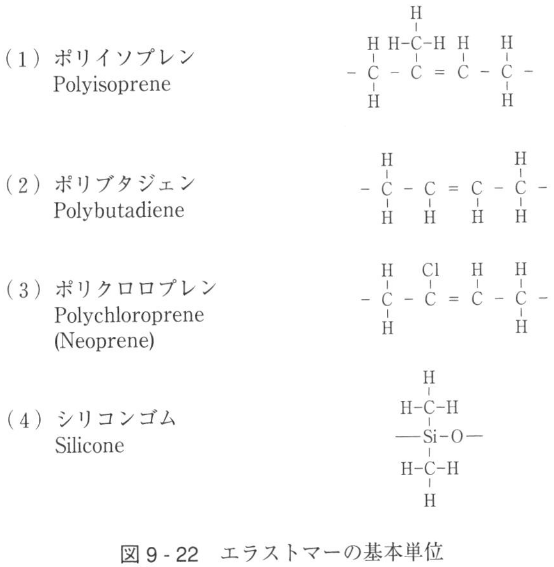

(1) ポリイソプレン
    Polyisoprene

(2) ポリブタジェン
    Polybutadiene

(3) ポリクロロプレン
    Polychloroprene
    (Neoprene)

(4) シリコンゴム
    Silicone

図9-22　エラストマーの基本単位

は複数のエラストマーが入り交じった状態で重合反応が進んだ**共重合体**（copolymer）である。図9-23のSBRはスチレンとブタジェンの共重合ゴムであり，自動車タイヤ用に多用されるほか，靴底にも用いられる。NBRはアクリロニトリルとブタジェンの共重合ゴムで，耐油性が優れ，耐油ホース，耐油パッキン，オイルシール等の用途に用いられる。アクリロニトリルとブタジェン，スチレンの共重合ゴムはABSと呼ばれ，強度，弾性率，じん性が極めて優れており，耐衝撃性が要求される用途に用いられる。

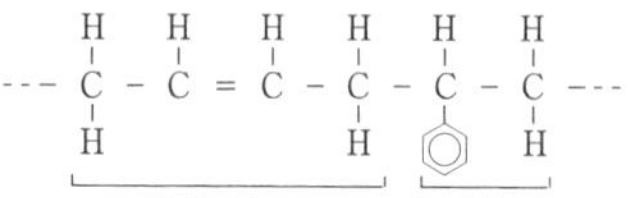

$$--- \overset{H}{\underset{H}{C}} - \overset{H}{\underset{}{C}} = \overset{H}{\underset{}{C}} - \overset{H}{\underset{H}{C}} - \overset{H}{\underset{\bigcirc}{C}} - \overset{H}{\underset{H}{C}} ---$$

ブタジェン　　スチレン

図9-23　共重合高分子の例（SBゴム）

9.5　高分子材料の成形加工法

　高分子材料の大きな利点は，成形加工性の良さである。熱可塑性樹脂では，重合反応の完了した**粉粒状の高分子（コンパウンド**（compound）**と呼ぶ）**を加熱軟化して粘性流体状とし，次のような手法で成形する。

(1) **押出し成形**（extrusion）　スクリューにより連続的にダイスから押出して棒，管，形材等を作る。

(2) **吹込み法**（ブロー成形，blow molding）　空圧により型内で容器等を成形する。

(3) **射出成形**（injection molding）　プランジャで金型内に圧入する。

(4) **カレンダ加工**（calendering）　金属の圧延と同様にして板を成形する。

(5) **インフレーション法**（inflation）　細い円輪状のスリットから押出し，空圧を用いて円筒状の薄いフィルムを作製する。

(6) **紡糸**（spinning）　小さな穴から押出し，これを延伸し，糸とする。

　これらを図9-24に示した。

(1) 押出し成形　　(2) 吹込み　　(3) 射出成形

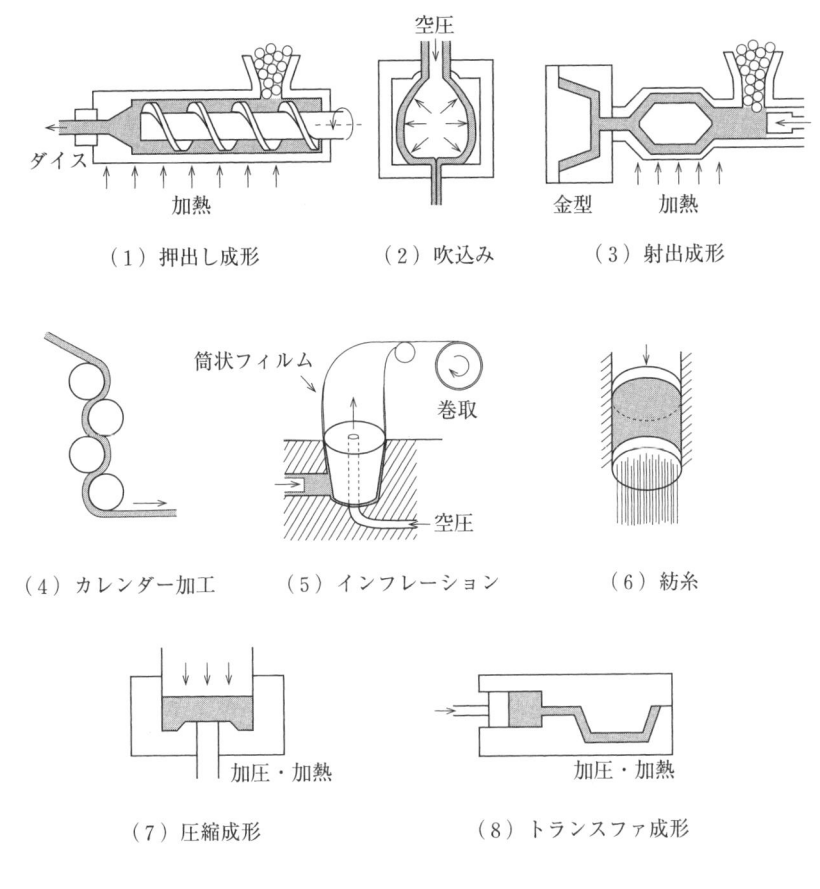

(4) カレンダー加工　(5) インフレーション　(6) 紡糸

(7) 圧縮成形　　　　(8) トランスファ成形

図 9-24　高分子材料の成形加工法の例

　熱硬化性樹脂では，より低分子量の原料コンパウンドを粉粒体または液体の状態で供給し，これを型内で混合，加熱して重合硬化させる。**図 9-24**（7）は加熱プレスで成形硬化させる**圧縮成形法**，同図（8）はこれを連続自動化し，軟化状態で金型内に圧入する**トランスファ加工**（transfer forming）の概念図である。

　高分子材料は原料が安価であるのが特色である。しかし（1）〜（8）の成形にはいずれも高価な金型が必要である。したがって，大量の製品製造によって始めて，安価な製品の供給が可能である。

第9章の練習問題 (Exercise for Chapter 9)

9.1 Vinyl acetate monomers have the molecular structure in Fig.1. Show the molecular structure after polymerization. Is this process additional or condensational ?

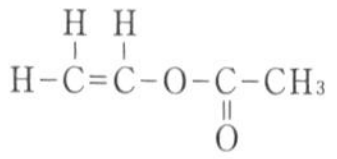

$$H-\underset{H}{\overset{H}{C}}=\underset{H}{\overset{|}{C}}-O-\underset{\underset{O}{\parallel}}{C}-CH_3$$

Fig. 1 Vinyl acetate

9.2 (1) Describe the formation of urea-formaldehyde from urea ($NH_2-CO-NH_2$) and formaldehyde (CH_2O). Is this an additional polymerization or a condensational polymerization ?

(2) How many g of formaldehyde are required to polymerize 1 kg urea?

(3) How much water is produced in the process ?

9.3 The molecular mass of a polyethylene is 120,000 g/mol. Calculate the degree of polymerization.

9.4 Polyvinyl chloride has a molecular mass of 230,000 g/mol. Calculate the degree of polymerization.

9.5 The table shows the distribution of mass fractions $w_i/\Sigma w_i$ and number fractions $x_i/\Sigma w_i$ of different molecular weights of a polymer. Calculate the mass and number average molecular weights. (Use

range of molecular mass (g/mol)	$w_i/\Sigma w_i$	$x_i/\Sigma w_i$
0 ~ 5000	0.02	0.01
5000 ~ 10000	0.05	0.03
10000 ~ 15000	0.11	0.08
15000 ~ 20000	0.19	0.21
20000 ~ 25000	0.22	0.26
25000 ~ 30000	0.23	0.20
30000 ~ 35000	0.11	0.14
35000 ~ 40000	0.05	0.05
40000 ~ 45000	0.02	0.02

the mean values of the molecular mass in each range.)

9.6 Assume that the distance between carbon atoms in polyethylene is 1.5 Å. Calculate the length of the polymer chain of polyethylene where the degree of polymerization is 2500.

9.7 When vulcanizing butagien rubber, calculate the mass % of sulfur to cross-link 20% of the sites.

9-8 Suppose 5 kg of sulfur is added to 250 kg of polyisoprene rubber. What fraction of possible cross-link sites are used in the vulcanization?

9.9 Compare the specific strengths of the following five materials, (1) polyethylene, (2) polycarbonate, (3) epoxy, (4) 1100 aluminum alloy(O), and (5) SS400 (annealed). Use the maximum values in Table 9-1 for strengths and densities.

9.10 There are an aluminum beam and a polyethylene beam with rectangular cross sections.
(1) Estimate the ratio of deflection of the beams when they are subjected to bending force and have the same cross sections.
(2) To achieve equal deflection of the two beams, what should be the height of the polyethylene beam assuming that the width is unchanged.
(3) Calculate the weight ratio of the two beams with the same rigidity, EI (E: elastic modulus, I: moment of inertia of the cross section). Assume the width is unchanged.

第10章　セラミックス材料

　セラミックスは，金属の酸化物，炭化物，窒化物，水酸化物等，およびこれらが複合した化合物の原料粉末を高温で焼き固めた窯業製品の総称である。陶磁器等，粘土を焼き上げた製品のほか，ガラスやセメントなど炉を用いて作られる製品もセラミックスの仲間である。最近は高純度の原料を用い，化学組成や製造温度を制御し，高度な機械的性質を付加したものが開発されている。これらはエンジニアリングセラミックスと呼ばれ，切削工具，高圧電線用碍子，ターボチャージャー羽根車，生体材料など，機械構造材料としての用途を拡大している。

10.1　セラミックスの構造

10.1.1　イオン結合型セラミックス

　セラミックスの構造はその原子間結合の種類により**イオン結合型**と**共有結合型**に大別することができる。イオン結合型セラミックスは陽イオン（cation，金属イオン）と陰イオン（anion，非金属イオン）の静電的引力によって結合するものであり，その化学構造は構成イオンの電荷と，陽イオン，陰イオンの半径比によって定まる。

　セラミックスの化学式は電気的に中性になるように決定される。岩塩では，ナトリウムイオンは+1の電荷をもち，塩素イオンは-1の電荷をもつため，その化学式はNaClとなる。また，アルミナでは，Alイオンは+3の電荷，酸素イオンは-2の電荷をもつため，その化学式はAl_2O_3となる。この電気的中性の条件を満たした上で，陽イオン半径r_cと陰イオンの半径r_aの比$\frac{r_c}{r_a}$によって結晶構造が決定される。通常，陽イオンは陰イオンに比べて小さい。このため，図10-1に示すように陽イオンのまわりの全ての陰イオンが，その陽イオンに直接接触できる場合に結晶構造が安定になる。陰イオン同士が互いに隣合わない条件を満たしながら，できるだけ多く陽イオンの周りに接

図 10 - 1　陽イオンと陰イオンの大きさによるイオン結合の安定性

触する条件は $\frac{r_c}{r_a}$ によって定まる．**図10-2**に，陽イオンから見た陰イオンの配位数（最近接原子数，第2章，2.3.3），配置関係と $\frac{r_c}{r_a}$ の関係を示す．また，**表10-1**に主なイオンの半径を示す．例えば，$\frac{r_c}{r_a}$ が0.225～0.414の間にある場合には，陽イオンは，頂点が陰イオンによって占められる正4面体の中心に位置する．この場合の配位数は4である．$\frac{r_c}{r_a}$ が0.414～0.732の間にある場合には，陽イオンは，陰イオンを頂点とする正8面体の中心に位置し，

配位数	イオン配置		イオン半径の比
2		直線状	0～0.155
3		三角形の中心と頂点	0.155～0.225
4		4面体の中心と頂点	0.225～0.414
6		8面体の中心と頂点	0.414～0.732
8		6面体の中心と頂点	0.732～1.00

図 10 - 2　イオン半径の比と配位数，イオン配置

その配位数は6である。$\frac{r_c}{r_a}$ が0.732〜1.0の場合は，正6面体の中心となり，配位数は8になる。セラミックスの配位数は4，6，8のいずれかであることが多い。

多くのセラミックスは金属イオンと非金属イオンが1対1に結合する**MX型**に属する。MX型の代表である岩塩（NaCl）の構造を**図10-3**（1）に示す。各Na^+とCl^-の半径比はおよそ0.56であり，**図10-2**から，その配位数は6である。各Na^+の最近接位置には6個のCl^-が配置されている。**マグネシア**（magnesia）MgOもこの構造をとる。**図10-3**（1）において，Na^+をMg^{2+}に，Cl^-をO^{2-}に換えれば，MgOの構造になる。その他，MnS，LiF，FeOなどがこの構造である。

MX型の別の重要な構造として，**閃亜鉛**（zincblende）**構造**がある。ZnSがこの代表例であり，**図10-3**（2）に示す。ZnSは$\frac{r_c}{r_a}$が0.225〜0.414の間にあり，配位数は4となる。Zn^{2+}はS^{2-}の作る正4面体の中心位置に配置する。原子結合において共有結合的な性格が強くなると，このタイプになるこ

表10-1 おもな陽イオンと陰イオンの半径（配位数6）

陽イオン	イオン半径 (nm=10^{-9}m)	陰イオン	イオン半径 (nm=9^{-9}m)
Al^{3+}	0.053	Br^-	0.196
Ba^{2+}	0.136	Cl^-	0.181
Ca^{2+}	0.100	F^-	0.133
CS^+	0.170	I^-	0.220
Fe^{2+}	0.077	O^{2-}	0.140
Fe^{3+}	0.069	S^{2-}	0.184
K^+	0.138		
Mg^{2+}	0.072		
Mn^{2+}	0.067		
Na^+	0.102		
Ni^{2+}	0.069		
Si^{4+}	0.040		
Ti^{4+}	0.061		

(1nm=10Å)

(W.D.Callister,JR.:Materials Science and Engineerig:An Introductiom,3rd.ed.,(John Wiley & Sons.Inc.)(1994), p379)

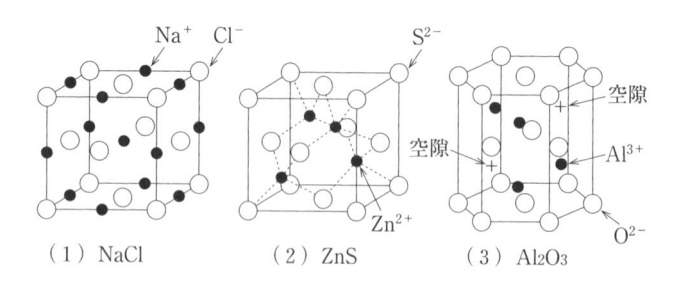

（1）NaCl　　（2）ZnS　　（3）Al_2O_3

図10-3　イオン結合型セラミックスの構造

とが多い．ZnSのほかにZnTe，SiCもこの構造である．ほかの構造としてアルミナAl_2O_3に代表されるM_2X_3型がある．図10-3（3）にアルミナの構造を示す．この構造は，後述のように，O^{2-}がHCP構造をとっており，その**正8面体**（octahedron）**空隙**にAl^{3+}が電気的に中性になるように入り込んでいるとみることができる．

イオン結合型セラミックスの例としてMX型，M_2X_3型，およびMX型の岩塩構造，閃亜鉛構造を示したが，これら以外にも多くの構造が知られている．ここでは個々の構造を詳述することはせず，多くのセラミックスの構造を統一的に理解する見方を述べる．

図10-3に示すように，陰イオンはいずれも**最密充填構造**（稠密構造）をとる．すなわち，NaClではCl^-がFCC，ZnSではS^{2-}がFCC，Al_2O_3ではO^{2-}がHCP構造である．これに対し，陽イオンは各最密充填構造の中の最大あるいは2番目に大きな空隙に配置している．図10-4（1）にFCC構造で重要な**原子間（イオン間）の隙間**を示す．FCC構造に存在する最も大きな隙間は6個の面心の位置を頂点とする**正8面体**の中心にある．また2番目に大きな隙間は1個の頂点と3個の面心の位置を頂点とする**正4面体**（tetrahedron）**の中心**にある．前者を**正8面体空隙**，後者を**正4面体空隙**という．これらの隙

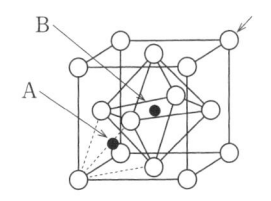

A：正4面体空隙
B：正8面体空隙
（1）FCCの空隙位置
（2）FCCおよびHCPの空隙位置 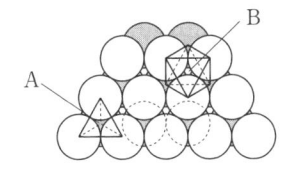
（（1）の矢印の方向から見る）

図10-4　最密充填構造における空隙位置
(W. D. Callister,Jr: Materials Science and Engineering: An Introductim, 3rd.ed., (John Wiley & Sons,Inc)(1994),p384)

間はHCP構造でも同様である。**図10-4**（2）はFCCあるいはHCP構造の最密充填原子面2列を上から見たものであり、正4面体空隙は4つの原子の中心位置Aに、正8面体空隙は6つの原子の中心位置Bに対応する。NaClの場合はFCC構造をとるCl^-の全ての正8面体空隙位置にNa^+が入り込んだ形態である。ZnSの場合は、FCC構造をとるS^{2-}の正4面体空隙位置の半分にZn^{2+}が入り込んでいる。Al_2O_3ではHCP構造をとるO^{2-}の正8面体空隙位置の$\frac{2}{3}$にAl^{3+}が配置している。なお、Al_2O_3では全ての空隙位置が満たされていないため、格子形状は厳密にはHCPではなく、若干ひずむことになる。このように、多くのイオン結合型セラミックスは最密充填構造をする非金属イオンと、その正8面体空隙あるいは正4面体空隙に配置された金属イオンによって構成されると考えてよい。

10.1.2 共有結合型セラミックス

図10-5に共有結合型セラミックスの代表例を示す。**図10-5**（1）はダイヤモンドの構造である。炭素原子は正4面体を形成するように配置され、各炭素原子は隣接する4つの炭素原子と共有結合で結びついている。ダイヤモンドの極めて硬い性質はこの強固な共有結合の構造による。この構造は炭素のほかケイ素（Si）やゲルマニウム（Ge）など**14族**（旧4B族*）の元素に見られる。**図10-5**（2）に炭化ケイ素SiCの構造を示す。この構造は**図10-3**（2）に示した**閃亜鉛構造**であり、ダイヤモンドにおける正4面体空隙位置を

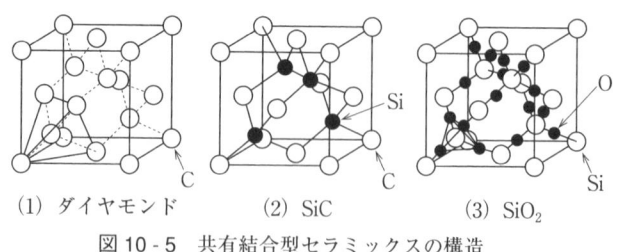

(1) ダイヤモンド　　(2) SiC　　(3) SiO_2

図10-5　共有結合型セラミックスの構造

---

*　またはIVA族。巻末資料1,周期表参照

Siに換えたものといえる。SiCもダイヤモンドと同様に極めて硬い物質のひとつである。**図10-5**（3）に**シリカ**（silica）の一種である**クリストバライト**（cristobalite）の構造を示す。この構造はダイヤモンド構造の炭素原子を，**図10-6**に示すSiO_4^{4-}正4面体で置き換えたものと見ることができる。ただし，各正4面体の酸素原子がそれぞれ隣の正4面体と共有されているため，その化学式はSiO_2となる。

ケイ酸塩はケイ素と酸素を基本元素とし，砂や岩，粘土など地殻を構成する物質である。**図10-6**にケイ酸塩の基本単位であるSiO_4^{4-}正4面体を示す。

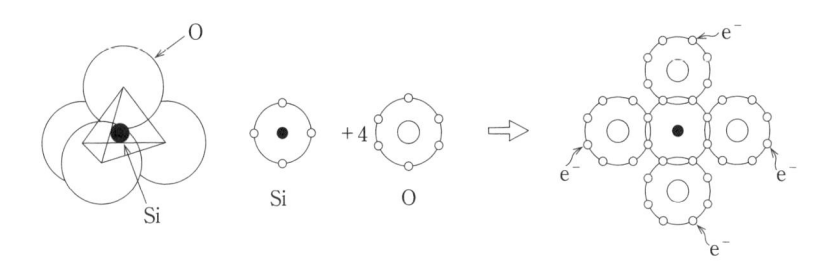

図 10 - 6　ケイ酸塩の基本単位

SiO_4^{4-}正4面体の中心にあるSiと頂点のOは共有結合で結合している。しかし，SiO_4正4面体として見たとき，頂点のO原子は容易に外部から電子を奪って安定な電子配置を取るため，全体として4－に帯電する。同じケイ酸塩に属していても，シリカからガラス，粘土に至るまでの多種多様な性質が現れるのは，この基本単位の組み合わせ方の違いによるものである。

シリカは**図10-5**（3）に示したように規則正しい配列をしている。この配列が極端に乱れたものが**シリカガラス**（silica glass）であり，その構造を**図10-7**（1）に示す。SiO_4^{4-}正4面体が基本になっているが，その結合には規則性がなく，**非晶質構造**を呈する。この場合，第9章，**図9-15**のAで示した非晶質高分子の場合と同様に，明瞭な融点，凝固点を示さない。すなわちガラスは，液体における分子構造の不規則性を固体状態まで持ち越した構造を持つと見ることができる。

(1) シリカガラス　　　(2) ソーダガラス

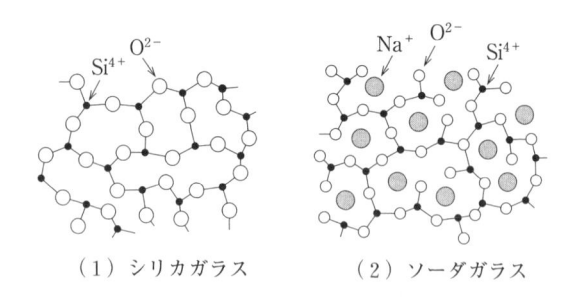

図10-7　ガラスの構造

　シリカガラスの軟化温度は1200℃と高く，高温強度に優れているが，これは一方で加工性の悪さの理由となる。耐熱性を犠牲にして加工性を向上させたものが一般の**ソーダガラス**（soda lime glass）である。**図10-7**（2）にその構造を示す。Na_2O，CaOなどの添加剤を加えると，Na^+やCa^{2+}などの金属イオンがSiO_4^{4-}正4面体と結びつき，強固なSi-O結合の割合を低下させる。このようにシリカガラスに添加剤を入れることにより，軟化温度を低下させ，加工性を向上させることができる。

　SiO_4^{4-}正4面体はその結合の方法により，1次元から3次元まで多様な構造をとる。**図10-8に1次元構造**の例を示す。**図10-8**（1）に示す$Si_2O_7^{6-}$は2つのSiO_4^{4-}正4面体が，頂点の酸素イオンを共有したものである。一方，**同図**（2）にSiO_4^{4-}正4面体が鎖状につながった$(SiO_3)_n^{2n-}$を示す．これはSiO_4^{4-}の頂点のうち2つの酸素原子が共有されている。このため，残りの2つの酸素原子がそれぞれ負の電荷をもつことになる。この部分は外部にMg^{2+}やCa^{2+}などの金属イオンがあれば，それらと容易にイオン結合をする。**図10-9**（1）は金属イオンM^{2+}を介して結合した鎖状ケイ酸塩の模式図である。**エンスタタイト** $MgSiO_3$はこの様な構造を持つ。鎖状の骨格をなす－Si－O－の共有結合に比べて，O－Mg－Oのイオン結合は弱く，繊維

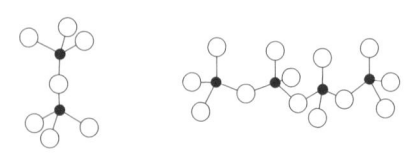

(1) $Si_2O_7^{6-}$　　　(2) $(SiO_3)_n^{2n-}$

図10-8　1次元のケイ酸塩構造

(1) $(SiO_3)_n^{2n-}$ の結合　　　(2) SiO_4^{4-} と $Si_2O_7^{6-}$ の結合

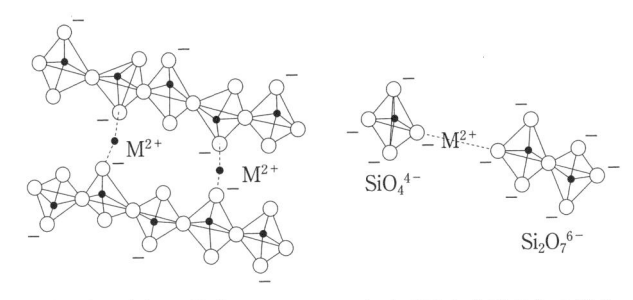

図10-9　金属イオンを媒介にしたケイ酸塩の結合

状となる。金属イオンはこのように比較的大きなケイ酸塩構造を結びつけるだけでなく、**図10-9** (2) のように SiO_4^{4-} と $Si_2O_7^{6-}$ など、より小さな構造体を結合する働きもする。

図10-10に SiO_4^{4-} 正4面体1個につき、3個の酸素が共有された例を示す。この場合には**板状の構造** $(Si_2O_5)^{2-}$ となる。この場合、共有されていない頂点の酸素が−の電荷をもつため、その表面全体が負に帯電する。このような板状構造は電荷を中和するために、陽イオンをもつ別の板状構造と結合しやすい。粘土の主構造である**カオリナイト** (kaolinite) $Al_2(Si_2O_5)(OH)_4$ はその代表例である。**図10-11**にカオリナイトの構造を示す。カオリナイトは板状の $(Si_2O_5)^{2-}$ 層と板状の $Al_2(OH)_4^{2+}$ 層がイオン結合したものである。粘土

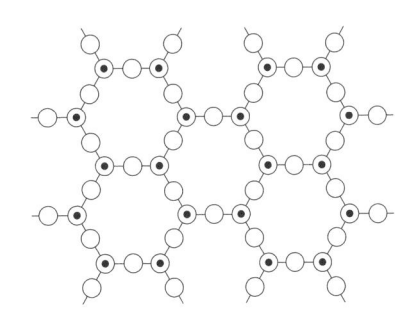

図10-10　板状ケイ酸塩 $(Si_2O_5)^{2-}$
(W. D. Callister, Jr: Materials Science and Engineering: An Introductim, 3rd.ed., (John Wiley & Sons.Inc) (1994), p390)

はこれらの結合層が分子間力によって平行に積み重なることによってできる。この弱い結合は粘土の可塑性の要因になっている。同様の構造をもつものに**雲母**（**マイカ**，mica）$KAl_3Si_3O_{10}(OH)_2$がある。雲母も板状層が積み重ねで生成されているが，それらの層間の結合が弱いため，ここで**剥離**（へき開）しやすい。

図10-12に**黒鉛**（**グラファイト**，graphite）の構造を示す。黒鉛はダイヤ

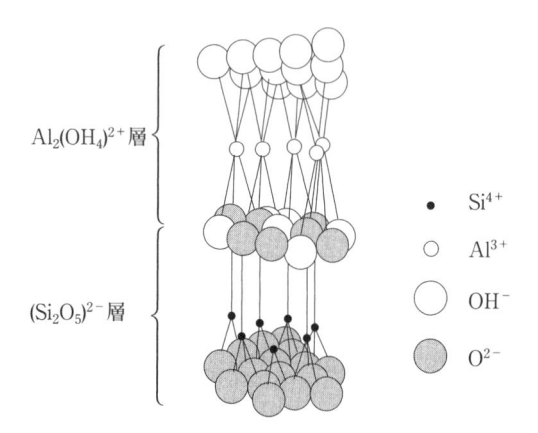

図10-11 粘土（カオリナイト $Al_2(Si_2O_5)(OH)_4$）
(W.D.Callister,Jr.:Materials Science and Engineering:An Introductiom, 3rd.ed.,(John Wiley & Sons.Inc.)(1994), p391)

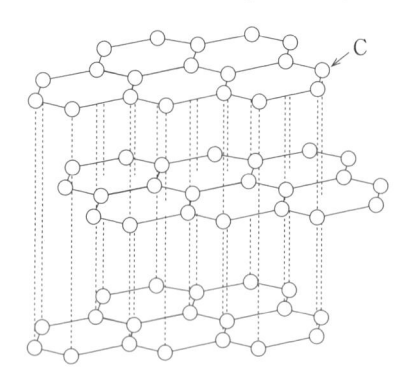

図10-12 黒鉛（グラファイト）
(W. D. Callister,Jr: Materials Science and Engineering: An Introductim, 3rd. ed., (John Wiley & Sons.Inc) (1994), p394)

モンドと同じ炭素原子からなるが，その構造が大きく異なる。黒鉛は六角状に結合したC原子の板が層状に積み重なる構造をもつ。平面内の結合は共有結合であり極めて強いが，平面同士の結合は分子間力によるため弱い。黒鉛の変形のしやすさはこのような構造による。

10.2 セラミックスの機械的性質

10.2.1 応力－ひずみ線図

セラミックスの応力ひずみ関係の例を**図10-13**に示す。常温における応力ひずみ関係はほぼ直線状である。すなわち，セラミックスは破壊までの変形がほぼ弾性的であり，永久変形がほとんどなく，典型的な脆性材料である。このような材料の破壊強度は欠陥に極めて敏感であり，第5章，5.11で述べた**グリフィスの考え方**が適用できる。

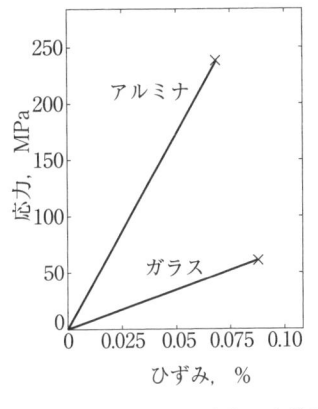

図10-13 セラミックの応力-ひずみ線図

また定量的な取り扱いには第6章，6.10で述べた**破壊力学**が用いられる。

セラミックスに傷やき裂などの欠陥がある場合，その破壊強度は次式で求められる。

$$\psi \sigma \sqrt{(\pi a)} = K_{IC} \tag{10-1}$$

ここでσ：負荷応力，a：セラミックスに存在する欠陥の寸法，K_{IC}：平面ひずみ破壊靭性，ψ：負荷形式や部材の形状によって決まる係数，である（第6章 (6-21) 式と同じ）。

破壊靭性K_{IC}はき裂をもつ材料の破壊に対する抵抗を示す尺度である。セラミックスのK_{IC}は**表10-4**に示すように10MPa以下であり，金属に比べて1桁小さい。これは，セラミックスの基本構造がイオン結合や共有結合であり，転位の移動や増殖が困難で，塑性変形しにくいことによる。金属ではき裂先

端の応力集中が塑性変形によって緩和されるけれども，セラミックスではこのような効果がほとんどない。

　セラミックスは一般に焼結によって製造されるため，巨視的には切欠きや割れが無い場合でも，**図10-14**に示すように，気孔やき裂等，欠陥として作用する部分を潜在的に含んでいる。(10-1) 式によれば，平滑材であっても破壊強度はこれらの潜在的欠陥の形状，大きさ，位置の分布に左右される。潜在欠陥の分布は，同じ種類のセラミックスでも製法や生成条件によって変化し，さらに，それぞれの部分によってもばらつきが生ずる。このため，セラミックスの強度は金属に比べて大きくばらつくのが普通である。なお，ぜい性材料における欠陥からのき裂の進展は，き裂面に垂直な引張応力によって生じるものであり，圧縮応力が作用しても進展することはない。このため，セラミックスの圧縮強度は引張強度に比べて大きく，10倍以上であることが普通である。

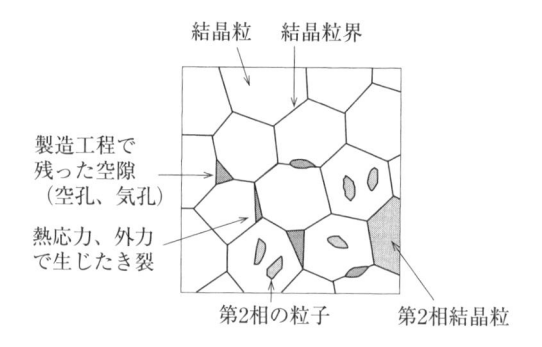

図 10 - 14　セラミックスの微視構造
　　　　　（堀内良、大塚正久、金子純一訳：材料工学（内田老鶴圃）(1992), p201)

10.2.2　塑性変形

　室温ではほとんど塑性変形しないセラミックスでも，高温では塑性変形を無視できなくなる。塑性変形の機構は**結晶質セラミックス**と**非晶質セラミックス**では異なる。**図10-15**に結晶質セラミックスMgO単結晶の高温における応力－ひずみ関係を示す。高温では応力-ひずみ関係が直線的ではなくな

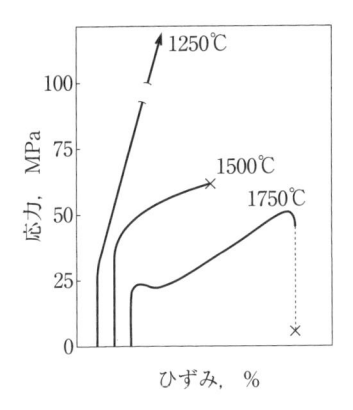

図 10-15　MgO単結晶の高温における応力-ひずみ曲線

り，金属と同様に延性を示すようになる。温度の上昇によって，セラミックスでも転位の移動が生じるようになり，塑性変形が可能となるためである。

さらに，$\frac{1}{2}T_m$(K) を越えるような高温では，拡散クリープによる変形が生ずる。**拡散クリープ**とは材料中を原子が拡散移動することによって生じる変形である。拡散は結晶粒内よりも結晶粒界で容易に生じるため，拡散クリープの速度はセラミックス結晶の粒径が小さいほど大きい。粒径 0.5μm 以下の**微細結晶粒セラミックス**（例えば Y_2O_3 部分安定化 Zr_2O_3）の中には，拡散クリープに起因する**粒界すべり**によって，100%以上の伸びを示す超塑性を発現するものがある。なお，一般のエンジニアリングセラミックスの融点は2000℃〜3000℃であって，設計上クリープ対策が重要となるのは，耐火物のように極めて高温で使用される部材である。

非晶質セラミックスでは，転位の存在の前提となる原子配列の規則性がないから，転位による変形はない。外力による永久変形は**粘性流動**によって生じる。身近な例はガラスの変形である。ガラスの永久変形への抵抗は粘度（粘性係数）によって表すことができる。粘度 η は，**図10-16**に示すように，2つの平板に働くせん断応力と間にはさまれる流体の変形速度の関係から次

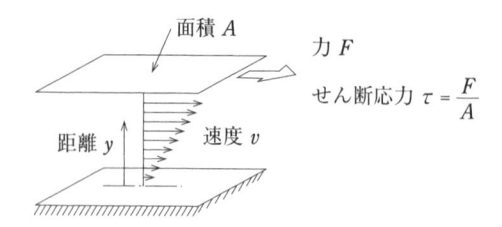

図 10-16　せん断応力によって生じる粘性流動 (W.D.Callister,Jr: Materials Science and Engineering: An Introductim, 3rd. ed., (John Wiley & Sons,Inc) (1994), p408)

のように定義される。

$$\eta = \frac{\tau}{\dfrac{dv}{dy}} \quad (v：速度，y：固定平板面からの距離) \quad (10\text{-}2)$$

室温の水の粘度は10^{-2}P(ポアズ) = 10^{-3}Pa·sであるのに対し，ガラスの粘度は10^{17}Pを超え，極めて大きい。**図10-17**にガラスの粘度の温度依存性を示す。温度上昇で熱エネルギーの供給が増加すると，原子結合を切るために必要なエネルギーが小さくなり，変形に必要なせん断応力が小さくなって粘度が低下する。通常，ガラスの加工は粘度が$10^4 \sim 10^7$Pの範囲で行われる。

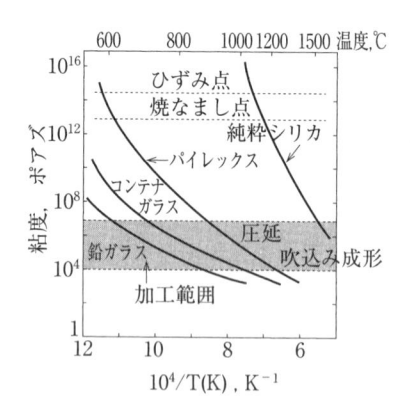

図 10-17　ガラスの粘度と温度の関係
　　　　　（堀内良，大塚正久，金子純一訳：材料工学（内田老鶴圃）(1992) ,p232)

10.2.3 弾性率

エンジニアリングセラミックスの弾性率を**表10-2**に示す。弾性率は金属と同等またはこれより大きな値を示す。この理由はイオン結合や共有結合の高い剛性にある。また高分子材料のような負荷時間依存性を示さない。多くのセラミックスは重い陽イオンが最密充填構造をとらないため，一般に密度が小さく，**比弾性率**$\frac{E}{\rho}$が金属に比べて大きい。このため，セラミックス，黒鉛，ガラス繊維などは軽量化を必要とする複合材料の強化繊維として有効である。

表10-2 エンジニアリングセラミックスの弾性率

材料	弾性率E (GPa)	密度 ρ (g/cm^2)	比弾性率 E/ρ (GPa/g/cm^2)
アルミナ	390	3.9	100
ジルコニア	200	5.6	36
炭化ケイ素	410	3.2	128
窒化ケイ素	310	3.2	97
(参考)			
鋼	205	7.8	26
アルミニウム	71	2.7	26
チタン	120	4.5	27

セラミックスは粉体を焼結したものであるから，**気孔**（空孔，pore）が残存する（10.5.1，**図10-24**）。この気孔は弾性率を低下させる要因である。**図10-18**はアルミナの弾性率に及ぼす気孔率（porosity）の影響である。気孔

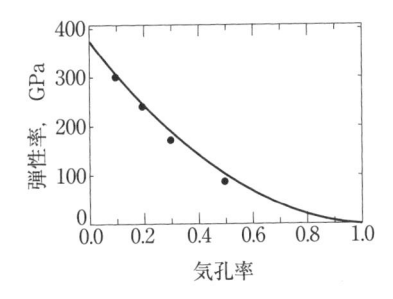

図10-18 セラミックスの弾性率に及ぼす気孔率の影響
(W. D. Callister, Jr: Materials Science and Engineering: An Introductim, 3rd. ed., (John Wiley & Sons. Inc) (1994), p409)

率Pが小さい場合,弾性率Eへの影響として次の実験式が提案されている。

$$E = E_0 \exp(-bP) \qquad (10\text{-}3)$$

ここで,E_0:気孔がない場合の弾性率,b:2〜4 程度の定数,P:気孔率,である。

10.2.4 熱衝撃抵抗

セラミックスを急激な温度差の生じる個所に使う場合,**熱衝撃抵抗**を考慮しなければならない。加熱したセラミックスを水中に急冷すると表面層は一瞬に冷却されるが,内部はまだ高温のままである。この温度差によって熱膨張の差が生じ,熱応力が発生する。これが破壊強度を超えれば破壊が生ずる。破壊することなく,耐えられる最大温度差を**熱衝撃破壊抵抗係数**という。一般に破壊強度をS,弾性率をE,線膨張係数をαとすれば,熱衝撃破壊抵抗係数は$\dfrac{S}{E\alpha}$に比例する。したがって,熱衝撃抵抗が高い材料としては,破壊強度が大きく,弾性率および線膨張係数が小さいことが条件になる。また材料内の温度分布をすみやかに均等化するために,熱伝導率が大きいことが望ましい。

10.3 強度のばらつきの取扱い

10.3.1 ワイブル分布による取扱い

一般にどのような材料でもその強度は一定の範囲内でばらつく。10.2で述べたように,セラミックスの強度は内部に含まれる欠陥に支配されるところが大きい。欠陥の寸法,形状および分布状態にばらつきがあるために,セラミックスの強度は大きなばらつきを示すことになる。**図10-19**(1)は強度の分布状態をヒストグラムで示したものである。**同図**(2)はその累積頻度である。(2)の破線はこれを連続関数$F(x)$で近似したもので,強度がx以下である確率,すなわち応力xで破壊する個体の割合を示すものである。

$F(x)$を強度の(確率)分布関数(distribution function)という。(1)のヒストグラムを連続関数で表した$f(x)$は,$f(x) = dF(x)/dx$であり,これを密度関数(probability density function)という。

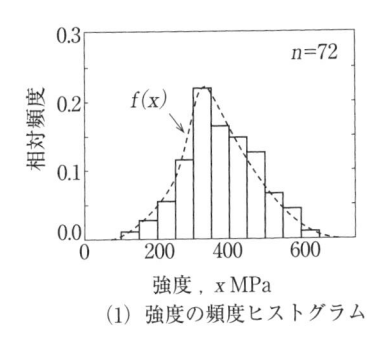

図10-19 強度のばらつき
(1) 強度の頻度ヒストグラム
(2) 累積頻度ヒストグラム

ワイブル (Weibull) は $F(x)$ の最も簡単な形として，

$$F(x) = 1 - \exp\{-(\frac{x}{\eta})^m\} \quad (10\text{-}4)$$

とおいた。密度関数 $f(x)$ は，

$$f(x) = \frac{m}{\eta} \cdot (\frac{x}{\eta})^{m-1} \exp\{-(\frac{x}{\eta})^m\} \quad (10\text{-}5)$$

となる。(10-4)，(10-5) を**2母数のワイブル分布**（Weibull distribution）といい，η を**尺度母数**，m を**形状母数**という。ワイブル分布は，長いチェーンの強度がリンク1個の強度によって決まるような場合，すなわち局所的な偶然性が全体を支配するような現象の取扱いに多く用いられる。(10-5) 式の分布の平均値 μ，およびばらつきを示す分散 S^2 は次式*で与えられる。

$$\mu = \eta \Gamma(\frac{1}{m} + 1) \quad (10\text{-}6)$$

$$S^2 = \eta^2 \{\Gamma(\frac{2}{m} + 1) - \Gamma^2(\frac{1}{m} + 1)\} \quad (10\text{-}7)$$

$\Gamma(a)$ はガンマ関数で，$\Gamma(a) = \int_0^\infty x^{a-1} \exp(-x) dx$ である*。

強度が常に γ 以上である（$x \geq \gamma$）場合には，位置母数 γ を加えて，3母数のワイブル分布，

$$F(x) = 1 - \exp[-\{(\frac{x-\gamma}{\eta})^m\}] \quad (10\text{-}8)$$

$$f(x) = \frac{m}{\eta}\{(\frac{x-\gamma}{\eta})^{m-1} \exp\{-(\frac{x-\gamma}{\eta})^m\} \quad (x \geq \gamma) \quad (10\text{-}9)$$

---

* 詳しくは統計学の教科書を参照，ガンマ関数については数学の教科書を参照

が定義される。

形状母数mは，単に**ワイブル係数**とも呼ばれ，ばらつきの大きさの尺度になる。材料の強度のばらつきの程度は，**変動係数**（coefficient of variation, $C.V.$) $= \dfrac{標準偏差}{平均値} = \dfrac{S}{\mu}$で表される。**図10-20**は，$m$と変動係数の関係（$\gamma = 0$の場合）である。$m$値が小さいほど変動が大きい。延性的な金属材料の降伏点，引張強さの変動係数は$3 \sim 5\%$（$m \sim 20$程度に相当）であるが，セラミックスではmの値が$4 \sim 10$程度であり，変動係数が金属材料よりも大きい。mの値は，実験点を**図10-21**のようなワイブル確率紙上にプロットすることによって求められる。

ワイブル分布はmの値によって広い適用範囲を持ち，強度の問題のほか，機械の故障確率等，多くの工学的な統計現象の解析に用いられる。

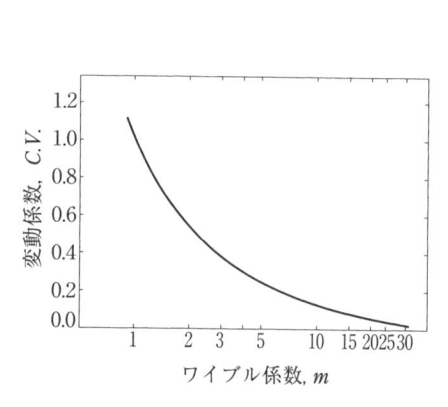

図10-20　ワイブル係数mと変動係数$C.V.$

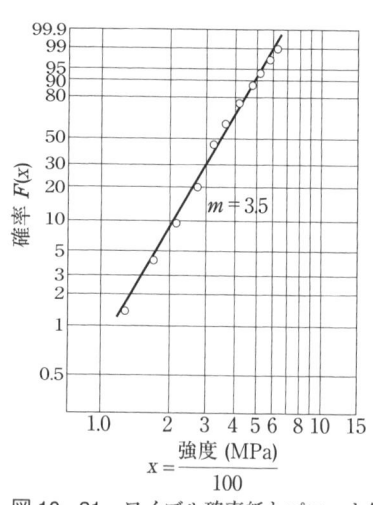

図10-21　ワイブル確率紙とプロット例（図10-19のデータ）

10.3.2　寸法効果

一定の体積Vを持つ試験片または部材の場合，これを基本単位体積V_0のn倍（$V = nV_0$）と考える。この内の最も弱い部分が破壊すれば全体が破壊すると考える（これを**最弱リンク理論**，weakest link theory，という）。基本

単位が破壊しない確率を $1-F(x)=\exp\{-(\frac{X}{\eta})^m\}$ とすれば，n個のいずれもが破壊しない確率は $\{1-F(x)\}^n=[\exp\{-(\frac{X}{\eta})^m\}]^n=\exp[n\{-(\frac{X}{\eta})^m\}]$ である。これから，体積 V_1 と V_2 の試験片または部材の強度の平均値 σ_1 と σ_2 の間には次の関係が成り立つ。

$$\exp[\frac{V_1}{V_0}\{-(\frac{\sigma_1}{\eta})^m\}] = \exp[\frac{V_2}{V_0}\{-(\frac{\sigma_2}{\eta})^m\}]$$

したがって，

$$V_1 \sigma_1^m = V_2 \sigma_2^m \quad \text{または} \quad \frac{\sigma_1}{\sigma_2} = (\frac{V_2}{V_1})^{\frac{1}{m}} \tag{10-10}$$

これは，第5章で述べた (5-24) 式に等しい。(10-10) 式は，体積が大きいほど危険な欠陥を含む確率が増すために強度が減少し，その程度はばらつきの大きさを示す $\frac{1}{m}$ が大きいほど大きいことを示している。同様にして，曲げ破壊の場合には，高応力となる部分が引張の場合よりも減少するから，強度の平均値が増加する。3点曲げでの強度 σ_b と，同じ体積の試験片による引張強度 σ_t の比は，

$$\frac{\sigma_b}{\sigma_t} = \{2(m+1)^2\}^{\frac{1}{m}} \tag{10-11}$$

になる。

10.3.3　正規分布による取扱い

ばらつきを統計的に取扱う場合に最も広く用いられるのは**正規分布**(normal distribution) である。特に，一定の値を中心として上下にほぼ均等にばらつくような現象に対して有効である。正規分布の密度関数 $f(x)$ は次式で表される。

$$f(x) = \frac{1}{\sqrt{2\pi}S} \cdot \exp\{-\frac{(x-\mu)^2}{2S^2}\} \tag{10-12}$$

ここで，μ は平均値，S は標準偏差である。分布関数 $F(x)$ は，

$$F(x) = \int_{-\infty}^{x} f(z)\,dz = \frac{1}{\sqrt{2\pi}S} \cdot \int_{-\infty}^{x} \exp\{-\frac{(z-\mu)^2}{2S^2}\}\,dz \tag{10-13}$$

である。(10-13) 式は，第4章で定義した (4-11) 式の誤差関数 $\text{erf}(x)$ と同じ形である。

(10-12)，(10-13) の密度関数，分布関数の概略を**図10-22**に示した。強度の平均値が μ，標準偏差が S の場合，作用応力レベルによる**破壊の確率**は**表10-3**のようになる。

(1) 正規密度関数 $f(x)$　　　(2) 正規分布関数 $F(x)$

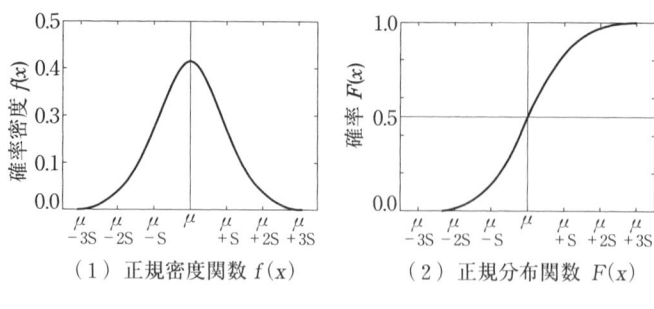

図 10 - 22　正規分布（平均値 μ, 標準偏差 S）

表10-3　正規分布の場合の破壊の確率

応力 σ	$\mu-3S$	$\mu-2S$	$\mu-S$	μ	$\mu+S$	$\mu+2S$	$\mu+3S$
破壊の確率	0.0015	0.0228	0.1587	0.500	0.8413	0.9772	0.9985

　上の表より，例えば，部材の信頼度を98％（破壊する確率が2％）とするためには，設計応力を（材料の強度の平均値－2×標準偏差）以下にする必要があることが分る。信頼度99.8％では，使用可能な応力の上限は（材料の強度の平均値－3×標準偏差）である。セラミックスのような材料，あるいは疲労強度などのように，個体によって強度が大きく変動するような材料や現象に対しては，上のような統計的な取扱いが必要である。

10.4　各種のセラミックス

　表10-4におもなセラミックスの材料，特に近年注目されているエンジニアリングセラミックスのデータを示す。以下ではこれらの特徴と用途を述べる。

(1) アルミナ（Al_2O_3）　　**酸化物セラミックス**の最も代表的な材料である。強度，耐熱性，電気絶縁性が高い。また耐食性も高く，生体適合性に優れている。最近のエンジニアリングセラミックスの中では，特に傑出した特徴はないものの，全体的なバランスが良く，切削工具，研磨剤，スパークプラグ，碍子などに使用されるほか，**人工関節**や**人工歯根**などへの応用もあり，広い範囲で使用されている。熱膨張率が大きく，耐熱衝撃性が低い

表10-4 おもなセラミックスの性質

セラミックス	密度 g/cm³	弾性率 GPa	圧縮強さ MPa	曲げ強さ MPa	ワイブル係数 m	破壊じん性 MPa√m
ソーダガラス	2.48	74	1000	50		0.7
ほうケイ酸ガラス	2.23	65	1200	55		0.8
ダイヤモンド	3.52	1050	5000			
高密度アルミナ	3.9	380	3000	300〜400	10	3〜5
炭化ケイ素	3.2	410	2000	200〜500	10	
窒化ケイ素	3.2	310	1200	300〜850		4
ジルコニア	5.6	200	2000	200〜500	10〜21	4〜12
サイアロン	3.2	300	2000	500〜830	15	5

セラミックス	融点(または軟化点)K	比熱 J/kg.K	熱伝導率 W/mK	線膨張係数 10^{-6}/K	熱衝撃抵抗 K
ソーダガラス	(1000)	990	1.0	8.5	84
ほうケイ酸ガラス	(1100)	800	1.0	4.0	280
ダイヤモンド		510	70	1.2	1000
高密度アルミナ	2323(1470)	795	25.6	8.5	150
炭化ケイ素	3110	1422	84	4.3	300
窒化ケイ素	2173	627	17	3.2	500
ジルコニア	2843	670	1.5	8	500
サイアロン		710	20〜25	3.2	510

(堀内良, 大塚正久, 金子純一訳：材料工学（内田老鶴圃）(1992), p189)

のが難点である。

(2) **ジルコニア**（ZrO_2）　融点が高く，熱伝導率が他のエンジニアリングセラミックスと比べて1桁小さく，優れた耐熱性をもつ．ジルコニアは低温から単斜晶⇔正方晶⇔立方晶という**相転移**を生じ，特に単斜晶⇔正方晶の変態時に5％近い**大きな体積変化**を起こす．このため単体としての焼結ができない．**安定化剤**としてY_2O_3（イットリア），MgO，CaOなどを固溶させ，高温相の正方晶や立方晶を室温に持ち越した**安定化ジルコニア**（SZ: stabilized zirconia）が耐熱材料として用いられている．また部分安定化ジルコニア（PSZ: partially stabilized zirconia）は高温相の安定度を低下させたものであり，き裂先端付近で正方晶⇒単斜晶の**マルテンサイト型応力誘起変態**を起こす機構をもつ．このため10MPa√mを超える破壊靭

性を示すものがあり，各種刃物，耐摩耗部品などに用いられる。

(3) **炭化ケイ素**（SiC）　融点が高く，空気中での高温安定性に優れ，古くから耐化物として用いられてきた。アルミナに比べて強度，破壊靭性ともに大きい。また熱膨張が小さく，熱伝導率が大きいため，温度変化が厳しい場合でも熱応力の発生が少なく，熱衝撃抵抗に優れている。このように構造材料として望ましい性質を持っており，研磨剤，切削工具，軸受けなどに応用されている。また高純度化した炭化ケイ素は，**シリコンウェハの拡散処理冶具**などに使用されている。繊維やウィスカーとしても用いられ，釣具やラケットなどのレジャー用品用FRM（第11章，11.1.2）に用いられるほか，アルミ合金基FRMは自動車部品として期待されている。

(4) **窒化ケイ素**（Si_3N_4）　代表的な**非酸化物セラミックス材料**である。炭化ケイ素に比べて，強度，破壊靭性，熱衝撃抵抗に優れており，**ディーゼルエンジ渦流室，グロープラグ，ターボチャージャ・ロータ**など，自動車部品への応用が実用化されている。また窒化ケイ素を用いたベアリングは，耐熱性，耐食性，耐疲労性に優れており，無潤滑化，高速化を実現させた。特に耐熱性では，鋼の場合200℃以下である使用温度域を800℃まで上昇させ，**高温でのベアリングを可能にした。**

(5) **サイアロン**　サイアロン（sialon, silicon aluminum oxinitride）は**Si，Al，O，Nの化合物の総称**であり，窒化ケイ素Si_3N_4のSiの一部をAlに，Nの一部をOに置換したものである。Si_3N_4よりも焼結が容易であり，耐酸化性に優れる。切削工具に使用されるほか，Mg，Li，Yなどを固溶させることで，さまざまな性質の材料が開発されている。

(6) **ダイヤモンド**　最も硬い物質であり，熱衝撃抵抗も高く，研磨材，砥石，切削用バイトに使用されている。またCVDによる薄膜コーティングが**表面改質法**として実用化されている。空気中では700℃以上で燃焼するため，高温での使用はできない。大きな熱伝導度と高い絶縁性を有するため，**パワートランジスタやLSIの基板への応用が期待されている。**

(7) **黒鉛（グラファイト）**　強度，硬度が低く，熱伝導度が小さく，電気

伝導度が大きいなど，同じ炭素の結晶であるダイヤモンドとは著しく異なる特性をもつ．これは第10章，10.1.2.で述べた**黒鉛の層状構造**に起因する．真空やアルゴンなどの中性ガス中では2500℃程度でも使用可能であり，高温強度に優れる．鉄鋼の**電気精錬用電極**や，**るつぼ**，**耐火物**，**電気接点材**，**潤滑剤**などに用いられている．

一方，炭素元素からなる繊維状の材料である**炭素繊維**（carbon fiber, **CF**）は，黒鉛と異なる高強度，高弾性率と熱伝導特性を持ち（表1-1），複合材料の**強化繊維**として用いられる（第11章，11.2.(2)の(b))．

(8) **シリカ（SiO_2）およびガラス**　シリカは低温から，低温形石英⇔高温形石英⇔トリジマイト⇔クリストバライト，という変態を起こす．その変態速度は石英の低温形⇔高温形を除いて遅く，不純物の種類や量により大きく変わる．実際には室温で安定な**トリジマイト**や**クリストバライト**も存在し，シリカの結晶構造はかなり複雑である．また，溶融したものは容易に**非晶質石英ガラス**となる．シリカは石英（水晶）あるいは石英ガラスとして用いられる．水晶は圧電性を持ち，振動周波数の温度変化が小さいことから水晶振動子に使用される．

石英ガラスは軟化温度が高く，熱衝撃抵抗が大きいため，るつぼや熱電対保護管などへ応用されている．また光透過性の高さから，**光ファイバー**に使用されている．

一般に板ガラス，びん用のガラスとして多用されるガラスは，石英ガラスにNa_2O，CaOなどの添加剤を加えた**ソーダ石灰ガラス**（ソーダガラス）である．10.1.2.で述べたように，添加剤の量によって機械的性質が変わる．ソーダガラスでは加工性を重視するために添加剤が3割程度加えられている．耐熱ガラスとして知られる**パイレックスガラス**（pyrex glass）は，熱衝撃抵抗を重視するため，添加物を2割程度に抑えたものである．PbOを含む**鉛ガラス**（lead glass）は屈折率が高く，光学用ガラス，装飾用ガラスとして用いられる．

10.5 セラミックスの製法
10.5.1 結晶質セラミックスの製法

結晶質セラミックス製品の製造法には次のようなものがある。次の（1）〜（3）はいずれも，調整した**原料粉末の混合体**（green powder）を成形し，高温で**焼結**（**焼成**, sintering）するものである。焼結温度は融点（K）の約2/3，通常50〜80％である。焼結によって気孔が減り，**見かけの密度**（apparent density, bulk density）が増加する。気孔，欠陥の寸法を小さくして密度を上げ，強度の増加をはかること，および寸法精度を向上させることが製法の主たる課題である。

（1）液相焼結法　陶磁器をはじめ，碍子，電気電子部品など，従来からのセラミックス製品のほとんどがこの製法による。骨材となるSiO_2，Al_2O_3等，結合材となる**粘土鉱物**（clay minerals, モンモリロナイト，カオリナイト等）および**融剤**（flux）となる長石等の粉末に，水あるいはアルコール等の有機溶媒を加えて混練し，**スラリ**（slurry, slip）とする。これを**図10-23**のような方法で成形し，乾燥後に高温で焼成する。成形法は基本的に**図1-10**（3）の金属の塑性加工法と同じである。

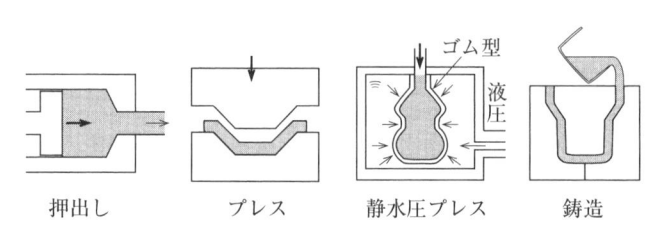

図10-23　セラミックスの成形法

（2）固相焼成法　混練した粉末を金型（ダイ，die）で**圧縮成形**（compacting）し，圧粉体とする。これを焼成する。概略は第1章，**図1-11**の粉末冶金法と同じである。SiC，ZrO_2等，新しいエンジニアリングセラミックスのほとんどがこの製法による。原料粉の粒径を$1\mu m$以下とし，高純度，高密度で微細結晶粒のセラミックスを得ることができる。**図10-**

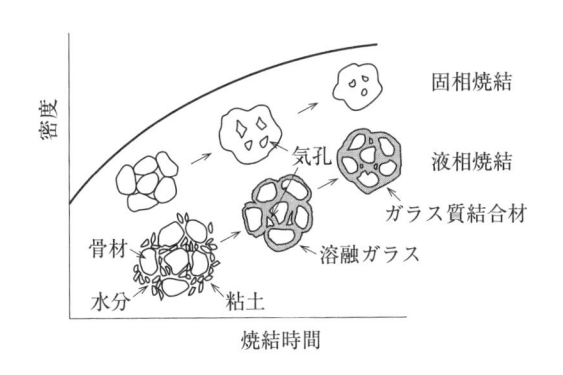

図 10-24 焼結過程と密度の増加
(D.R.Askeland: Science and Engineering of Materials (1994), p454,455,Fig.14-35,14-36)

24は焼結過程の模式図である。

(3) **ホットプレス焼結法** 焼結工程を，耐熱性の型内で，高圧をかけた状態で行う。普通，黒鉛製の型を用い，不活性ガス中で行う。**HIP**（hot isostatic press）は多軸方向均等な静水圧下で行う装置である。より高密度で寸法精度の高いセラミックス製品の製造が可能である。

(4) **反応焼結法** 焼結過程で窒化，炭化等の反応をおこさせる方法。Si_3N_4，SiC等の製造に用いる。Si_3N_4の場合，Si粉末を樹脂，添加剤と混和して成形し，添加剤を蒸発除去後，高温N_2ガス中で反応させ，Si_3N_4を生成させる。

10.5.2 ガラスの成形法

非晶質のガラスは軟化点以上の高温で粘性の高い液体の状態になるから，この温度で種々の塑性加工法による成形が可能である。加工後冷却し，製品とする。加工には，**プレス**（圧延），**吹込み**（ブロー成形，blow），板ガラスでは**フロート法**，**引上げ法**等がある。これらを**図10-25**に示した。ガラス繊維の製法は第9章，**図9-24**（6）の高分子繊維の場合と基本的に同じである。

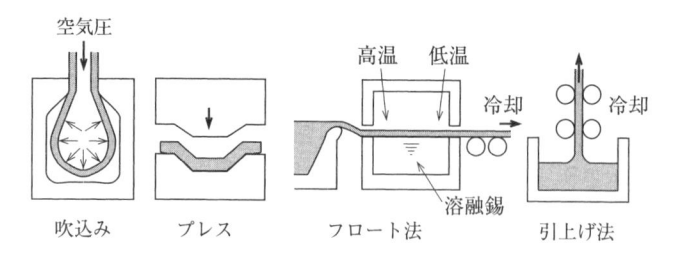

図 10 - 25 ガラスの成形法

第10章の練習問題 (Exercise for Chapter 10)

10.1 Determine the coordination number in NaCl crystals from the ionic radii in table 10-1.

10.2 Determine the crystal structure of MgO. Calculate the density of MgO. The atomic mass of Mg and O are in Table 1 at the end of the volume, Avogadro's number is 6.023×10^{23}.

10.3 Determine the crystal structure of cesium chloride, CsCl.

10.4 Tell the reasons why the density of ceramics is lower than that of metals.

10.5 Tell the reasons why ceramics do not easily deform plastically like metals.

10.6 A maximum load of 2200 N was measured in a three point bending test on a ceramic specimen with a 12 mm wide and 5 mm thick cross section. The loading span was 40 mm. Calculate the bending strength. Use equation (6-7) in Chapter 6.

10.7 Estimate the maximum load for a three point bending test on a SiC ceramic specimen with cross section 10 mm wide and 6 mm thick and loading span 40 mm. Use the strength value in Table 10-4.

10.8 The K_{IC} value of a ceramic is $5 MPa\sqrt{m}$. When the size of a defect,

2a, is 40 μ m, calculate the fracture stress. Assume ψ =1.20.

10.9 The K_{IC} value of a ceramic is 2.7 MPa$\sqrt{m}$. When the fracture stress is 260MPa, determine the defect size. Use ψ =1.0.

10.10 When the Weibull parameter m (shape parameter) is 6, calculate the strength ratio of a ceramics test piece with diameters of 6 mm and 12 mm. Test length is proportional to the diameter. What is the ratio when m = 10 ?

10.11 When the Weibull parameter m is 10, estimate the ratio of the 3 point bending strength and the tensile strength by equation (10-11).

10.12 When the average strength of a material is 650 MPa and the standard deviation is 95 MPa, calculate the coefficient of variation, and determine the allowable stress value to assure 99.8 % reliability. Assume a normal distribution and use table 10-3.

10.13 A SiC ceramic specimen weighed 285g in air and 165 when suspended in water. Calculate the porosity of the specimen. The density of SiC is 3.2g/cm^3 in table 10-4.

第11章　複合材料

　複合材料（composite, composite material）は，単独の材料では得られない高度な特性，機能を持たせることを目的として，性質が異なる複数の材料を組合わせ，人工的に作製する材料である．**繊維強化プラスチック，FRP**（fiber reinforced plastic）はその代表的な例で，軽くて成形加工が容易であるけれども強度と剛性が低い高分子材料を，より高強度，高弾性率（剛性）のガラス繊維等で強化したものである．今日，航空機，宇宙機器から自動車，日用品に至るまで，様々な種類，形態の複合材料が使われており，将来に向けてさらなる**技術の発展と応用範囲の拡大**が期待されている．本章では複合材料に関する基本的な事項について概説する．

11.1　複合材料の種類と基礎的特性
11.1.1　構造による複合材料の分類

　複合材料は一般に連続相である母材（matrix）と，この中に分散する分散相（dispersion）あるいは**強化相（強化材）**の2つの部分から成っている．強化材の形態および強化の機構によって，複合材料を次の3つに分類することができる．すなわち，**(1) 粒子分散複合材料**（particulate dispersion composite），**(2) 繊維強化複合材料**（fiber reinforced composite）および**(3) 積層複合材料**（laminar composite）である．粒子分散複合材料にはさらに，**分散強化複合材料**（dispersion strengthened composite）および粒子充填複合材料（true particulate composite）がある．

　繊維強化複合材料には，繊維の形態によって，不連続繊維（短繊維）および連続繊維（長繊維）があり，さらに繊維の配交によって，一方向強化，ランダム配向，直交強化，多方向強化等の種類がある．また繊維を2次元あるいは3次元の織物とした**クロス強化複合材料**（cloth reinforced composite）がある．積層複合材料には積層強化複合材料，サンドイッチ板およびクラッ

(1) 粒子分散複合材料 — 粒子分散複合材料／粒子充填複合材料

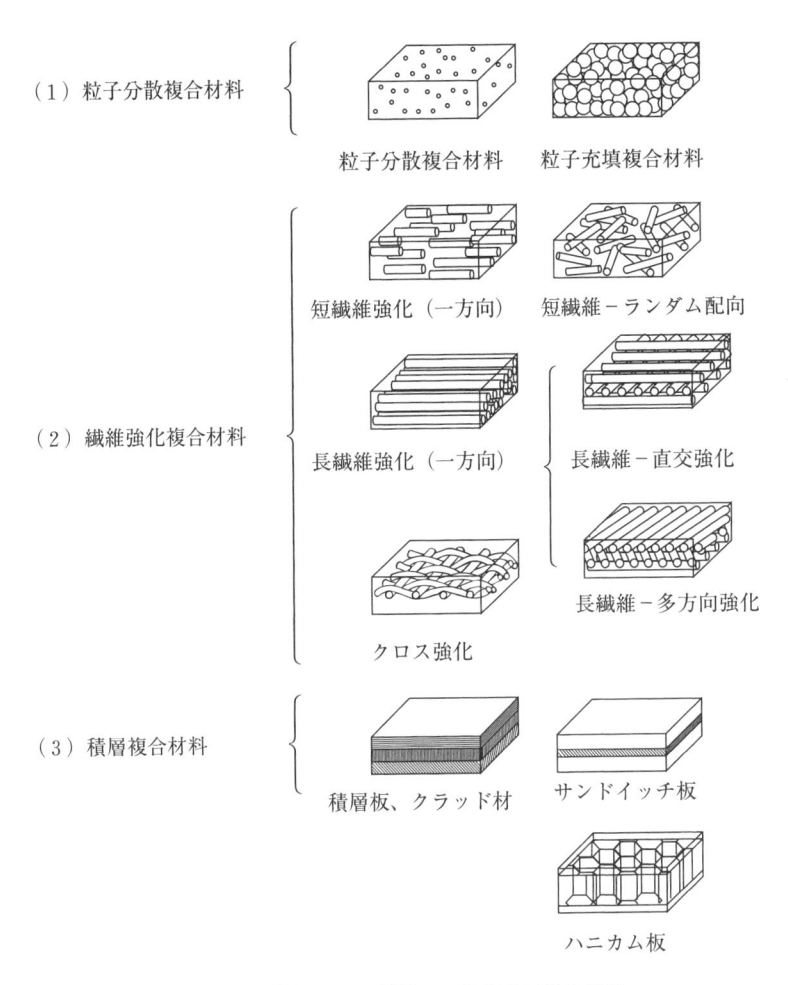

(2) 繊維強化複合材料 — 短繊維強化（一方向）／短繊維－ランダム配向／長繊維強化（一方向）／長繊維－直交強化／長繊維－多方向強化／クロス強化

(3) 積層複合材料 — 積層板、クラッド材／サンドイッチ板／ハニカム板

図11-1　構造による複合材料の分類

ド材等がある。これらを**図11-1**に示した。

11.1.2　母材による複合材料の分類と特性

複合材料は母材となる材料によって，(1) **高分子基複合材料**，(2) **金属基複合材料**および (3) **セラミックス基複合材料**に分けることができる。それぞれにおいてさらに多様な材料が用いられる。一方，強化材としても高分子材料，金属材料，セラミックスのいずれもが用いられ，全ての組合わせが

可能である。したがって複合材料の種類は極めて多数であり、また複合化の目的、機能も多様である。極おおまかには、母材の種類によって次のようにまとめることができる。

(1) 高分子基複合材料

　高分子材料（プラスチック）を母材とする最も一般的な複合材料である。高分子材料は軽量、成形加工性、耐食性、断熱性、電気絶縁性等の利点を持つけれども、強度および弾性率（剛性）が金属やセラミックスに比べて低い。これを、高強度、高弾性率の繊維、粒子等で強化することにより、軽量、高比強度・比弾性率（比剛性）の構造強度材料とする。母材には主として、強度と接着性に優れる**熱硬化性高分子（エポキシ（EP）、ポリエステル**等）が用いられる。しかし加工の容易さから、射出成形が可能な**熱可塑性高分子（ポリエチレン（PE）、ポリプロピレン（PP）**等）を母材とする複合材料も用いられている。強化材には**ガラス繊維**（glass fiber, GF）、**炭素繊維**（carbon fiber, CF）等が使われる。繊維強化ゴム等、エラストマーを母材とする複合材料もある。

(2) 金属基複合材料

　高分子材料よりも強度、耐熱性およびじん性に優れる金属を母材とする複合材料であり、**MMC**（metal matrix composite）と呼ばれる。繊維強化複合材料は特に**FRM**（fiber reinforced metals）と呼ばれる。考えられている母材は次の2群の合金である。

(a) **Al, MgおよびTi合金等の軽合金**　AlおよびMgは軽量であるが弾性率が低く、また高温で著しく強度が低下する。これをセラミックス等、耐熱性の高い繊維、粒子で強化し、特に高温強度を上昇させる。Tiでは高温強度、クリープ強度の増加が目的である。

(b) **Fe－Cr合金, Ni合金等の耐熱超合金**　これらの耐熱合金を、さらに耐熱性に優れる粒子あるいは繊維で強化し、高温でのクリープ強度を増加させる。

(3) セラミックス基複合材料

耐熱性に優れるけれども，じん性が劣るセラミックスをじん性の高い金属繊維等で強化し，軽量耐熱材料を目指す。母材はAl_2O_3, SiC, 黒鉛等で，強化材には金属繊維のほか，炭素繊維，セラミックス繊維，ウイスカも考えられる。鋼線入りの安全ガラス，鋼繊維を分散させた繊維強化コンクリートもセラミックス基複合材料と見ることができる。

金属基および**セラミックス基複合材料**には，密度が異なる材料の均一な分散法，界面の強度，熱膨張の差等，多くの課題があるが，すでに航空機および宇宙機器などに用いられており，今後の発展が期待されている。

11.2 代表的な強化繊維

先端複合材料の代表的なものは**繊維強化複合材料**である。強化繊維には次のようなものがある。それらの特性値を**表11-1**に示した。

(1) **高分子繊維**　広く用いられる**アラミド**（ポリパラフェニレンテレフタールアミド，PPT）**繊維**は**図11-2**のような構造で，**ケブラ**（kevlar）の商品名で知られる。高結晶性で溶融せず（640℃で分解），他の高分子材料に比べて高い強度と弾性率を持つ。耐熱性，難燃性で耐薬品性がよい。

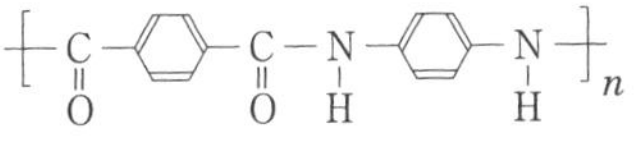

図 11 - 2　アラミド繊維（ポリパラフェニレンテレフタールアミド）の構造

(2) **セラミックス繊維**　高強度，低密度で耐熱性に優れ，最も広く用いられる。

　(a) **ガラス繊維**　溶融ガラスをノズルから噴出させて高速で引抜きながら固化し，直径約10μmの繊維とする。組成によって強度特性が異なるが，弾性率は約70GPa，引張強さは**E**ガラス（無アルカリガラス）で3500MPa, **S**ガラス（高強度ガラス）では4900MPaに達する。**GFRP**

表11-1 おもな強化繊維およびウイスカの特性

繊維	引張強さ MPa	弾性率 GPa	密度 g/cm³	比強度 MPa/g/cm³	比弾性率 GPa/g/cm³
[高分子繊維]					
アラミド繊維	3700	126	1.44	2570	88
[セラミックス繊維]					
ガラス繊維(E)	3500	74	2.6	1350	28
ガラス繊維(S)	4900	88	2.5	1960	35
炭素繊維(高強度)	5000	280	1.8	2780	156
炭素繊維(高剛性)	2000	540	1.9	1050	284
ホウ素繊維	3600	420	2.5	1440	168
Al_2O_3	1760 〜2500	206 〜450	2.4	730 〜1042	86 〜188
SiO_2	6000	74	2.2	2730	34
SiC(炭素ケイ素)	2100	490	4.1	510	120
[金属繊維]					
鋼	4200	200	7.9	530	25
ステンレス鋼	2300	200	7.9	290	25
Ti	1700	135	4.5	380	30
Al	620	70	2.8	220	25
Be	1300	310	1.83	710	169
W	4100	410	19.4	210	21
Mo	2240	364	10.2	220	36
[ウイスカ]					
Al_2O_3ウイスカ	28000	430	4	7000	108
SiCウイスカ	21000	490	3.18	6600	154
Si_3N_4ウイスカ	14000	390	3.18	4400	123
炭素ウイスカ	21000	700	1.66	12650	422
Cuウイスカ	3000	126	8.92	336	14
Crウイスカ	9000	245	7.2	1250	34

＊ 数値は例であって、製法、材種などによって異なる。また急速に進歩している。

(glass fiber reinforced plastic) の繊維として最も一般的, 多量に用いられる。

(b) 炭素繊維 直径7〜10μmの炭素の繊維である。ポリアクリロニトリル (PAN) 繊維を高温 (千数100℃〜2000℃) の不活性ガス中で焼成炭化して作るPAN系と, 石油ピッチを紡糸し, 高温で炭化処理したピッチ系がある。弾性率が240〜400GPaで, 鋼よりも大きい。密度ρが

$1.7 \sim 1.9 \mathrm{g/cm^3}$ であるから，比弾性率が非常に大きい。

(c) **ホウ素繊維**（boron fiber, BF）　ホウ素は非金属であるが金属光沢を示し，ダイヤモンドに次いで硬い。単体の繊維を得ることは難しく，BCl_3 の還元，CVD法などにより，炭素繊維あるいはタングステン繊維を心材とする被覆材の形で製造される。直径 $100 \sim 200 \mu \mathrm{m}$ で，炭素繊維と同程度の高弾性率を示し，航空機用FRP，AlおよびTi基FRMの強化繊維として用いられる。

(d) **アルミナ**（Al_2O_3）**繊維**　引張強さ2500MPa，弾性率450GPaで，直径が太く（$250 \mu \mathrm{m}$），取扱い易い。Ni基耐熱合金，Al合金の強化に用いられる。

(e) **炭化ケイ素**（SiC）**繊維**　直径 $10 \sim 15 \mu \mathrm{m}$ で，Al基，Ti基のFRM用に用いられる。

(3) **金属繊維**　炭素鋼，ステンレス鋼，ベリリウム（Be），タングステン（W），モリブデン（Mo），等の金属繊維がある。引抜き加工で製造され，直径 $10 \sim 30 \mu \mathrm{m}$ である。密度が高く，比強度，比弾性率の上で劣るけれども，強度のばらつきが少なく，じん性が大きいから，信頼性の高い複合材料が得られる。セラミック基複合材料のじん性増加に，また高融点のW，Mo繊維は特に耐熱超合金のクリープ強度増加に有効である。金属基の場合は，状態図的に安定な状態ではないから，界面で反応が起こり，繊維の強度低下を招く恐れがある。

(4) **金属およびセラミックウイスカ**

ウイスカ（第5章5.12（7））は，直径数 $\mu \mathrm{m}$，長さ $100 \mu \mathrm{m}$ 程度の極細いひげ状の結晶である。転位などの欠陥をほとんど含まず，結晶の理論強さ（第5章5.3節）に近い強度を示す。現在，銅，クロムなどの金属およびアルミナ，SiCなどのセラミックスのウイスカが製造されている。**表11-1**に各種ウイスカの特性を示した。

なお，複数の種類の強化材を用いた複合材料を**ハイブリッド**（hybrid）**複合材料**と呼ぶ。

11.3 繊維強化複合材料とその特性
11.3.1 体積率と複合則

複合材料の種々の特性を，その要素である母材と分散材の特性から予測することは，材料の設計および部材としての応用の観点から重要である。最も簡単な場合として，複合材料の密度ρ_cは第3章，(3-1)式の線形混合則を適用し，次のように求められる。

$$\rho_c = V_f \rho_f + V_m \rho_m = V_f \rho_f + (1 - V_f) \rho_m \qquad (11\text{-}1)$$

ρ_f：分散材の密度，ρ_m：母材の密度，V_f：分散材の体積率，
V_m：母材の体積率

(11-1)式を**密度に関する複合則**（composite law）という。

同様にして，**図11-3**のような連続繊維一方向強化複合材料（一方向強化材）の弾性率E_cは，繊維の弾性率E_fおよび母材の弾性率E_mから，次のように見積もることができる。

複合材の作用荷重P_c＝繊維部の負担荷重P_f＋母材部の負担荷重P_m

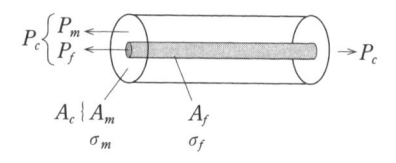

図11-3 長繊維強化複合材料の繊維方向の負荷状態

複合材，繊維部および母材部の断面積および応力を，それぞれ，A_c，σ_c，A_f，σ_f および A_m，σ_m，とすれば，

$$A_c \sigma_c = A_f \sigma_f + A_m \sigma_m \qquad (11\text{-}2)$$

母材，繊維ともに弾性状態で，フックの法則 $\sigma = E\varepsilon$ が成立つとすれば，複合材のひずみ ε_c，繊維部のひずみ ε_f，母材部のひずみ ε_mとして，

$$A_c E_c \varepsilon_c = A_f E_f \varepsilon_f + A_m E_m \varepsilon_m$$

$\varepsilon_m = \varepsilon_f = \varepsilon_c$ であるから,

$$E_c = \frac{A_f}{A_c} \cdot E_f + \frac{A_m}{A_c} \cdot E_m$$
$$= V_f E_f + V_m E_m = V_f E_f + (1 - V_f) E_m \tag{11-3}$$

すなわち, 繊維方向の弾性率についても, 複合則が成り立つ。GFRP, CFRPのように $E_m \ll E_f$ の場合, あるいは高応力で母材が降伏状態の場合には,

$$E_c \fallingdotseq V_f E_f \tag{11-3}'$$

一方, 繊維と直角方向の弾性率 E'_c は次のようになる。

図11-4 のような状態を想定すれば, 複合材全体のひずみ ε_c は,

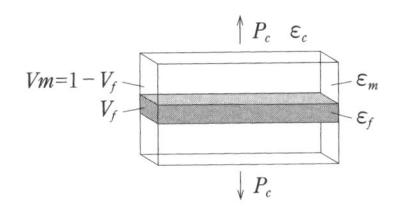

図 11-4 長繊維強化複合材料の繊維と直角方向の負荷状態

$$\varepsilon_c = V_f \varepsilon_f + V_m \varepsilon_m \tag{11-4}$$

$\varepsilon_c = \dfrac{\sigma_c}{E'_c}, \quad \varepsilon_m = \dfrac{\sigma_m}{E_m}, \quad \varepsilon_f = \dfrac{\sigma_f}{E_f}$ であるから,

$$\frac{\sigma_c}{E'_c} = \frac{V_f \sigma_f}{E_f} + \frac{V_m \sigma_m}{E_m}$$

$\sigma_c = \sigma_f = \sigma_m$ と見なせば,

$$\frac{1}{E'_c} = \frac{V_f}{E_f} + \frac{(1 - V_f)}{E_m} \tag{11-5}$$

$E_m \ll E_f$ の場合は $\quad E'_c \fallingdotseq \dfrac{E_m}{(1 - V_f)} \tag{11-5}'$

(11-3)′ と (11-5)′ の比較から, 一方向強化材の弾性率は**著しい方向依存性**, すなわち**異方性**（anisotropy）を示すことが分かる。**図11-5**は, ホウ素繊維強化 $T_i (E_f \fallingdotseq 4 E_m)$ の弾性率の角度依存性である。(11-1) 〜 (11-5) のような**複合則**は, 熱伝導率, 電気伝導度等についても成り立つ。

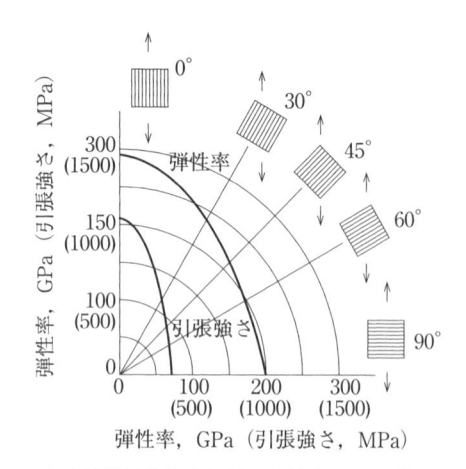

図11-5 一方向繊維強化複合材料の弾性率及び引張強さの異方性
（ボロン繊維強化チタン）
(D. R. Askeland: Science and Engineering of Materials (1994), p524, Fig.16-12 Thompson Learning, Brooks/Cole社の許可による)

11.3.2 一方向強化材の強度

図11-6は一方向強化複合材料の応力－ひずみ関係である。強化材（繊維）の体積率 V_f の大小によって，破断時に荷重を負担している部分が異なるから，それぞれの場合について，破壊強さ σ_{cF} が次のように表される。

(1) V_f が大きく，破断まで主として繊維部分が荷重を負担する場合

$$\sigma_{cF} = V_f \sigma_{fF} + (1 - V_f) \sigma_m' \tag{11-6}$$

σ_{fF}：繊維の破壊強度

σ_m'：繊維の破断ひずみ ε_{fF}（弾性域の場合には $= \dfrac{\sigma_{fF}}{E_f}$）での母材の応力

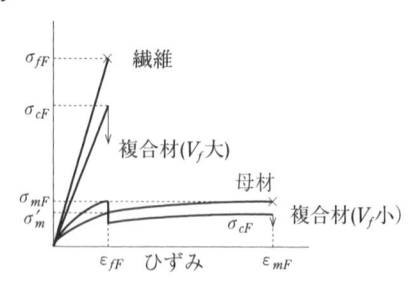

図11-6 長繊維一方向強化材の応力－ひずみ関係と破壊強度

$\sigma_{fF} \gg \sigma_{m}'$ の場合には，

$$\sigma_{cF} = V_f \sigma_{fF} \tag{11-6}'$$

(2) V_f が小さく，繊維が途中で破断し，最終的には母材部分が荷重を負担する場合

$$\sigma_{cF} = (1 - V_f)\sigma_{mF} \quad (\sigma_{mF}：母材の破壊強度) \tag{11-7}$$

(11-6) ～ (11-7) が**強度に関する複合則**である。

　σ_{fF} は統計的なばらつきを持ち，繊維の破壊はその最も低強度の部分で生じる。また，弱い繊維から順次破壊するから，実際の強度は複合則に σ_{fF} の平均値を用いた場合よりも低い値になる。その強度の推定には統計的な手法が必要になる。繊維と垂直方向の強度は，母材の強度あるいは母材と繊維の剥離強度によって決まるから，強度もまた**著しい異方性**を示すことになる。

11.3.3　短繊維強化材の強度

　繊維が連続ではなく，**図11-7** (1) のように短い繊維が分散している場合の強度は，次のように考える。繊維の両端部では，負担する応力が端から十分遠方よりも低下している。これを**図11-7** (2) のように近似し，l_c を**臨界長さ** (critical length) と呼ぶ。これは，両端の各 $\frac{l_c}{4} (= \frac{1}{2} \times \frac{l_c}{2})$ が応力を負担していないことに相当するから，(11-6) 式は次のように修正される。

$$\sigma_{cF} = V_f \sigma_{fF}\left(1 - \frac{l_c}{2}\right) + (1 - V_f)\sigma_m' \tag{11-8}$$

(11-8) によれば，長さ $\frac{l_c}{2}$ 以下の繊維は強化の効果を持たない。l_c は繊

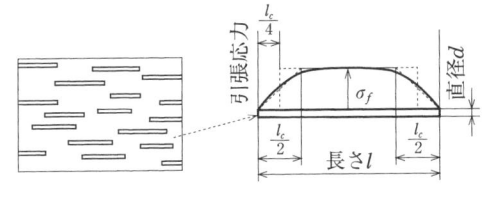

　　　　（1）短繊維一方向強化材　　　（2）繊維の応力負担状態

図11-7　短繊維強化材（一方向）の強度

維直径の30〜100倍とされている。しかし実際の強度には繊維と母材の接着状態等多くの要因が関連し，(11-8) よりも大幅に小さくなる。

11.3.4 繊維強化複合材料の製造，成形

繊維強化複合材料の製造法を**図11-8**に示した。(1) 引抜き，(2) 連続鋳造等，(3) はさみローリング，(4) プレス成形，(5) **フィラメントワインディング**等の方法がある。短繊維強化のFRPでは (6) 射出成形法が応用できる。

（1）引抜き　　　（2）鋳造　　　（3）はさみローリング

（4）プレス成形　（5）フィラメントワインディング　（6）射出成形

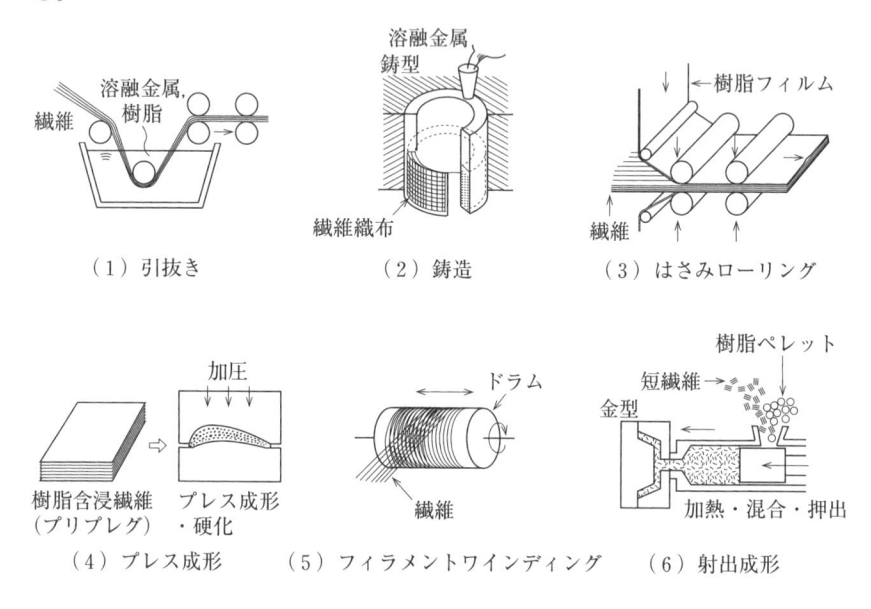

図11-8　繊維強化複合材料の形成法の例

11.3.5　代表的な繊維強化複合材料と応用例

母材と強化材の組合わせによって，極めて多種類の複合材料が可能である。現在一般に用いられている代表的な複合材料，および将来の実用化が期待される材料について，特性と応用例を**表11-2**に示した。また，その比強度－比弾性率の関係を**図11-9**に示した。

表11-2　おもな繊維強化複合材料の特性と用途等

強化材／母材, Vf	引張強さ MPa	弾性率 GPa	密度 g/cm³	（製法），特性，用途
[高分子基]				
GF/エポキシ, 75%	780	36	2.2	（フィラメントワインディング），バネ
GF/エポキシ, 57%	260	17	2.0	（プレス）航空機部品
GF/エポキシ, 30%	100	8	1.7	（ハンドレイアップ）自動車部品, 舟艇
CF/エポキシ, 60%	2450	132	1.6	航空機部品, スポーツ用品
BF/エポキシ, 60%	1470	127	2.0	航空機機体
SiCF/エポキシ, 60%	900	290	3.0	
Al₂O₃F/エポキシ, 60%	850	210	2.0	
[金属基]				
CF/Al(5056), 35%	800	120	2.3	
同上, 90°方向	8	40		
BF/Al(6061), 50%	1400	236	2.9	スペースシャトル, ジェットエンジン
				スポーツ用品
BF/Ti(6-4), 45%	1300	220	3.7	
Al₂O₃F/Al(2010), 50 %	1200	210	2.6	
SiCW/Al(6061), 50%	1500	230	2.9	
[セラミック基]				ロケットノズル, スペースシャトル前縁
C/C	1570	120	1.6	航空機ブレーキディスク

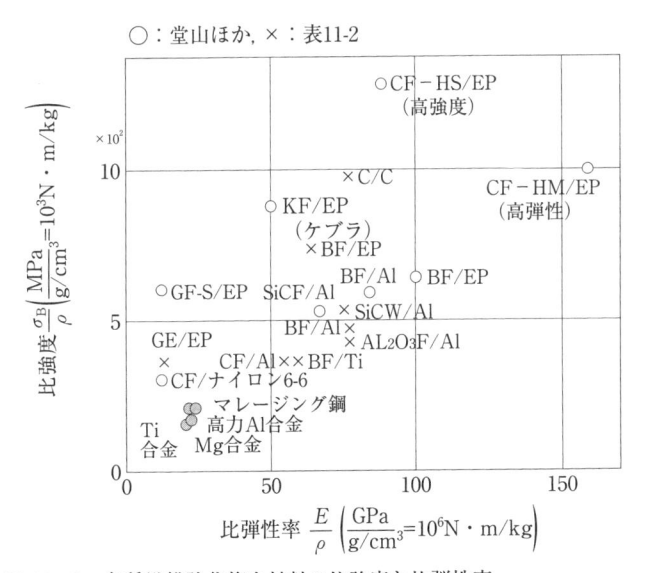

図 11 - 9　各種繊維強化複合材料の比強度と比弾性率
（堂山昌男、山本良一編：複合材料、（東京大学出版会）(1984), p6）

11.4 粒子分散複合材料

粒子分散複合材料には，次の11.4.1と11.4.2の2つのタイプがある。

11.4.1 粒子分散強化複合材料

粒子の体積率V_fが数％以下で，荷重は母材が負担する。**母材**は高分子あるいは金属で，分散粒子が流動変形，転位の運動を妨げ（**図11-10**），強化する。炭酸カルシウム（$CaCO_3$）粉末の添加で強度と耐熱性を上げたプラスチック，カーボンブラックの添加により強化した黒色ゴムはその例である。

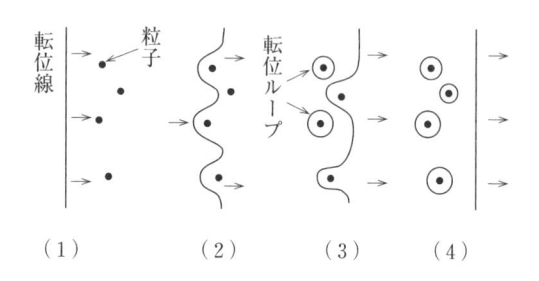

図11-10 分散粒子による強化の機構

金属基では0.01～0.1μm程度の酸化物微粒子を分散させた**ODS**（oxides dispersing strengthened material）がある。Al合金中に数％のAl_2O_3を分散させることにより，引張強さが100MPaから250MPaに増加する。酸化物粒子を溶融金属中に混合することは，両者の密度差のために困難であるから，粉末を焼結して酸化物を分散した後，押出成形等の塑性加工で成形する。BeO分散Beが**航空宇宙材料，核反応容器材料**として，ThO_2-Y_2O_3を分散させたCoが**高クリープ強度材料**として，また，ThO_2で強化したNi-20%Cr合金が**タービンエンジンの動翼用**として検討されている。

11.4.2 粒子充填複合材料

より大きな粒子を用い，体積率V_fは数10％以上70％に及ぶ。母材は粒子の結合剤としての役割を果たす。強度よりもむしろ特殊な機能を持たせる場合が主である。

　WC（タングステンカーバイド）**粒子**を焼結法によってCo基中に分散さ

せたものは，**超硬工具**として広く用いられている。このように，セラミックスを金属母相で結合したものを**サーメット**（cermet）という。**研削砥石**はAl_2O_3, SiC, BN等の粒子を高分子材料あるいはガラス系の材料で結合したものである。W（タングステン）粉末を銀母材中に分散させた**電気節点材**では，母材の銀が電気伝導を受け持ち，Wが耐摩耗性を上げる。

11.5 積層複合材料

積層複合材料は2種類以上の金属，プラスチック，セラミックスあるいはそれらの複合材料を貼合せた材料で，表面保護，強度剛性の向上，および異方性の改善等を目的とする。次の（1）〜（4）はその例である。

(1) **積層板**（laminated plate）　木質材，繊維強化プラスチック板等を積層したもので，**ベニヤ板**はその例である。方向性と積層法により，直角方向のクロスプライ，直角以外のアングルプライ，多方向積層等がある。意図的に強度や弾性率の異方性を持たせられる，すなわち最適な特性を設計できる材料であると言える。軸方向荷重でも面外変形が生じる等，特異な力学的挙動に留意する必要がある。

(2) **クラッド金属**（clad metal）　異種材料を圧延あるいは溶接等で貼り合わせたもの。航空機の機体には表面が耐食アルミニウム合金，内側が高強度アルミニウム合金の**クラッド材**が使われる。銅－鋼－ステンレス鋼の**3層クラッド材**は塑性加工可能な複合防食材料である。

(3) **サンドイッチ板**（sandwich plate）　薄鋼板の間に塩化ビニルシートをはさんだ**制振鋼板**はその例で，食器，医療機器用に用いられる。

(4) **ハニカム板**（honeycomb plate）　表裏の表面材と，両者の間隔を保つ**コア**（core）**材**からなる。いずれもが低剛性，低強度の材料であっても，全体として高い強度と剛性を持たせることができる。

11.6 In-situ複合材料

これまで述べた複合材料では，母材と分散材（強化材）を別々に製造し，

これを人工的に配合して複合材料とする。これに対し，共晶合金を凝固させる過程で温度勾配を制御し，異なる2相が軸方向に整列した組織とすることによって，繊維強化複合材料と同様の機能を得ることができる。手法は第8章図8-15と同様である。このような**一方向凝固共晶合金**（unidirectionally solidified eutectic alloy）を，**in-situ**（その場）**複合材料**という。

図11-11はその組織の概念図である。Mg，Al，Cu等の低融点系合金の共晶系と，NiTiおよび炭化物系などの高融点材料の共晶系がある。**In-situ複合材**は状態図的に安定な2相の混合であるから，不安定な系である金属基の金属繊維強化材の場合と異なり，高温でも安定で，材質が劣化することがない。

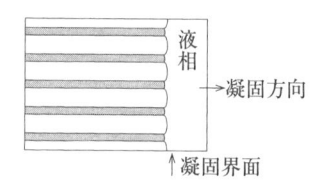

図11-11 In-situ複合材料（一方向凝固共晶合金）の組織

第11章の練習問題 （Exercises for Chapter 11）

11.1 Calculate the following values in a unidirectional composite of 30 volumetric % kevlar fiber and epoxy :

（1）mass % of kevlar,（2）density of the composite,（3）elastic modulus in the fiber direction, and（4）elastic modulus in the lateral direction.

The density of the epoxy and the kevlar are 1.3g/cm^3 and 1.45g/cm^3, and the elastic moduli, 4.0 GPa and 126 GPa.

11.2 Calculate the elastic modulus in the axial direction of a unidirectional carbon fiber-Al composite. The volume fraction is 55%, and the density and elastic modulus of the carbon fiber are 1.8 g/cm^3 and

280 GPa. Compare the specific modulus with that of Al alloy. How about in the case where high modulus carbon fiber in Table 11-1 is used?

11.3 In making a leaf spring with carbon fiber-epoxy composite, what should the volume ratio of the fiber be to have an elastic modulus same with that of steel? Estimate the ratio of weight decrease by using the composite instead of steel.

11.4 To manufacure cutting wheel, SiC particles were dispersed in a resin matrix.

(1) When the volume fraction of SiC is 65%, calculate the density of the composite, where the densities of SiC and the resin are 4.1 g/cm^3 and 1.3g/cm^3.

(2) When the measured density of the composite above is 3.0g/cm^3, estimate the volume% of the porosity of the material.

11.5 Glass fibers of 20μm diameter were laid in epoxy matrix to create unidirectional composite. If the minimum resin layer between the fibers must be 15μm, what is the maximum volume fraction of the fibers?

11.6 A honeycomb board was made with 1 mm thick aluminum plates for the top and bottom surfaces. The total thickness of the board is 20 mm and the width is 500mm.

(1) Calculate the moment of inertia, I, of the cross section of the board neglecting the rigidity of the honeycomb core.

(2) Calculate the weight advantage compared to a solid aluminum plate with the same width and I value. Do not consider the weight of honeycomb core.

第12章　機能性構造材料

　本来構造材料であるけれども，強度や剛性以外の特性，例えば変形挙動，熱的特性，電磁気的性質，化学的な特性などが特に際立っており，これを利用することを主たる目的とするような材料を**機能性構造材料**と呼ぶ．本章ではそれらの内から，金属系の新素材である**形状記憶合金**，**アモルファス合金**および**水素吸蔵合金**について，構造と特性に関する基本的な事項を述べる*．

12.1　形状記憶合金 (shape memorizing alloy)
12.1.1　形状記憶合金とは
　形状記憶合金は，低温で大きな変形を与えても，加熱することによって高温時の形状を取り戻すという特徴をもつ．高温時の形状を記憶しているという意味でこの名称がある．その用途は航空機の油圧配管ソケットからメガネフレーム，携帯電話のアンテナまで広範囲に及んでいる．

12.1.2　形状記憶の原理
　図12-1に形状記憶合金の変形と一般金属の変形の違いを示す．金属材料の常温での永久変形は**同図**（1）のような，原子同士のすべり（転位の移動）が基本である．形状記憶合金を変形させたときにも見かけ上は一般の金属の変形と変わらない．しかしそのメカニズムは**同図**（2）に示すように，原子同士がある一定の結び付きをとりながらせん断変形を生じるものであり，塑性変形とは異なる機構である．このような，拡散を伴わないせん断変形による変態を**マルテンサイト変態**と総称し，形状記憶機構の主要な役割を果たす．なお鋼のマルテンサイトは硬い組織として知られるが，鋼以外のマルテンサイトは硬化とは関係がない．

＊　本章では次の文献を参照した．竹内伸，井野博満，古林英一：金属材料の物理，日刊工業新聞社（1992）根岸朗：形状記憶合金のおはなし，日本規格協会（1995），増本健：アモルファス金属のおはなし，日本規格協会，（1997），大西敬三：水素吸蔵合金のおはなし，日本規格協会（1993）

(1) すべり変形　　　　　(2) マルテンサイト変態

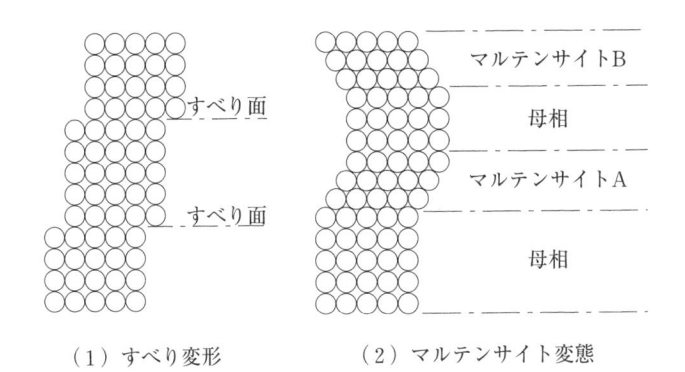

図 12-1　結晶の外形変形の仕方，(1) すべり変形と (2) マルテンサイト変態
（根岸朗：形状記憶合金のおはなし，日本規格協会（1995），p32）

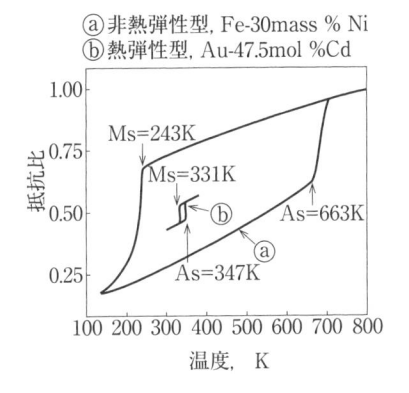

ⓐ非熱弾性型, Fe-30mass % Ni
ⓑ熱弾性型, Au-47.5mol %Cd

図 12-2　非熱弾性型（Fe-Ni）及び熱弾性型（Au-Cd）
マルテンサイトの電気抵抗の温度履歴曲線
（竹内伸他：金属材料の物理，（日刊工業新聞社）（1992），p112）

マルテンサイト変態には**熱弾性型**と**非熱弾性型**の2種類がある．形状記憶合金の変形は**熱弾性型マルテンサイト変態**による．**図12-2**に両者の温度と電気抵抗（マルテンサイト変態の量と対応）を示す．温度を低下させると，高温でオーステナイト相であった組織はある温度Msでマルテンサイト変態を開始する．逆に温度を低温から上昇させると，ある温度Asでマルテンサイトからオーステナイトに逆変態する．非熱弾性型マルテンサイトはこの温度差As－Msが大きい．一方，熱弾性型マルテンサイトはこれが小さい．

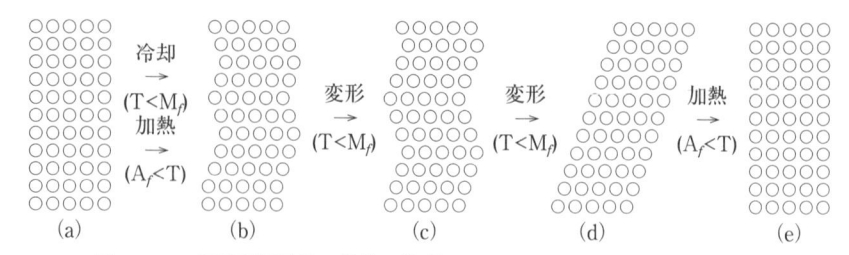

図12-3 形状記憶効果の機構の模式図
(竹内伸他：金属材料の物理，(日刊工業新聞社)(1992), p113)

形状記憶合金の開発はAs－Msの低下を目標に進められてきた。**図12-3**に形状記憶合金の低温による変形と高温による形状回復の概念図を示す。高温相から温度を下げると，合金内でマルテンサイト変態が生じるが，それによる変形は同図(b)のように巨視的には現れない。しかしこれに外力を加えると，変形に都合がよい方向のマルテンサイトが他のマルテンサイトを食うようにして変態が進行する(**同図**(c), (d))。この変態は応力に起因する変態であり，**応力誘起変態**(stress induced transformation)とも呼ばれる。この時点で巨視的な外形変化が生じる。その後，温度を上げてAs点を越えれば逆変態が生じ，元の形状に戻る。

12.1.3 形状記憶合金の種類と用途

表12-1に形状記憶合金の種類と変態温度を示す。現在開発されている形

表12-1 各種形状記憶合金の組成と変態温度

合金系	組　成	Ms (℃)	As (℃)
Ti-Ni	Ti-50Ni (at %)	60	78
	Ti-51Ni (at %)	－30	12
Ni-Al	Ti-36.6Al (at %)	60 ± 5	－
Au-Cd	Au-47.5Cd (at %)	58	74
Cu-Al-Ni	Cu-14.5Al-4.4Ni (mass %)	－140	－109
	Cu-14.1Al-4.2Ni (mass %)	2.5	20
Cu-Zn-Al	Cu-27.5Zn-4.5Al (mass %)	－105	－
Cu-Sn	Cu-15.3Sn (at %)	－41	－
Cu-Zn	Cu-39.8Zn (mass %)	－120	－
In-Tl	In-21Tl (at %)	60	65
Ti-Ni-Cu	Ti-20Ni-30Cu (at %)	80	85
Ti-Ni-Fe	Ti-47Ni-3Fe (at %)	－90	－72

(根岸：形状記憶合金のおはなし, 日本規格協会 (1995), p37)

状記憶合金には大きく**Ti-Ni**系と**Cu-Zn-Al**系の2種類がある。前者は強度が高く，耐熱性，耐食性が良く，熱サイクルに対する耐久性が高い。またNiとTiの組成の変化で，後述の変態温度を大きく変えることができる。しかし加工性が悪く，高価格である。後者はTi-Ni系に比べて性能が劣るけれども加工性が良く，低価格である。

形状記憶合金の用途には，形状記憶効果による回復力を利用するものと，繰返し形状回復を利用した**アクチュエータ**（actuator）への応用が挙げられる。**図12-4**は**航空機用配管継手**の例である。継手の変態点を常温より低い

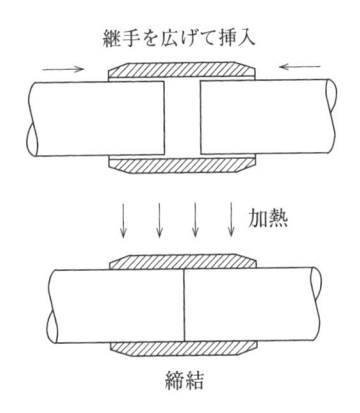

図12-4 形状記憶合金を用いたパイプ継手
(根岸朗：形状記憶合金のおはなし，日本規格協会(1995), P.90)

温度に設定する。継手の内径をパイプの外径より若干小さく加工し，低温中で変態，継手内径を拡大させた後，パイプを組合わせる。これを常温に戻すと，逆変態によりパイプが強い力で締めつけられて接合が完了する。

図12-5は**熱エンジン**への応用例である。高温で収縮させた形状記憶合金コイルを図のような径の異なるプーリに掛ける。左右のコイルを加熱，冷却すると，冷却されたコイルには膨張，加熱された方のコイルには急激な収縮が生ずる。これにより上下のプーリにはトルク差が発生し，回転力を得ることができる。

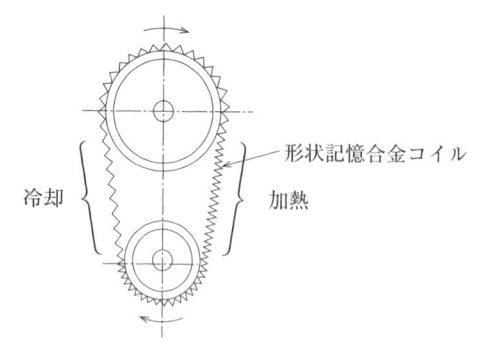

図12-5 形状記憶合金を利用した熱エンジンの原理図（タービン型）
（根岸朗：形状記憶合金のおはなし，日本規格協会（1995），p94）

12.2 アモルファス合金

12.2.1 アモルファス合金とは

　固体はそれぞれの元素によって定まる結晶構造を持ち，原子の配列は**図12-6**(1)に示すように規則正しいのが普通である。しかし材料の中には**同図**(2)のように原子の配列が極度に乱れた状態のものがある。

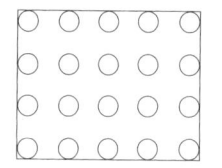

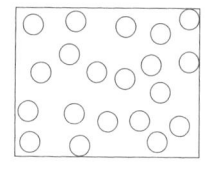

（1）結晶金属　　（2）アモルファス金属

図12-6　結晶金属とアモルファス金属の違い

このような構造を**アモルファス（非晶質）**と呼ぶ。アモルファスはセラミックスや高分子材料に生じやすい構造であるが，近年，製造技術の発達によって金属でも製造できるようになった。アモルファス合金は一般の金属と著しく異なる性質を持ち，多方面で注目されている。

12.2.2 アモルファス合金の製法

　アモルファス合金の製法には(1) **液体からの製法**および(2) **気体からの製法**の2種類がある。いずれも通常の溶融凝固と異なり，**非平衡プロセス**を利用する。

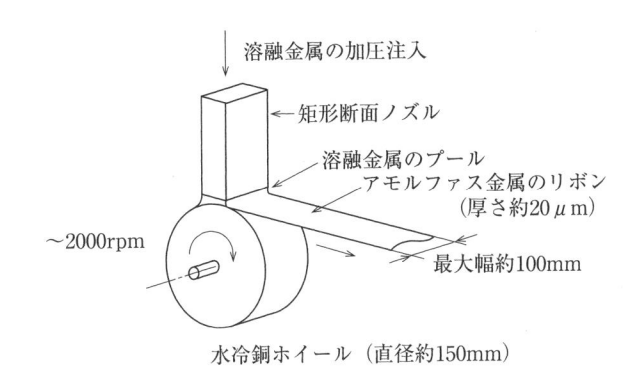

図12-7 メルトスピニング法によるアモルファス金属リボンの製造
(堀内良,大塚正久、金子純一訳:材料工学（内田老鶴圃）(1992), p115)

(1) は溶融状態の金属を急冷して結晶化を妨げ，ランダムな原子配列を室温まで凍結させるものである。この方法は**液体急冷法**と呼ばれる。**図12-7**にその代表例である**メルトスピニング法**の模式図を示す。溶融金属を回転する水冷ホイールにて急冷することにより，薄板状あるいは線状のアモルファス合金ができる。アモルファスを生じさせるために必要な冷却速度を臨界冷却速度と呼ぶ。珪酸ガラスの臨界冷却速度は$10^{-1} \sim 10^{-2}$℃/secと小さく，**アモルファス化**（ガラス化）が容易である。しかしFe, Co, Niなどの合金の臨界冷却速度はおよそ$10^4 \sim 10^6$℃/secと，極めて大きく，通常の凝固によるアモルファス化は困難であって，急冷技術の開発によって初めて可能になった。

(2) は気体状の原子を他の材料表面に付着させるものであり，**真空蒸着法**や**スパッタリング法**がある。図12-8にそれらの模式図を示す。(a) 真空蒸着法は高真空中で金属を加熱し，蒸発した金属原子を基板上に付着させるものである。(b) スパッタリング法は1～10Pa程度のアルゴンガス中で2つの電極間に高電圧を加えてグロー放電を起こし，発生したアルゴンイオンをターゲット金属に衝突させることにより，飛び出した金属原子を基板上に付着させるものである。いずれも薄膜のアモルファス製造に利用される。

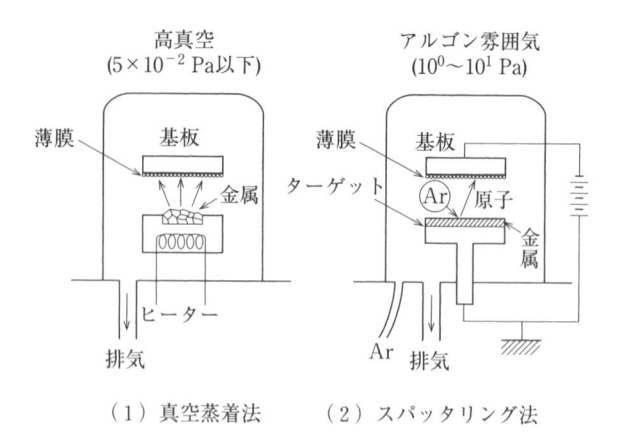

図12-8 アモルファス金属薄膜の製法
(増本健:アモルファス金属のおはなし,日本規格協会 (1997), p44, p45)

12.2.3 機械的性質の特徴

表12-2におもなアモルファス合金の機械的性質を示す。アモルファス合金の特徴のひとつは引張強さが極めて大きいことである。$Fe_{78}Si_{12}B_{10}$の引張強さは3000MPaを越えており,通常の結晶金属の強度を大きく上回る。結晶金属の高強度化は複数の熱処理や塑性加工の工程を必要とするが,アモル

表12-2 おもなアモルファス合金の機械的性質と結晶化温度

合金	硬さ (HV)	引張強さ (GPa)	弾性率 (GPa)	引張強さ/弾性率	伸び (%)	結晶化温度 (℃)
$Pd_{80}Si_{20}$	325	1.33	66.6	0.020	0.11	380
$Cu_{60}Zr_{40}$	540	1.96	74.5	0.026	0.1	480
$Co_{75}Si_{15}B_{10}$	910	3.00	88.2	0.034	0.20	490
$Ni_{75}Si_8B_{17}$	858	2.65	78.4	0.034	0.14	460
$Fe_{78}Si_{12}B_{10}$	910	3.33	118	0.028	0.3	500
$Fe_{80}P_{13}C_7$	760	3.04	122	0.025	0.03	420
$Fe_{60}Ni_{20}P_{13}C_7$	660	2.45	−	−	0.1	390
$Fe_{72}Cr_8P_{13}C_7$	850	3.77	−	−	0.05	440
$Al_{85}Y_{10}Ni_5$	380	0.92	62.8	0.015	1.5	307
$Al_{87}La_8Ni_5$	260	1.08	88.9	0.012	1.2	277
$Mg_{80}Ce_{10}Ni_{10}$	199	0.75	50.2	0.015	1.5	−

(宮川大海、吉葉正行、よくわかる材料学、森北出版 (1993) p236)

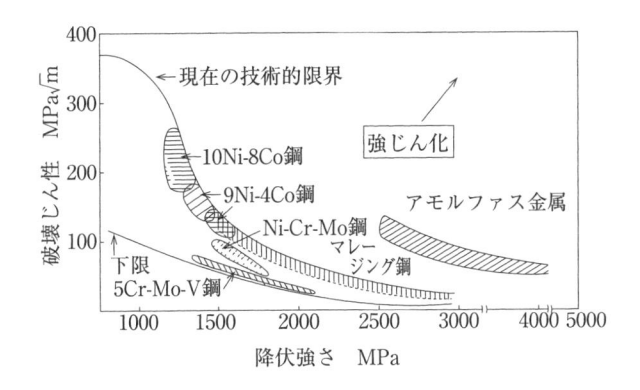

図 12-9　各種材料の強度とじん性の比較
（増本健：アモルファス金属のおはなし, 日本規格協会 (1997), p60)

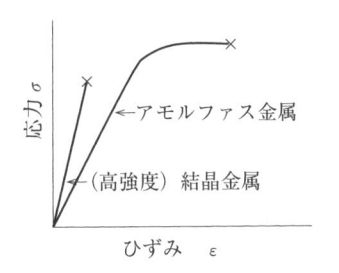

図 12-10　結晶金属とアモルファス金属の応力-ひずみ関係

ファスでは急冷だけで容易に達成できる。**図12-9**に各種金属の降伏強さと破壊じん性の関係を示す。結晶金属は高強度化によってそのじん性が低下する。しかしアモルファス金属は同程度の強度の結晶金属に比べてかなり高いじん性をもつ。**図12-10**に応力-ひずみ関係の概念図を示す。アモルファス金属の応力-ひずみ関係は弾完全塑性体に近く，結晶構造をもつ高強度材に比べて伸びが大きい。アモルファス金属がこのような特殊な機械的性質を示すのは転位を含まないことに関連する。**図12-11**にアモルファス金属の変形の模式図を示す。アモルファス金属には転位がないために塑性変形に対する抵抗が大きく，低応力ではすべり変形が生じない。しかし負荷応力を上昇させると，最終的に原子充填の低い領域周辺でいくつかの原子が相対的にすべり始める。結晶金属の高強度材料は転位の運動を抑制することですべり変形抵抗を増加させるため靭性が低くなるが，アモルファス金属は転位によらない局所的なすべりを生じるため，じん性が高い。また一旦すべりが生じると，

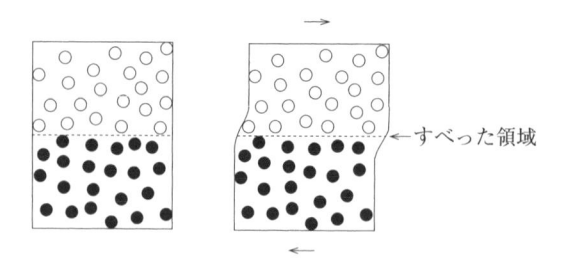

図 12-11　アモルファス金属の局所的な変形

その部分に変形が集中して破断に至り，**降伏強さ ≒ 引張強さ ≒ 破断強さ**，となる。以上の特質は，温度が上昇し結晶化を生じると消失するため，その利用は**表12-2**に示した結晶化温度より十分に低い温度環境に限られる。

12.2.4　その他の特性

アモルファス合金は（1）化学的，（2）電気的および（3）磁気的にも興味深い特徴をもつ。

(1) 化学的特徴として極めて高い耐腐食性が挙げられる。アモルファス金属は一般に結晶金属に比べて化学的に反応しやすいが，Crを含む合金は表面全体に均一な不動態皮膜を形成するため高い耐腐食性をもつ。結晶性金属では結晶粒界や不純物など，電気化学的に活性な場所はあるが，アモルファス金属にはこのような領域がないため，ステンレス鋼で見られる孔食といった腐食形態もない。**表12-3**に示すようにアモルファス合金の耐食性はステンレス鋼よりもはるかに高い。

表12-3　アモルファス合金の耐食性

溶　　液	合　　金	1年当たりの腐食速度(mm)
1規定塩酸 （常温）	アモルファス　$Fe_{72}Cr_8P_{13}C_7$ 18-8 ステンレス鋼	<0.00001 〜0.5
10％塩化第二鉄 (333K)	アモルファス　$Fe_{72}Cr_8P_{13}C_7$ 18-8 ステンレス鋼	<0.0001 〜120
12規定塩酸 (333K)	アモルファス　$Fe_{45}Cr_{25}Mo_{10}P_{13}C_7$ 30Cr－5Mo鋼	<0.001 〜50

（増本　健，アモルファス金属のおはなし，日本規格協会（1997），p63）

(2) **電気的特徴**としては，高い電気抵抗が挙げられる。これはアモルファス構造が長範囲の規則性を持たないため，電子が散乱されずに進める距離が結晶金属に比べて小さいことによる。このため高周波を用いる箇所でも渦電流を発生しにくいという利点がある．

(3) **磁気的特徴**としては**高透磁率，低磁気ヒステリシス**という，いわゆる軟磁性の性質が挙げられる。強磁性体は結晶構造によって磁化されやすい方向が決まっている。一般にその度合い（**結晶磁気異方性**）が小さいほど磁化は外部磁場に速やかに追従する。アモルファスはランダムな構造から磁気異方性が非常に小さく，また，磁化阻害因子である粒界や不純物が無いために軟磁性の性質を示す。

12.2.5 アモルファス合金の種類と用途

アモルファス合金の開発には**急速冷却技術**と，適切な**合金選択**の2つが重要である。特に合金化は融点を低下させガラス転移点との温度差を少なくすること，常温での結晶化を妨げることなどの観点から進められ，現在では表12-2以外にも多くの合金が開発されている。アモルファス合金の主な用途として，**Fe系合金**は強靭性を利用したワイヤ，スプリング，タイヤコードなどへの応用が，**Fe-Cr系合金**は耐腐食性を利用した電極材料や化学装置部品への応用がある。また**Fe，Co，Ni系合金**では高抵抗と軟磁性を利用した電力トランスへの応用や，高透磁率と高硬度を利用した**磁気ヘッド**への応用が考えられている。

12.3　水素吸蔵合金 (hydrogen storing alloy)

12.3.1　水素吸蔵合金とは

高温で溶融状態の金属には種々の気体が溶け込む。これらの気体は凝固の際に金属中に閉じ込められ，金属結晶中に固溶される。特に水素はその原子半径が小さいために，金属中に固溶されやすいが，一般にその濃度はppm（10^{-6}）のオーダーである。金属中の水素はぜい性破壊の原因になり，あるいは鋳造時に気泡欠陥を生じたりして，一般的には有害である。これに対し，

ある種の合金あるいは金属間化合物では常温近傍で％オーダーの水素を吸蔵することができる。これは通常の水素濃度の10^4倍であり，1gの金属で約$100\,cm^3$（1気圧，室温），すなわち自己の体積の数100～1000倍の容積の気体を吸蔵することになる。また，加熱，冷却によって吸蔵と放出を繰返すことができる。この性質を利用すれば圧力容器無しに水素を貯蔵することができ，またその他種々の工業的応用が可能である。

12.3.2 水素吸蔵の機構

水素は金属表面に接すると2原子の分子状態から原子状態となって金属に吸着する。水素原子は原子半径が小さいので容易に金属結晶格子内に侵入し，**侵入型原子**として固溶する。一般の金属では，これを1気圧の下で解離させるのに数100℃～1000℃の高温が必要であり，また150～200 kJ/mol（H_2）の反応熱が必要である。ところが，Ti-Fe合金，$LaNi_5$合金（金属間化合物）では，常温，1気圧で水素の吸蔵，解離が生じ，それに伴う反応熱も大幅に小さく，20～30 kJ/molである。このとき水素は単なる格子間原子としての固溶ではなく，**金属水素化物**（hydride）を作っている。その反応は下記のようになる。

$$合金 + H_2（気体） \rightleftarrows 金属水素化物（固体） + \Delta H（熱）$$

$$（\rightarrow：発熱，\leftarrow：吸熱） \qquad (12\text{-}1)$$

図12-12は水素化物化したTi-Fe合金および$LaNi_5$合金の結晶構造と水素原子の位置である。

水素化物$TiFeH_2$では水素濃度が1.9％である。これは，1gの合金に約1/100 mol，常温1気圧で約$200\,cm^3$分の水素を吸蔵することに相当する。水素化物$LaNi_5H_6$の水素濃度は1.4％で，合金1gで約$150\,cm^3$の水素が吸蔵できる。この他に，Mg_2Ni，$CaNi_5$，TiMn等の金属間化合物が水素化物を生成することが知られている。(12-1)式の水素吸蔵，放出の反応は非常に迅速に生じ，室温では0.1～1 s，$-20℃$でも1～数分以内に平衡状態に達する。

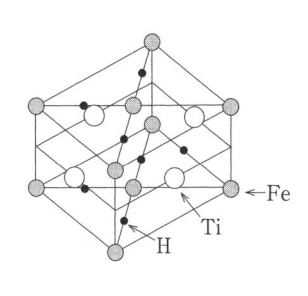

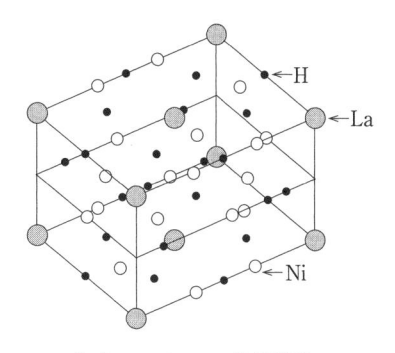

(1) Ti Fe H$x(x\fallingdotseq 2)$ の結晶構造　　　　（2）La Ni$_5$ H$_6$の結晶構造

図12-12　代表的な水素吸蔵合金の結晶構造と水素原子の位置
（大西敬三：水素吸蔵合金のおはなし，日本規格協会（1993），p28）

12.3.3　水素吸蔵特性

　水素化は水素圧力（P），水素濃度（C）および温度（T）の間で平衡状態を保つ。この関係を図12-13のP-C-T曲線（水素圧-濃度-温度曲線）に示す。温度を一定T_1として圧力を上げ水素を吸蔵させてゆくと，圧力P_1で急激に水素濃度が増加する。ここで水素化が生じ，合金α相から水素化物β相

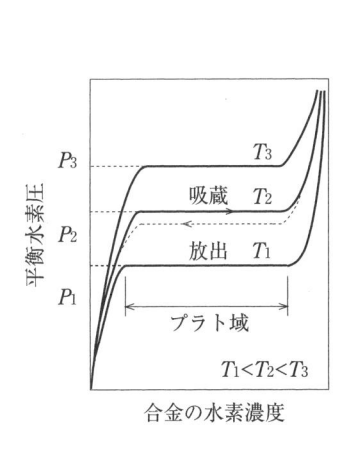

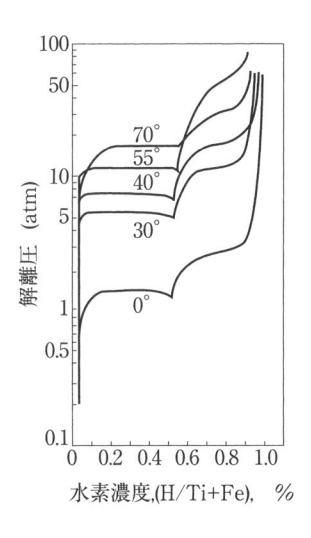

図12-13　P-C-T（水素圧-濃度-温度）曲線　　　図12-14　Ti-Fe合金のP-C-T曲線
（大西敬三：水素吸蔵合金のおはなし，日本規格協会（1993），p36, p38）

に変化する。全てがβ相になると，圧力を上げなければ水素濃度が増加しない。このような一定圧力で水素濃度が増加する範囲を**プラト**（plateau）**域**と呼ぶ。プラト域が広いことが，水素吸蔵合金の利用には有利である。温度が高くなると吸蔵圧力が高くなり，プラト域が狭くなる。また水素を放出する際には図12-13，P_2の破線のように，平衡圧力が吸蔵時よりやや低くなり，ヒステリシスを描く。**図12-14**はTiFeH系のP-C-T曲線（解離圧－組成－等温曲線）である。

水素を吸蔵すると合金は膨張する。$LaNi_5$合金は水素化により約24%体積が膨張する。P-C-T曲線のヒステリシスはこのような体積膨張による格子ひずみに起因すると考えられている。

表12-4は代表的な水素吸蔵合金である。

表12-4 代表的水素吸蔵合金

	金属水素化物	水素含有量 (mass %)	解離圧 (MPa)	生成熱 (kJ/mol H_2)
希土類系	$LaNi_5H_{6.0}$	1.4	3.4（50℃）	−30.1
Ti-Fe系	$TiFeH_{1.9}$	1.8	1.0（50℃）	−23.0
Mg-Ni系	$Mg_2NiH_{4.0}$	3.6	0.1（250℃）	−64.4
Ti-Mn系	$TiMn_{1.5}H_{2.47}$	1.8	0.6（20℃）	−28.5

（大西敬三，水素吸蔵合金のおはなし，日本規格協会（1993），p30）

12.3.4 水素吸蔵合金の応用

水素吸蔵合金は次の4つの特性を利用した応用が考えられている。

(1) **水素吸蔵特性の利用** 気体の水素を固体として貯蔵できる。圧力容器やコンプレッサが不要であり，自己の体積の1000倍の水素の貯蔵が可能である。また固体状態であるので爆発の危険がない。**水素を燃料とする内燃機関**あるいは空気－水素の燃料電池を搭載した**水素自動車**への応用，その他小型の動力源としての応用が考えられる。

(2) **発熱反応の利用** 水素を吸蔵する際の発熱と解離の際の吸熱を冷暖房用，低温度差の熱源間で作動する**ヒートポンプ**として利用する。

(3) **各種気体の混合ガスからの水素の分離**　合金は水素だけを吸蔵するので，混合ガスから水素を分離し，あるいは純度の高い**水素の製造**に利用できる。

(4) **発生水素の圧力を利用したアクチュエータ**　加熱冷却によって発生吸蔵する水素の圧力変動を利用し，**小型の物上げ機（リフト）**等が可能である。

　しかし，この合金にも次のような問題がある。水素の吸蔵放出の繰返しにより，合金内部には**クラック**が生じる。これにより結晶が分離微細化し，最終的には微粉末状になる。これに伴って吸蔵能力が低下する。また水素以外の気体が吸着すると水素に対する活性度が低下し，吸蔵能力が下がる。CO，O_2，およびSO_2が特に有害とされる。**水素吸蔵合金の実用化**にはこれらの問題の解決が必要である。

12.4　その他の機能性構造材料

その他，機械工学分野に関連が深い**機能性構造材料**として次のような材料，機能が挙げられる。

(1) **超塑性材料**（superplastic material）　100％を超える塑性変形を生ずる現象を**超塑性**（super plasticity）と呼ぶ。微細粒の合金の特定の条件下で現われ，通常の方法ではできない複雑形状，大変形の塑性加工に用いられる。Ti合金等の金属のほか，アルミナ，ジルコニア等のセラミックスでもこの現象がある。TRIP鋼は**変態誘起塑性**（transformation induced plasticity）を利用するもので，マルテンサイト変態中の変形によって引張強さ2000 MPa，伸び20％以上を実現する。

(2) **傾斜機能材料**（functionally gradient material）　組成や結晶構造を制御して連続的に変化させ，材質，機能を材料内部で連続的に変えた材料。**セラミックス-金属接合材**あるいは被覆材の**中間層**に用い，接合性の改善，線膨張係数や弾性率の差による熱応力，応力集中の緩和をはかることができる。

(3) **制振材料，防音材料**（vibration-proof material, sound insulating material）　可逆変形をするけれども，その変形に伴って大きなエネルギ吸収するような材料。**振動減衰能**（damping capacity）が大きく，振動を吸収し，あるいは音の発生，伝達を抑えることができる。母材中に力学的な非線形要素となる第2相を分散させた合金あるいは高分子材料，また鋼板とプラスチックシートの積層複合材料，多孔質材料等がこのような機能を持つ。機械構造物の防振用，騒音振動を避ける必要がある種々の機器に応用される。

(4) **電歪，磁歪材料**（electrostrictive material, magnetostrictive material）電場あるいは磁場によって大きなひずみを発生する材料。微小な変位の**アクチュエータやセンサ**に応用できる。希土類遷移金属間化合物 $Tb_{0.3}Dy_{0.7}Fe_2$ は通常の磁歪材料の1000倍に及ぶ超磁歪特性を示す。

(5) **生体適合性材料**（biocompatible material）　人工関節，人工歯根などは医療用として生体内に埋め込まれ，強度と剛性を負担する。人工筋肉，人工臓器のアクチュエータ等も同様である。強度，耐久性とともに，生体に対する侵襲性がなく，生体組織との適合性が良いことが求められる。Ti合金，アルミナ，アパタイト等のセラミックス，アラミド繊維等の高分子材料，およびこれらの複合材料，被覆材料が用いられる。

(6) **スマート材料**（smart material）　センサ機能，アクチュエータ機能を持ち，材料自身の情報を検知して，これに対応できるような材料。**知的材料**（intelligent material），**適応材料**（adaptable material）等とも呼ばれる。形状記憶合金線と高分子材料の複合材料に微細なワンチップコンピュータを組み合わせ，き裂の発生や部分的破損を感知して，破壊に至らない内に防護策を講ずるような材料等が考えられている。航空機，宇宙構造物，医療分野などで実現が期待される。

練習問題解答

第1章

1.1 (1)疲労強度，じん性，耐摩耗性，成形加工性　(2)略
(3)熱伝導性，加工性，溶接(ろう付け)性
(4)高温強度，クリープ強度　(5)加工性，経済性，リサイクル性
(6)加工性(鋳造性)，耐摩耗性，振動吸収能
(7)溶接性，じん性　(8)切削性

1.2 じん性，加工性に劣る。

1.3 (1)略　(2)還元剤，熱源，加炭剤
(3)溶融鉄の取扱いの容易さ(加炭による低温度での溶融)，生産性
(4)略　(5)歩留まり，再加熱不要，生産性

1.4 身の回りの金属加工品から探してみよ。

1.5 (1)否(塑性加工－溶接)　(2)否(塑性加工)　(3)否(焼成)　(4)可　(5)可
(ただし，高温で)　(6)否(焼結)　( ): 一般の加工法

1.6 略

第2章

2.1 図2-3(3)において，結合手の角度を α とすれば，
$\tan(90° - \frac{\alpha}{2}) = \frac{1}{\sqrt{2}} = 0.70710$　より。

2.2 金属結合と，共有結合・イオン結合の差

2.3 略

2.4 略

2.5 BCC：0.6802　FCC：0.7405　HCP：0.7405

2.6 $\theta = 39.03°$　$n=1$　として　$d = \frac{\lambda}{2\sin\theta} = 2.2149\,\text{Å}$

2.7 $\sin\theta = \frac{\lambda}{2d} = 0.40383$　$\theta = 23.82°$　$2\theta = 47.64°$

2.8 Ni：1.2433 Å　Al：1.4317 Å　Cu：1.2781 Å　α鉄：1.241 Å
Cr：1.249 Å

2.9 巻末資料2より，$a = 3.5167\,\text{Å}$　$\rho = 8.97\,\text{g/cm}^3$

2.10 $a = 4.0786$ Å より, $\rho = 19.28$ g/cm³

2.11 $a = \frac{4r}{\sqrt{3}}$ より, $a = 3.1662$ Å $\rho = 19.23$ g/cm³

2.12 $n ≒ 2.0$ より BCC

2.13 $n ≒ 4.0$ より FCC

2.14 体積で1.8%の収縮, 線収縮率0.6%

2.15 A(112), B(221), C(220)

2.16 D($1\bar{1}1$) = {111}, E($1\bar{1}0$) = {110}, F($1\bar{1}2$) = {112}

2.17 G(123), H($1\bar{2}0$) = {120}, I($1\bar{1}2$) = {112}

2.18 J⟨221⟩, K⟨021⟩, L⟨$1\bar{1}0$⟩, M⟨201⟩, N⟨310⟩, O⟨122⟩

2.19 P($01\bar{1}0$) Q($1\bar{1}01$) R($11\bar{2}2$)

2.20 略

2.21 $a = 2.866$ Å $d = \frac{2.866}{\sqrt{1^2+1^2+0^2}} = \frac{2.866}{\sqrt{2}} = 2.027$ Å

2.22 略

2.23 理論密度 $\rho_{th} = \frac{4 \times 63.54}{(6.023 \times 10^{23} \times (3.615 \times 10^{-8})^3)} = 8.9324$

実測密度との比 $\frac{\rho_{mes}}{\rho_{th}} = \frac{8.930}{8.9324} = 0.99973$, $\frac{27}{100000} \sim \frac{1}{3700}$, 3700個に1個の空格子点

第3章

3.1～3.5 略

3.6 成分数$c = 1$, 相の数$p = 2$(液相1, 固相1), $f = 1 - 2 + 1 = 0$

3.7 略

3.8 略

3.9 (1) 570℃, 440℃

(2) $\frac{固相}{液相} = \frac{73\%}{27\%}$, 固相20%Bi, 液相57%Bi

(3) 490℃, 345℃, 21%, 60%

3.10 (1) 略 (2) $c = 2$ $p = 3$(液相1, 固相2)より, $f = 0$

3.11 (1) 400℃, 純A (2) 固相50%, 液相50% (3) 300℃, 純AとA/B共晶, 共晶のB濃度60%, 固相の平均B濃度30% (4) 凝固開始300℃, 凝固終了

300℃ (5) 液相→(340℃)B+液相→(300℃)B+A/B共晶→(室温)B+A/B共晶(60%B)(B50%, 共晶50%)

3.12 (1) 400℃, α固溶体(10%B) (2) 300℃, α固溶体(20%B)+α/β共晶(60%B) (3) 凝固開始300℃, 凝固終了300℃, 60%B (4) 液相→(380℃)β+液相→(300℃)β+α/β共晶→(室温)β(90%B)+α/β共晶(60%B)(β67%, 共晶33%) (5) 液相→α+液相→α(5%)

3.13 (1) 液相→(300℃)(Pb)固溶体+液相→(275℃)(Pb)固溶体→(室温)(Pb)固溶体+(Sn)固溶体

(2) 液相→(235℃)(Pb)固溶体+液相→(183℃)(Pb)固溶体(18.3%B)+(Pb)/(Sn)共晶(61.9%B)→(室温)(Pb)固溶体+((Sn)固溶体)+(Pb)/(Sn)共晶(61.9%B)((Pb)33%, (Pb)/((Sn)共晶67%)

(3) 液相→(183℃)(Pb)/(Sn)共晶(61.9%B)→(室温)(Pb)/(Sn)共晶(61.9%B)

(4) 液相→(230℃)(Sn)固溶体+液相→(220℃)(Sn)固溶体→(室温)(Sn)固溶体

第4章

4.1 多結晶(高温材料等で単結晶の場合あり)

4.2 細粒(高強度, 高じん性, 切削性, 塑性加工性)

4.3 (1) 速 (2) 遅 (3) 速 (4) 速 (5) 遅

4.4 (1) $\frac{34}{0.5 \times 0.5} = 136$, $\log 136 = (n+3)\log 2$ より, $n = 4.1$

(2) $N = 2^{(3+3)} = 64$, $\sqrt{64} = 8$, $\frac{1}{8} = 0.125$ mm。

同様にして, 0.044mm, 0.016mm

4.5 (1) $D_0 = 23.0$ mm²/s $Q = 138$ kJ/mol $D = 0.50 \times 10^{-4}$ mm²/s, 800℃では $D = 0.44 \times 10^{-5}$ mm²/s

(2) $\frac{c_s - c_x}{c_s - c_0} = \text{erf}\left(\frac{x}{2\sqrt{Dt}}\right)$ $x = 1$ mm, $c_s = 2.0\%$, $c_0 = 0\%$, 1000℃で $D = 0.50 \times 10^{-4}$ mm²/s, 30min(1800s)では erf(1.667) = 0.982, $c_x = 0.036\%$ 1.0時間ではerf(1.18) = 0.905より, $c_x = 0.19\%$, 3.0時間ではerf(0.68) =

0.665　$c_x = 0.67\%$

(3) $(2-1)/(2-0) = \text{erf}\dfrac{0.5}{2\sqrt{Dt}}$　$\text{erf}(X) = 0.5$ より　$X = 0.48$　t = 4800s = 1.3時間

4.6　$10^{-3}\text{mm} = \sqrt{(2 \times 0.44 \times 10^{-5} \times t)}$　より，t = 0.11s　10μmなら，約10s

4.7　$\dfrac{1.0 - 0.2}{1.0 - 0.0} = \text{erf}(\dfrac{X}{2\sqrt{Dt}})$　$\text{erf}(X) = 0.8$ より，X = 0.905　t = 1526s = 25.4分

4.8　状態図は平衡状態，緩慢な冷却の場合。実際には冷却速度がこれより早い

4.9　$c_1 = 50\%$，$c_m = 35\%$，$c_x = 30\%$，$x = 0.025$mm とする。拡散係数 D は表4-1より 2.7×10^{-8} mm^2/s，（または表4-2より 3×10^{-8} mm^2/s）。$\text{erf}(\dfrac{x}{2\sqrt{Dt}}) = 0.333$ より，$\dfrac{x}{2\sqrt{Dt}} = 0.31$。これより，t = 16.7時間（$3 \times 10^{-8}$ mm^2/sを用いれば，15.0 時間）

4.10　(a) $\alpha (+B)$　(b) $\alpha + \alpha/B$ 共晶　(c) すべて α/B 共晶　(d) α/B 共晶 + B

4.11　急冷の方が細かい。拡散距離が短い。（過冷が大きくなり，核生成数が多い）

4.12　略

4.13　図8-6(4)より，Be濃度2.5%，870℃

第5章

5.1　127 MPa，6.21×10^{-4}，0.062mm

5.2　509 MPa，8.0%，弾性ひずみ $\varepsilon_e = 0.25\%$，塑性ひずみ $\varepsilon_p = 7.75\%$

5.3　略

5.4　強度計算上の必要性，設計応力範囲における両者の差

5.5　$G = \dfrac{E}{2(1+\nu)} = 80\,\text{GPa}$　（$\nu = 0.25$）　$\tau_m \fallingdotseq 13000\,\text{MPa}$

5.6　並進すべりと転位すべり

5.7　略

5.8　観察される転位数と数10%の塑性変形に必要な転位の数

5.9　略

5.10　細粒。転位の運動に対する抵抗

5.11　焼鈍し

5.12 身の周りの物の切欠きを探してみよ．切欠きの応用例も

5.13 弾性域では応力集中，塑性域では塑性拘束

5.14 直列なら強度の低い軟鋼線，並列なら破断伸びの小さな焼入れ鋼線

5.15 約 37 GPa $(1 \times 10^{-6} \text{J/mm}^2 = 1.0 \text{ N} \cdot \text{m/m}^2,\ 1\text{Å} = 10^{-10}\text{m})$

5.16 小さい．先在き裂

5.17 $c = 3.2 \times 10^{-6}$ m $= 3.2\,\mu$m　$2c = 6.4\,\mu$m

5.18 軟鋼は塑性変形が生じ易いために，容易にき裂伝播・へき開型の破壊をしない．

第6章

6.1 (1) 略（荷重－のび曲線ではないことに注意）　(2) 136 GPa
　　(3) $\sigma_{0.2} = 178$ MPa, $\sigma_B = 267$ MPa, $\delta = 28\%$（弾性変形分約 0.1 mm を差し引いても，27.9% ≒ 28%），$\phi = 58\%$

6.2 断面係数 $Z = 785.4$ mm^3, 破断モーメント $Mb = 2625$ N・m, $\sigma = \dfrac{M}{Z}$ より曲げ強さ 334 MPa

6.3 略

6.4 HB(3000/10) 302

6.5 (1) HS34 の場合，表 6-2 より，HB226, 引張強さ 750 MPa．　概算式と (6-16) を用いるならば，HRC19, HB190,　引張強さ 708 MPa．
　　(2) HS55 の場合，HB381, 引張強さ 1290 MPa, 　(6-16) では，HRC40, HS400, 引張強さ 1380 MPa．

6.6 略

6.7 (1) 減　(2) 減　(3) 増　(4) 減　(5) 減　(6) 減　(7) 増　(8) 増　(9) 減
　　(10) 増

6.8 A 鋼：-8℃　B 鋼：-43℃

6.9 151 MPa$\sqrt{\text{m}}$

6.10 $a = 8.8$ mm, $2a = 18$ mm

6.11 $a = 1.8$ mm, $2a = 3.6$ mm

6.12 10^5時間強度：255 MPa，10^6時間強度：225 MPa，疲労限度：205～210 MPa（正確にはステアケース法，プロビット法等の統計的手法による。JSME S002）

6.13 166 MPa

6.14 略

6.15 (1) 30.2～31 mm　(2) $\beta = 1.42$　より，$30.2 \times \sqrt{1.42} = 35.9$～36 mm

6.16 $300 \times 1.4 \times 10^{-4} \times 10^{-2} \times T = 3$　より，$T = 7143$時間（= 298日～300日）

第7章

7.1 略

7.2 フェライト中の炭素量を無視し，(1) 26%　(2) 52%　(3) 100%（フェライト中の炭素を0.02%とすれば，25%，50%，100%）

7.3 パーライト量の増加

7.4 パーライトとセメンタイト，セメンタイトの増加

7.5 硬さの増加，耐摩耗性，疲労強度の増加，マルテンサイト

7.6 800℃から550℃まで約0.7sで冷却。約360℃/s

7.7 870℃，820℃，780℃，780℃　理由　略

7.8 フェライト（約35%）とマルテンサイト（約65%）。図7-2の状態図にてこの法則を適用

7.9 (1) 結晶粒の粗大化，冷却速度の低下，高熱応力
　　(2) 高熱応力，高変態応力，焼き割れ

7.10 M_f点が室温以下

7.11 じん性の回復，内部ひずみの除去

7.12 図7-9より，HRC55 (HV595) 図7-15より，0.4%C，HB300ならば，525～530℃。（図7-20では焼き戻しHB300がない。これは下限値だから）

7.13 臨界冷却速度 (CCR) が遅い。大寸法でも焼入れ硬化可能

7.14 鋼(4)ではF_sの左端を15s，400℃と見て，CCR = (850 − 400)/15 = 30℃/s
　　鋼(1)ではP.N.を0.5s，550℃と見て，CCR = (850 − 550)/0.5 = 600℃/s

7.15 図7-22で15mmまでHRC45以上。SCR440, SCM440, SNCM439

7.16 $Z = 2651\text{mm}^3$, $0.3\,\sigma_B \geqq 450 \times 10^3\,(\text{N}\cdot\text{mm})/2651\text{mm}^3$,

$\sigma_B \geqq 170/0.3 = 566\text{MPa}$

SS材では適用できるものなし。図7-20より，S45C以上の炭素鋼の焼きならし，またはS30C以上の炭素鋼の焼入れ戻し材

7.17 (1) SNC415　(2) S45C　理由略

7.18 $t = 1480\text{s}$, 約25分。$D = 1.6 \times 10^{-5}\,(\text{mm}^2/\text{s})$。$\text{erf}(x) = 0.63$ より $(x) = 0.64$ (図4-11)

7.19 (1) a (塑性加工性，溶接性)　(2) b (高周波焼入れ用)
(3) c (硬さ)　(4) c (鋳造性)　(5) aまたはb (高降伏点とじん性の兼合い)

7.20 $CE = 0.488\%$　0.44%を超えており，溶接不可

7.21 (1) 析出硬化系SUS630等　(2) マルテンサイト系SUS440

7.22 SC450　強度と鋳造性

7.23 硬さ，微細な炭化物の形成，高温強度・硬度

7.24 (7-3)式より，$C_e = 4.26 - \dfrac{1.9}{3} = 3.63$, $S_c = 0.74$

したがって図7-27より，パーライト鋳鉄。C2.2%では，$S_c = 0.60$。したがって白鋳鉄。Si 2.8%では，$C_e = 3.33$　$S_c = 0.96$, したがって，丁度パーライト地とフェライト地の境界で，フェライトとパーライトの混合

7.25 CE値が低い，冷却速度が速い，球状化処理がされていない，など

第8章

8.1 引張強さを2024T6：495，およびSCM430：833 (MPa) として，比強度は183，および107 $\left(\dfrac{\text{MPa}}{\text{g/cm}^3}\right)$

8.2 降伏点を(1) 235, (2) 882, (3) 150, (4) 510 (MPa) として，ワイヤの重量はそれぞれ，(1) 26.5, (2) 7.1, (3) 14.4, (4) 4.2 (kg)

8.3 高温強度

8.4 共晶成分，約12%

8.5 (1) 可, (2) 可, (3) 否, (4) 否, (5) 可

8.6 表8-2および表8-7のO状態とH状態での引張強さの比から,強度上昇率は(1) 1.8, (2) 2.7, (3) 1.5, (4) 1.7, (5) 2.0. 降伏点については(1) 4.4, (2) 11.3, (3) 2.8, (4) 5.0

8.7 (1) α (Cu), (2) $\alpha + \beta$, (3) $\alpha + \varepsilon$ ($\alpha + \delta$), (4) α, (5) $\alpha + \alpha_2$

8.8 (1) 約12%, 430℃ (2) 約6%, 330℃

8.9 δ (状態図上は ε) 相の析出 (δ は室温で α と ε になるが,組織としては δ の量が重要)

8.10 気泡,引巣の除去。金型の耐熱性

8.11 引張強さをTi-6-4:1180MPa, 7075T6:580MPa, として,262および215 ($\frac{MPa}{g/cm^3}$)。SCM430:8.1の答

8.12 略

第9章

9.1 略,付加重合

9.2 (1) 略,縮合重合 (2) 分子量から,60gのユリア:30gのホルムアルデヒド:18gの水,したがって,1kgでは500gのホルムアルデヒド (3) 300gの水

9.3 分子量28.052より,4278

9.4 分子量62.49より,3681

9.5 質量平均分子量:22700, 数平均分子量:23550

9.6 $2500 \times 1.5 \text{Å} \times \sin(\frac{109.5°}{2}) \times 2 = 6125 \text{Å}$ (0.61×10^{-3} mm = 0.61μm)

9.7 10.6% (分子量54.09, 2重結合の20%にS (分子量32.07) として,$\frac{12.83}{108.2 + 12.83} = 0.106$)

9.8 4.2% (分子量68.11, 250kgに対し,S 118kgで100%架橋)

9.9 $\frac{引張強さ(MPa)}{密度(g/cm^3)}$ を,(1) $\frac{17}{0.94}$, (2) $\frac{83}{1.2}$, (3) $\frac{84}{1.4}$, (4) $\frac{90}{2.7}$, (5) $\frac{400}{7.8}$ とする。(1) 18 (2) 69 (3) 61 (4) 33 (5) 51

9.10 (1) たわみ $\propto \frac{1}{E}$ (弾性率),PE:$E = 0.24$GPa, アルミニウム:$E = 70$GPa とすれば,PEが290倍たわむ。高密度PEで $E = 1.0$GPaとして70倍

(2) たわみ $\propto \dfrac{1}{I} \propto \dfrac{1}{H^3}$ (H:はりの高さ)　　したがって，6.6倍（高密度PEで4.1倍）

(3) 密度を0.94（高密度PE 0.98）として，重量比2.3倍（1.5倍）

第10章

10.1 $\dfrac{r_c}{r_a} = \dfrac{0.102}{0.181} = 0.563$　配位数 = 6　NaCl型

10.2 $\dfrac{r_c}{r_a} = \dfrac{0.072}{0.140} = 0.514$　配位数 = 6　NaCl型。格子定数0.424nm，単位胞内MgO分子数4。分子量40.3，第2章(2-2)式より，密度 $\rho = 3.51 \times 10^3 \mathrm{kg}/\mathrm{m}^3 = 3.51 \mathrm{g}/\mathrm{cm}^3$

10.3 $\dfrac{r_c}{r_a} = \dfrac{0.170}{0.181} = 0.939$　配位数 = 8　CsCl型。Cl^-の立方体の中心にCs

10.4 略

10.5 略

10.6 440 MPa（$Z = 50 \mathrm{mm}^3$, $M = 22$ N・m）

10.7 曲げ強さ = 500 MPaとすれば3000N。平均値として350 MPaをとれば2100N。

10.8 526 MPa（$a = 20 \times 10^{-6}$m）

10.9 $2a = 69 \mu$m（69×10^{-6}m）

10.10 $m = 6$ のとき，直径6mmの方が12mmより1.4倍強い。$m = 10$のときは1.23倍

10.11 $\dfrac{\sigma_b}{\sigma_t} = 1.7$

10.12 C.V. = 14.6%。平均値 − (3×標準偏差)を用いれば，$\sigma = 650 - 3 \times 95 = 365$ MPa

10.13 見かけ密度 = 2.38，気孔率 = $1 - \dfrac{2.38}{3.2} = 0.256$,　約26%

第11章

11.1 表11-1より，ケブラ（アラミド繊維）の密度：1.44g/cm³，弾性率：126 GPa，エポキシの密度：1.3g/cm³，弾性率：4GPa（表9-1の平均）をとった場合，(1) 32%, (2) 1.34g/cm³ (3) 41 GPa, (4) 繊維の直角方向の弾性率を繊維方向と同じとみなして（実際にはこれよりかなり小さい），5.7 GPa。

11.2 表11-1より,CF(高強度)の密度:$1.8\,\text{g/cm}^3$,弾性率:$280\,\text{GPa}$,アルミニウムは各$2.7\,\text{g/cm}^3$および$70\,\text{GPa}$とする。複合材の弾性率:$185\,\text{GPa}$,密度:$2.2\,\text{g/cm}^3$,比弾性率:$84\,\dfrac{\text{GPa}}{\text{g/cm}^3}$。CF(高弾性)の密度:$1.9\,\text{g/cm}^3$,弾性率:$540\,\text{GPa}$を用いれば,$329\,\text{GPa}$,$2.26\,\text{g/cm}^3$,$146\,\dfrac{\text{GPa}}{\text{g/cm}^3}$。アルミニウムは$26\,\dfrac{\text{GPa}}{\text{g/cm}^3}$。

11.3 弾性率$540\,\text{GPa}$のCF(高弾性)を用いた場合,エポキシの密度,弾性率を問題11.1と同じとして,$V_f = 38\%$,密度$1.53\,\text{g/cm}^3$。重量で,鋼の約$\dfrac{1}{5}$。弾性率$280\,\text{GPa}$のCF(高強度)を用いた場合は,$V_f = 73\%$,重量比$\dfrac{1}{4.6}$。

11.4 (1)密度 $= 0.65 \times 4.1 + 0.35 \times 1.3 = 3.12\,\text{g/cm}^3$。(2) $\dfrac{3.0}{3.12} = 0.962$,気孔率$3.8\%$。

11.5 稠密配置(正三角形の頂点に繊維が配置)を考える。59.2%。

11.6 (1) $I \fallingdotseq 2 \times \left(\dfrac{20-1}{2}\right)^2 \times 1 \times 500 = 90250\,\text{mm}^4$。アルミニウム板では,$\dfrac{1}{12} \cdot 500 \times h^3 = 90250\,\text{mm}^4$より,$h = 12.94\,\text{mm}$。(2) 重量(質量)比は $\dfrac{2\,\text{mm}}{12.9\,\text{mm}} = 0.155$,すなわち,重量比$15.5\%$,$\dfrac{1}{6.5}$で同じ剛性を実現できる。

資料―1

元素周期表（長周期型）

族\周期	1(1A)	2(2A)	3(3A)	4(4A)	5(5A)	6(6A)	7(7A)	8(8)	9(8)	10(8)	11(1B)	12(2B)	13(3B)	14(4B)	15(5B)	16(6B)	17(7B)	18(0)
1	1 H 1.008 水素																	2 He 4.003 ヘリウム
2	3 Li 6.941 リチウム	4 Be 9.012 ベリリウム											5 B 10.81 ホウ素	6 C 12.01 炭素	7 N 14.01 窒素	8 O 16.00 酸素	9 F 19.00 フッ素	10 Ne 20.18 ネオン
3	11 Na 22.99 ナトリウム	12 Mg 24.31 マグネシウム											13 Al 26.98 アルミニウム	14 Si 28.09 ケイ素	15 P 30.97 リン	16 S 32.07 硫黄	17 Cl 35.45 塩素	18 Ar 39.95 アルゴン
4	19 K 39.10 カリウム	20 Ca 40.08 カルシウム	21 Sc 44.96 スカンジウム	22 Ti 47.87 チタン	23 V 50.94 バナジウム	24 Cr 52.00 クロム	25 Mn 54.94 マンガン	26 Fe 55.85 鉄	27 Co 58.93 コバルト	28 Ni 58.69 ニッケル	29 Cu 63.55 銅	30 Zn 65.39 亜鉛	31 Ga 69.72 ガリウム	32 Ge 72.61 ゲルマニウム	33 As 74.92 ヒ素	34 Se 78.96 セレン	35 Br 79.90 臭素	36 Kr 83.80 クリプトン
5	37 Rb 85.47 ルビジウム	38 Sr 87.62 ストロンチウム	39 Y 88.91 イットリウム	40 Zr 91.22 ジルコニウム	41 Nb 92.91 ニオブ	42 Mo 95.94 モリブデン	43 Tc (99) テクネチウム	44 Ru 101.1 ルテニウム	45 Rh 102.9 ロジウム	46 Pd 106.4 パラジウム	47 Ag 107.9 銀	48 Cd 112.4 カドミウム	49 In 114.8 インジウム	50 Sn 118.7 錫	51 Sb 121.8 アンチモン	52 Te 127.6 テルル	53 I 126.9 ヨウ素	54 Xe 131.3 キセノン
6	55 Cs 132.9 セシウム	56 Ba 137.3 バリウム	57* La 138.9 ランタン	72 Hf 178.5 ハフニウム	73 Ta 180.9 タンタル	74 W 183.8 タングステン	75 Re 186.2 レニウム	76 Os 190.2 オスミウム	77 Ir 192.2 イリジウム	78 Pt 195.1 白金	79 Au 197.0 金	80 Hg 200.6 水銀	81 Tl 204.4 タリウム	82 Pb 207.2 鉛	83 Bi 209.0 ビスマス	84 Po (210) ポロニウム	85 At (210) アスタチン	86 Rn (222) ラドン
7	87 Fr (223) フランシウム	88 Ra (226) ラジウム	89** Ac (227) アクチニウム															

( )：同位体の内の代表的質量数

* ランタノイド	58 Ce 140.1 セリウム	59 Pr 140.9 プラセオジム	60 Nd 144.2 ネオジム	61 Pm (145) プロメチウム	62 Sm 150.4 サマリウム	63 Eu 152.0 ユウロピウム	64 Gd 157.3 ガドリニウム	65 Tb 158.9 テルビウム	66 Dy 162.5 ジスプロシウム	67 Ho 164.9 ホルミウム	68 Er 167.3 エルビウム	69 Tm 168.9 ツリウム	70 Yb 173.0 イッテルビウム	71 Lu 175.0 ルテチウム
** アクチノイド	90 Th 232.0 トリウム	91 Pa 231.0 プロトアクチニウム	92 U 238.0 ウラン	93 Np (237) ネプツニウム	94 Pu (239) プルトニウム	95 Am (243) アメリシウム	96 Cm (247) キュリウム	97 Bk (247) バークリウム	98 Cf (252) カリホルニウム	99 Es (252) アインスタイニウム	100 Fm (257) フェルミウム	101 Md (256) メンデレビウム	102 No (259) ノーベリウム	103 Lr (260) ローレンシウム

電気化学会：電気化学便覧第5版，(丸善)(2000)による。原子量( )内の数値は培風館資料による。族番号1～18はIUPAC無機化学命名法(1989)による。( )内は旧族番号。さらに以前はIA,IB～VIIA,VIIB等の族番号が用いられた。

資料－2 おもな金属元素の物理的性質

金属	記号	原子番号	結晶系	格子定数 Å	原子量	密度, g/cm^3	融点, ℃
銀	Ag	47	FCC	4.0862	107.868	10.49	961.9
アルミニウム	Al	13	FCC	4.04958	26.981	2.699	660.4
金	Au	79	FCC	4.0786	196.97	19.302	1064.4
ベリリウム	Be	4	hex	2.286 (3.584)	9.01	1.848	1290
ビスマス	Bi	83	hex	4.546 (11.86)	208.98	9.808	271.4
セリウム	Ce	58	HCP	3.681 (11.857)	140.12	6.689	798
コバルト	Co	27	HCP	2.507 (4.069)	58.93	8.832	1495
クロム	Cr	24	BCC	2.8844	51.996	7.19	1875
銅	Cu	29	FCC	3.6151	63.54	8.93	1084.9
鉄	Fe	26	BCC FCC BCC	2.866 (>912℃)3.589 (>1394℃)	55.847	7.87	1538
ガリウム	Ga	31	ortho	4.526 (4.5186, 7.657)	69.72	5.904	29.8
水銀	Hg	80	rhomb		200.59	13.546	-38.9
インジウム	In	49	tetra	3.252 (4.946)	114.82	7.286	156.6
リチウム	Li	3	BCC	3.5089	6.94	0.534	180.7
マグネシウム	Mg	12	HCP	3.2087 (5.209)	24.312	1.738	650
モリブデン	Mo	42	BCC	3.1468	95.94	10.22	2610
ナトリウム	Na	11	BCC	4.2906	22.99	0.967	97.8
ニオブ	Nb	41	BCC	3.294	92.92	8.57	2468
ニッケル	Ni	28	FCC	3.5167	58.71	8.902	1453
鉛	Pb	82	FCC	4.9489	207.19	11.36	327.4
パラジウム	Pd	46	FCC	3.8902	106.4	12.02	1552
白金	Pt	78	FCC	3.9231	195.09	21.45	1769
レニウム	Re	75	HCP	2.760 (4.458)	186.21	21.04	3180
ロジウム	Rh	45	FCC	3.796	102.99	12.41	1963
アンチモン	Sb	51	hex	4.307 (11.273)	121.75	6.697	630.7
珪素	Si	14	FCC	5.4307	28.08	2.33	1410
錫	Sn	50	FCC	6.4912	118.69	5.765	231.9
タンタル	Ta	73	BCC	3.3026	180.95	16.6	2996
チタン	Ti	22	HCP	2.9503 (4.683)	47.9	4.507	1668
タングステン	W	74	BCC	3.1652	183.85	19.254	3410
バナジウム	V	23	BCC	3.0278	50.941	6.1	1900
亜鉛	Zn	30	HCP	2.6648 (4.947)	65.38	7.133	420
ジルコニウム	Zr	40	HCP BCC	3.2312 (5.148) (>862℃)3.609	91.22	6.505	1852

格子定数（ ）内：c または b,c

資料－3　単位の換算表*

量	SI単位 名称	SI単位 記号	従来の単位	換算
長さ	メートル	m		
	ミクロン	μm	μ	$1\mu m = 10^{-3}mm = 10^{-6}m$
	オングストローム	Å	Å	$1Å = 0.1nm = = 10^{-8}cm = 10^{-10}m$
				1in（インチ）= 25.40mm
				1ft（フィート）= 12in = 304.8mm
体積 容積	立方メートル リットル	m^3 L	l (cc)	$1L = 10^{-3}m^3 = 1dm^3$, $1cc = 1cm^3 = 1mL$
質量	キログラム	kg	$kgf\cdot s^2/m$	$1kgf\cdot s^2/m = 9.80665kg$
	グラム	g		$1kg = 1.01972\times 10^{-1} kgf\cdot s^2/m$
	トン	t		$1t = 10^3 kg$, $1g = 10^{-3}kg$
				(1lb（ポンド）= 0.4536kg)
密度	キログラム毎 立方メートル	kg/m^3	$kgf\cdot s^2/m^4$	$kgf\cdot s^2/m^4 = 9.80665 kg/m^3$
				（本書では，水の密度との比較が容易な g/cm^3 (=$10^3 kg/m^3$) を多く用いている）
時間	秒	s	sec, min, hr	$1h = 60min = 3600s = (1/24)d$
周波数	ヘルツ	Hz	c/s	$(=s^{-1})$
回転数	回毎秒	s^{-1}	r.p.m.	$1s^{-1} = 1rps = 60rpm$
力	ニュートン	N	kgf（重量キログラム）	$1kgf = 9.80665 N$ $(= m\cdot kg\cdot s^{-2})$
			tf（重量トン）	$1N = 1.01972\times 10^{-1} kgf$
	ダイン	dyn	dyn	$1dyn = 10^{-5}N$
力のモーメント	ニュートンメートル	$N\cdot m$	$kgf\cdot m$	$1kgf\cdot m = 9.80665 N\cdot m$
エネルギー 仕事	ジュール	J	$kgf\cdot m$	$(=N\cdot m = m^2\cdot kg\cdot s^{-2})$
				$1kgf\cdot m = 9.80665J$
				$1J = 1.01972\times 10^{-1} kgf\cdot m$
	エルグ	erg	erg	$1erg = 1dyn\cdot cm = 10^{-7}J$
仕事率 動力	ワット	W	$kgf\cdot m/s$	$(=J/s = m^2\cdot kg\cdot s^{-3})$
				$1kgf\cdot m/s = 9.80665W$
			kcal/h	$1kcal/h = 1.163W$
			PS（馬力）	$1PS = 75kgf\cdot m/s = 0.7335kW$
応力	パスカル	Pa (N/m^2)	kgf/mm^2	$1kgf/mm^2 = 9.80665 MPa$ (MN/m^2)
				$1Pa (N/m^2) = 1.01972\times 10^{-7} kgf/mm^2$
				（材料の強さはMPaで，弾性率はGPaで表すことが多い）
圧力	パスカル	Pa	kgf/cm^2	$(=m^{-1}\cdot kg\cdot s^{-2})$
				$1kgf/cm^2 = 9.80665\times 10^4 Pa$
				$1Pa = 1.01972\times 10^{-5} kgf/cm^2$
	水銀柱圧力	mmHg	mmHg	$1mmHg = 1.33322\times 10^2 Pa$
	水柱圧力	mmH_2O	mmAq	$1mmH_2O = 9.80665 Pa$

量	SI 単位		従来の単位	換算
	名称	記号		
衝撃値	ジュール毎平方メートル	J/m^2	$kgf \cdot m/cm^2$	$1kgf \cdot m/cm^2 = 9.80665 \times 10^4 J/m^2$
				$1J/m^2 = 1.01972 \times 10^{-5} kgf \cdot m/cm^2$
衝撃吸収エネルギー	ジュール	J	$kgf \cdot m$	$1kgf \cdot m = 9.80665 J$
				$1J = 1.01972 \times 10^{-1} kgf \cdot m$
破壊じん性,応力拡大係数		$MPa \cdot m^{1/2}$ ($MN \cdot m^{-3/2}$)	$kgf \cdot mm^{-3/2}$	$1kgf \cdot mm^{-3/2} = 3.10114 \times 10^{-1} MPa \cdot m^{1/2}$
				$1MPa \cdot m^{1/2} = 3.22463 kgf \cdot mm^{-3/2}$
粘土	パスカル秒	$Pa \cdot s$	$kgf \cdot s/m^2$	$1kgf \cdot s/m^2 = 9.80665 Pa \cdot s$
	ポアズ	P	P	$1P = 1dyn \cdot s/cm^2 = 0.1Pa \cdot s$
動粘土	平方メートル毎秒	m^2/s	m^2/h	$1m^2/h = (1/3600) \ m^2/s$
	ストークス	St	St	$1St = 10^2 cSt = 10^{-4} m^{m2/s}$
温度	セルシウス温度	℃	℃（摂氏）	
			°F（華氏,ファーレンハイト）	$t°F = 9/5 \times t℃ + 32$
				$t℃ = 5/9 \times (t°F - 32)$
熱力学温度	ケルビン	K	K	$t℃ = (t+273.15) \ K$
温度差		K, ℃		$1℃ = 1K$
熱量	ジュール	J	kcal	$1cal = 4.1868 J$
比熱		$J/kg \cdot K$	$kcal/kgf \cdot ℃$	$1kcal/kgf \cdot ℃ = 4.1868 kJ/kg \cdot K$
熱伝導率		$W/m \cdot K$	$kcal/m \cdot h \cdot ℃$	$1kcal/m \cdot h \cdot ℃ = 1.163 W/m \cdot K$
電力	ワット	W	W	
電力量	ジュール	J	kWh	$1kWh = 3.6 \times 10^6 J$
電子ボルト	エレクトロンボルト	eV	eV	$1eV = 1.60219 \times 10^{-19} J$
物質量	モル	mol	mol	
拡散係数	平方メートル毎秒	m^2/s	m^2/h	$1m^2/h = (1/3600) \ m^2/s$
表面張力	ニュートン毎メートル	N/m	kgf/m	$1kgf/m = 9.80665 N/m$

SI接頭語

- E（エクサ）：10^{18}
- P（ペタ）：10^{15}
- T（テラ）：10^{12}
- G（ギガ）：10^9
- M（メガ）：10^6
- k（キロ）：10^3
- h（ヘクト）：10^2
- da（デカ）：10^1
- d（デシ）：10^{-1}
- c（センチ）：10^{-2}
- m（ミリ）：10^{-3}
- μ（マイクロ）：10^{-6}
- n（ナノ）：10^{-9}
- p（ピコ）：10^{-12}
- f（フェムト）：10^{-15}
- a（アト）：10^{-18}

＊本書に用いたおもな量の単位で，SI単位とあわせて使用するもの，および文献等に現れる旧単位を含む

資料−4　　　　　　　引張試験片　JIS Z 2201(1998)

試験片	おもな用途	形状	平行部					肩部半径 R
			平行部長さ P	標点 L	直径 D	厚さ t	幅 W	
1号	鋼板 平鋼 形鋼		約220	200	—	原厚	1A,40 1B,25	≧25
2号	棒鋼 直径または対辺距離 D≦25mm		約L+2D	8D	直径または対辺原寸法	—	—	—
4号	鋳鋼,鍛鋼品,圧延鋼材,球状黒鉛鋳鉄,可鍛鋳鉄,非鉄金属合金,棒および鋳物		60	50 $L=4\sqrt{A}$ $=3.54D$ Aは断面積	14	—	—	≧15
5号	管,薄鋼板,非鉄金属の形材および板材		60	50	—	原厚	25	≧15
8号	ネズミ鋳鉄品 鋳造品の主要寸法による		8 12.5 20 32	鋳放直径 約13 20 30 45	8 12.5 20 32	—	—	≧16 ≧25 ≧40 ≧64
9号	鋼線 非鉄合金線		9A≧150 9B≧250	100 200	原寸法	—	—	—
10号	軟鋼溶着金属		60	50	12.5	—	—	≧15
11号	管類 管状のまま		100	50 50	原寸法	—	—	—
12号	管類 切片について		60	50	—	原厚	12A,19 12B,25 12C,38	≧15
13号	板材 (厚さ6mm以下)		13A約120 13B約60	80 50	—	原厚	20 12.5 (B≧20)	20〜30
14号	棒(四角,六角,丸断面) 板,管		14A 5.5〜7D 14B L+ 1.5〜2.5√A 14C L+ 0.5〜2D		$5.65\sqrt{A}$ Aは断面積	原厚	≦8t	≧15

＊3号, 6号, 7号は欠番。詳しくは JIS Z 2201(1998)参照。

索　引

【ア　行】

亜鉛合金　222
亜共晶　50
亜共析　72
亜共析鋼　151
アクリル　244
圧縮試験　111
圧延　12
網目状高分子　233
アモルファス（非晶質）　300
アモルファス化　301
アモルファス金属　38
アラミド　283
アルマイト加工　197
アルミ青銅　213
アルミナ　272
アルミナ繊維　285
安定化ジルコニア　273
安定系　153
ECT　137
イオン結合　23
イオン結合型　254
イオン結合型セラミックス
　　　　　254, 257
異質核生成　63
イソプレン　236
一方向強化　280
一方向強化材の強度　288
一方向凝固　38
一方向凝固材　220
異方性　287
In-situ複合材料　294
インコネル　220
インフレーション法　250
ウイスカ　103

渦電流探傷法　143
A_3変態点　151
A_1変態点　151
液相焼結法　276
液相線　46
液体急冷法　301
液体浸炭法　165
S-N曲線　127
SR　162
SS材　166
枝わかれ高分子　233
エネルギ解放率　124
エネルギ遷移温度　121
エネルギ遷移曲線　121
FRM　282
FRP　280
FATT　121
エポキシ樹脂　236, 248
MMC　282
エラストマー　234
エロージョン摩耗　140
エンジニアリングプラスチック
　　　　　244
エンスタタイト　260
延性　95
延性-ぜい性遷移　121
延性破壊　92
オーステナイト　74, 150
オーステンパ　159
オーステンパ球状黒鉛鋳鉄
　　　　　187
オースフォーミング　182
黄銅　211
応力　78
応力-ひずみ曲線　78
応力拡大係数　123

応力拡大係数の限界値　123
応力緩和　139
応力集中　97
応力集中係数　97
応力腐食割れ　178
応力誘起変態　298
押込み硬さ　116
押出し成形　250

【カ　行】

貝殻模様　128
開口型　94
快削黄銅　212
快削鋼　175
回折角　34
改良処理　201
火炎焼入れ　165
カオリナイト　261
化学的性質　3
架橋高分子　233
過共晶　51
過共析　72
過共析鋼　151
拡散　66
拡散距離　68, 69
拡散クリープ　265
拡散変態　70
拡散焼なまし　72, 162
加工硬化　80
加工性　3
加工誘起マルテンサイト　177
過時効　74
過剰浸炭　165
加速クリープ　136
可塑剤　242
硬さ試験　115

片振り引張り　130
金型用鋼　180
過飽和　70
加硫　237
過冷　63
環境ぜい化破壊　93
間接製鋼法　8
完全焼なまし　162
ガス浸炭法　165
ガラス転移温度　239
ガラス転移点　239
機械加工　16
機械的性質　3
危険体積　133
気孔　267
基質（基地）　183
切欠き　97
機能材料　2, 142
基本単位　228
キャビテーション摩耗　140
球状黒鉛　185
球状黒鉛鋳鉄　182, 186
キュプロニッケル（白銅）214
強化相　280
共晶系　48
共晶組織　50
共晶反応　49
共重合体　250
共析鋼　151
共析反応　71
共有結合　23
共有結合型　254
共有結合型セラミックス　258
極限引張強さ　81
切欠感度係数　132
切欠強度　97
切欠係数　97, 131
き裂開口変位　124
均質核生成　63

金属間化合物　43, 306
金属基複合材料　281, 282
金属結合　24
金属水素化物　306
犠牲金属　224
ギニエ・プレストン集合体　74
凝固　37
凝固制御　220
凝固組織　64
凝着摩耗　140
キルド鋼　9
黒鉛　274
屈曲試験　114
くびれ　80
クラッド金属　293
クリープ強度　138
クリープ限度　138
クリープ試験　137
クリープ制限応力　138
クリープ破断試験　138
クリープ変形　93, 135
クリストバライト　259, 275
クロム鋼　170
クロムモリブデン鋼　172
クロロプレン　236
グラファイト　262
グリフィスクラック　101
グリフィスの理論　100
蛍光探傷法　143
傾斜機能材料　309
形状記憶合金　296
形状係数　97
形状母数　269
結晶　26
結晶化　235
結晶磁気異方性　305
結晶性高分子　234
結晶粒　65
結晶粒界　38
ケブラ　283

原子間距離　25
コーキシング　134
鋼　148
高温強度　134
恒温変態曲線　154
恒温変態焼入れ　159
工業用純鉄　148, 151
高クロム鋳鉄　188
工具鋼　148, 180
格子定数　29
高周波焼入れ　164
公称応力　78
抗折試験　113
高速度鋼　180
構造材料　2
構造用鋼　166
高張力鋼　172
高透磁率　305
降伏　79
降伏強さ　304
降伏点　79, 109
高分子　228
高マンガン鋼　180
高密度ポリエチレン　244
高融点金属　225
高力アルミニウム合金　198
黒鉛　262
黒心可鍛鋳鉄　189
固相焼成法　276
固相線　46
固体浸炭法　165
コットレル雰囲気　91
固溶強化　43
固溶限度　51
固溶処理　73
固溶体　43
転がり摩耗　140
混合転位　88
合金　42
合金鋼　148, 169

合金工具鋼　180
ゴム　236

【サ 行】

サーメット　293
サイアロン　274
最近接原子　29
再結晶　72, 135
再結晶温度　72
最弱リンク理論　270
再熱　63
最密充填構造　257
サブゼロ処理　160
3軸応力状態　98
サンドイッチ板　293
材料欠陥　132, 142
材料試験　107
材料試験規格　107
残留オーステナイト　160
残留応力　135
四-六黄銅　211
C.E.値　166(鋼), 183(鋳鉄)
CCT曲線　156
CV黒鉛鋳鉄　187
試験片　107
試験片強度　107
下降伏点　80
七-三黄銅　211
質量効果　162, 163
質量平均重合度　232
質量平均分子量　231
絞り　109
シャルピー衝撃試験　120
シャルピー衝撃値　120
縮合重合　229
上降伏点　80
ショア硬さ　118
衝撃試験　120
ショットピーニング　132
シラル　188

シリカ　259, 275
シリカガラス　259
シリコンゴム　249
シリコン青銅　213
シルミン　200
真応力　81
真空蒸着法　301
浸炭窒化　165
浸炭焼入れ　165
浸透探傷法　142
振動減衰能　309
侵入型　43
侵入型原子　306
GFRP　248
時間強度　127
磁気探傷法　143
磁気ヘッド　305
軸受鋼　176
軸受合金　222
時効　74
時効硬化　74
自己拡散　67
実体強度　107
重合　229
重合度　232
18-8ステンレス　177
ジュラルミン　198
準安定系　153
磁歪材料　310
状態図　46
ジョミニー試験　163
ジルコニア　273
じん(靱)性　96, 120
スーパーエンジニアリングプ
　ラスチック　246
水じん処理　181
水素吸蔵　306
数平均重合度　232
数平均分子量　231
ステライト　220

ステンレス鋼　148, 176
スパッタリング法　301
すべり変形　84, 87
スマート材料　310
すり減り摩耗　139
寸法効果　132, 163, 270
正規分布　271
製鋼　9
制振材料　309
ぜい(脆)性破壊　93
生体適合性材料　310
青銅　212
青熱ぜい性　135
正8面体空隙　257
正4面体空隙　257
精錬　8
析出　53, 70
析出硬化型ステンレス鋼　178
積層板　293
積層複合材料　293
赤熱ぜい性　135
接種処理　186
セメンタイト　150
セメンテーション　165
セラミックス　254
セラミックウイスカ　285
閃亜鉛構造　256
繊維　283
遷移温度　121
繊維強化プラスチック　280
遷移クリープ　136
線形混合則　42
線形破壊力学　122
線形被害則　134
線欠陥　35
潜き裂　100, 101
染色探傷法　143
線状高分子　233
せん断試験　114
せん断破壊　94

全率固溶系合金　48
ソーダガラス　260
ソーダ石灰ガラス　275
相　43
双晶　91
双晶変形　91
相転移　273
相律　45
組織鈍感性　42
組織敏感性　42
塑性拘束効果　98
塑性ひずみ　79
塑性変形　79, 83
ソルバイト　161

【タ　行】

体拡散　69
耐久限度　127
耐久限度線図　130
耐力　110
体心立方晶　27
耐熱アルミニウム合金　199
耐熱鋼　178
多結晶　37
たて弾性係数　79
タフピッチ銅　208
多方向強化　280
炭化ケイ素　274
単結晶　38, 220
鍛鋼　174
短繊維強化材の強度　289
炭素鋼　148, 166
炭素鋼工具鋼　180
炭素繊維　275
炭素鋼鍛鋼品　174
炭素当量　166, 183
鍛錬加工用アルミニウム合金 195
ダイカスト　200
ダイス鋼　180

ダイアモンド　274
ダクタイル鋳鉄　187
弾性係数　79
弾性限度　79
弾性変形　78
弾性余効　82
弾性率　79
チタン合金　214
窒化　165
窒化ケイ素　274
知的材料　310
中間焼なまし　162
鋳鋼　173
柱状晶　64
鋳造　14
鋳造性　182
鋳造組織　64
鋳造用アルミニウム合金　200
鋳鉄　148, 182
稠密構造　28
稠密方向　33
稠密面　33
稠密六方晶　27, 28
超音波探傷法　142
超高引張鋼　182
超合金　219
調質　161, 172, 174
超ジュラルミン　198
超塑性　16, 224
超塑性材料　309
超々ジュラルミン　199
直接製鋼法　9
直交強化　280
チル　184
チル晶　64
チル鋳鉄　187
TTT曲線　154
低温ぜい性　121
低温焼なまし　162
低磁気ヒステリシス　305

定常クリープ　136
低膨張鋳鉄　189
適応材料　310
てこの法則　47
鉄鋼材料　148
鉄－黒鉛系　153
鉄－セメンタイト系　153
テフロン　245
転位　35, 87
転移温度　239
転位すべり　87
転位線　36
転位の干渉　90
転位の集積　90
転位の増殖　89
点欠陥　35
転炉　9
電気炉　9
デンドライト　64
等軸晶　65
特殊用途鋼　174
トルースタイト　159, 161
同素変態　28, 71

【ナ　行】

内部応力　135
ナイモニック　220
ナイロン　245
鉛ガラス　275
軟化温度　240
軟鋼　148
軟窒化　165
ニッケルクロム鋼　170
ニッケルクロムモリブデン鋼
　　　　　　　　　172
ニッケル合金　218
丹銅　211
ニハード鋳鉄　188
ニレジスト　188
ヌープ硬さ　118

ネオプレン 248
ねじり試験 114
ねずみ鋳鉄 153, 182, 186
ネッキング 238
熱可塑性高分子 236
熱間圧延鋼板 166
熱間加工 16
熱硬化性高分子材料 236
熱衝撃抵抗 268
熱衝撃破壊抵抗係数 268
熱処理 62
熱処理強化型 195
熱処理性 170
熱弾性型 298
熱弾性マルテンサイト変態 296
熱的性質 3
伸び 109, 110

【ハ 行】

配位数 29, 255
ハイテン 172
破壊じん性 123
破壊の確率 271
破壊力学 122, 263
鋼 148
白心可鍛鋳鉄 189
白鋳鉄 182, 187
刃状転位 36, 87
ハステロイ 220
HAZ 166
肌焼鋼 169
破壊じん性試験 122
破断強さ 304
破断点 81
破断伸び 110
ハニカム板 293
破面遷移温度 121
はんだ 222, 223
反応焼結法 277

反発硬さ 116
汎用エンジニアリングプラスチック 244
汎用プラスチック 242
バーガースベクトル 88
バウシンガ効果 82
バネ鋼 176
バビットメタル 223
パーライト 150
パーライトノーズ 154
パイレックスガラス 275
引巣 141
比強度 194
非金属介在物 141
比剛性 195
非晶質金属 38
非晶質構造 259
非晶質高分子 234
ひずみ 78
ひずみ硬化 80
ひずみ時効 91
ひずみ取り焼なまし 72
比弾性率 195, 267
引掻硬さ 116
引張強さ 81, 109, 304
非鉄金属 194
ヒドロナリウム 202
非熱処理型 195
非熱弾性型 298
非破壊検査 142
非破壊検査法 142, 143
非平衡プロセス 300
標準組織 154
標点（間）距離 110
表面拡散 69
表面硬化法 164
表面硬化用鋼 176
表面処理 17
比例限度 79
疲労 127

疲労（疲れ）限度 127
疲労限度線図 130
疲労限度比 131
疲労縞 128
疲労破壊 93
ビッカース硬さ 116
P-C-T曲線 307
ファンデルワールス力 229
ファンデルワールス結合 25
フィックの第一法則 67
フィラメントワインディング 290
フェノール樹脂 236, 247
フェライト 149
付加重合 229
吹込み法 250
複合則 286
腐食疲労 132
フックの法則 79
フッ素樹脂 245
普通炭素鋼 166
フランク・リード源 90
不連続降伏 80
不連続繊維（短繊維）強化複合材料 280
粉末冶金 16
ブタジエン 236
ブチレン 236
物理的性質 3
部分安定化ジルコニア 273
ブラッグの条件 34
ブリネル硬さ 116
ブロー成形 250
分塊圧延法 10
分散強化複合材料 280
分散硬化 74
分子鎖 228
分離破壊 94
プラト域 307
平衡状態 45

並進すべり　87
偏晶反応　55
片状黒鉛　184
片状黒鉛鋳鉄　182, 186
偏析　70
変態　45, 70
変態誘起塑性　309
変動係数　270
ベークライト　247
ベイナイト　159
ベリリウム合金　205
ベリリウム銅　213
ペッチの式　103
砲金　213
包晶　54
包晶系　54
ホウ素繊維　285
放電加工　17
ホットプレス焼結法　277
ホワイトメタル　222
ボイラ用圧延鋼材　166
防音材料　309
ボロン鋼　172
ポリアセタール　245
ポリイソプレン　248
ポリイミド　246
ポリエーテルエーテルケトン　246
ポリエチレン　229, 236, 242
ポリエチレンテレフタレート　245
ポリ塩化ビニル　229, 236, 244
ポリカーボネート　245
ポリクロロプレン　248
ポリスチレン　244
ポリブタジエン　248
ポリプロピレン　229, 244

【マ 行】

マイクロビッカース　117
マイナー則　134
マイヤー硬さ　118
マクロ偏析　70
マグネシア　256
マグネシウム合金　203
曲げ試験　112
曲げ強さ　113
まだら鋳鉄　183
摩耗　140
マルテンサイト　74
マルテンサイト変態　74, 155, 296
マルテンサイト膨張　157
マレージング　182
マンガン鋼　170
ミクロ偏析　70
ミラー指数　31
ミラー・ブラヴェ指数　33
無拡散変態　71
無酸素銅　208, 210
メラミン　247
メルトスピニング法　301
面心立方晶　27
面内せん断型　94
モース硬さ　118
モネル　218
モリブデン鋳鉄　189

【ヤ 行】

焼入れ　74
焼入れ性　163
焼なまし　72, 154, 162
焼ならし　72, 162
焼きひずみ　159
焼きもどし　75, 160
焼もどしぜい性　161
焼割れ　157, 159

ヤング率　79
有効数字　109
遊離相　43
ユリア樹脂　247
溶接　14
溶接構造用圧延鋼材　166
溶体化処理　73
洋白　213
溶融還元炉　9

【ラ 行】

ラウタル　202
らせん転位　36
ランダム配向　280
リチウム合金　205
リムド鋼　9
リューダース線　83
粒界拡散　69
粒界すべり　265
粒界破壊　93
粒子分散強化複合材料　292
粒内破壊　93
両振り　130
リラクゼーション　139
臨界せん断強さ　85
臨界長さ　289
臨界冷却速度　156
りん青銅　212
燐脱酸銅　208
累計繰返し数比　134
冷間圧延鋼板　166
冷間加工　16
冷却曲線　45
レデブライト　153
連続繊維（長繊維）強化複合材料　280
連続鋳造　10
ローエックス　200
65-35黄銅　211

ロックウェル硬さ　117

【ワ　行】

ワイブル係数　104, 268, 270
ワイブル分布　268

英文索引

【ギリシャ】

δ-ferrite	δ-フェライト	150

【A】

A_1 transformation	A_1 変態	151
A_3 transformation	A_3 変態	151
abrasive wear	すり減り摩耗	139
accuracy	精度	109
Acm line	Acm線	150
acryl, PMMA	アクリル	230, 238
actual strength	実体強度(試験片強度に対して)	107
actuator	アクチュエータ	299, 309
adaptable material	適応材料	310
additional polymerization	付加重合	229
adhesive wear	凝着摩耗	140
age hardening	時効硬化	74, 206
aging	時効	74
allotropic transformation	同素変態	28
alloy	合金	42
alloyed steel	合金鋼	148
alumina	アルミナ, Al_2O_3	272
aluminum oxi-nitride	サイアロン	274
American Society for Testing and Materials ASTM(アメリカ材料試験協会)		107
amorphous	非晶質, アモルファス	38, 103, 300
angstrom (Å)	オングストローム:10^{-10}m	141
anion	陰イオン, アニオン	23
anisotropy	異方性	287
annealing	焼なまし, 焼鈍	72
apparent density	見かけの密度	276
aramid, PPT	アラミド(ポリパラフェニレンテレフタールアミド)	283
atmosphere	雰囲気(温度, ガス等の外的条件)	76
atomic arrangement	原子配列	41
atomic mass	原子量	39
ausforming	オースフォーミング	182
austempered ductile iron, ADI	オーステンパー球状黒鉛鋳鉄	187
austempering	恒温変態焼入れ, オーステンパー	159, 187
austenite	γ-鉄, オーステナイト	74, 150, 297
Avogadro's number	アボガドロ数	30, 278

【B】

BCC (body centered cubic)	体心立方晶	27
BCT (body centered tetragonal)	体心正方晶	74
Babbitt metal	バビットメタル	223
bainite	ベイナイト	159, 187
Bakelite	ベークライト(フェノールホルムアルデヒド)	230, 247
barreling	膨れ, 膨出	82, 112
Bauschinger effect	バウシンガ効果	82
bending test (strength)	曲げ試験(強さ)	113
bend test	屈曲試験	114
beryllium copper	ベリリウム銅	213
billet	鋼片(ビレット)	10
binary alloy	二元合金	56
biocompatible material	生体適合性材料	310
blast furnace	高炉(溶鉱炉)	8
bloom	鋼片(ブルーム)	10
blow	吹込み, ブロー成形	277
blow molding	ブロー成形	250
blue shortness	青熱ぜい性, 青熱脆性	135
branch[-ed]	枝分かれ[した]	233
brazing	ロウ付け	223
Brinell hardness	ブリネル硬さ:HB	116
brittle fracture	ぜい(脆)性破壊	93
buckling	座屈	112
bulk density	見かけの密度	276
Burgers vector	バーガース ベクトル	88

【C】

calendaring	カレンダ加工	250
carbide	炭化物, カーバイド	19, 150
carbon equivalent, C.E.	炭素当量	166, 184
carbon fiber, CF	炭素繊維	282
carbon steel	炭素鋼	148, 166
carbonitriding	浸炭窒化	165
carburizing	浸炭, 浸炭焼入れ	76, 165
case hardening	表面硬化法	164
cast iron	鋳鉄	148, 182
castability	鋳造性	182
casting	鋳造, 鋳造品	14
cation	陽イオン, カチオン	23
cavitation wear	キャビテーション摩耗	140
CE, carbon equivalent	炭素当量	182
cementation	セメンテーション	165
cementite	セメンタイト(Fe_3C)	150

ceramics matrix composite, CMC	セラミックス基複合材料	283
cermet	サーメット	293
Charpy impact test	シャルピー衝撃試験	120
chemical vapor deposition, CVD	化学蒸着法	17
chill	白銑化，チル化	185
chill grain	チル晶	65
chilled cast iron	チル鋳鉄，チルド鋳鉄	187
clad metal	クラッド金属	293
cleavage fracture	へき(劈)開破壊	94
close-packed plane	稠密面	33
coaxing	コーキシング	134
coefficient of variation, C.V.	変動係数	270
columnar grain	柱状晶	65
compacted vermicular graphite, (CV graphite)	塊状黒鉛，いも虫状黒鉛	185
compacting	圧縮成形	250, 276
component	部材，部品	20
composite, composite material	複合材料	280
compound	化合物，コンパウンド，合成	43, 250
compression molding	圧縮成形法	250
computer tomography, CT	コンピュータ断層撮影	142
concentration	濃度	42
condensation polymerization	縮合重合	229
conjugate solution	共役液体	54
constituent	成分，組成物，構成物	60
continuous casting	連続鋳造	10
continuous cooling transformation curve (CCT curve)	連続冷却変態曲線	156
converter	転炉	9
coordination number	配位数	29, 278
copolymer	共重合体	249
core material	ハニカム板のコア材	293
corrosion fatigue	腐食疲労	132
covalent bond	共有結合	23
crack	き(亀)裂	95
crack opening displacement, COD	き裂開口変位	124
crankshaft	クランクシャフト	18
creep	クリープ	135
creep deformation (rupture)	クリープ変形（破断）	93
creep limit	クリープ限度	138
creep rate	クリープ速度	136
cristobalite	クリストバライト SiO_2	259
critical cooling rate, CCR	臨界冷却速度	156
critical length	臨界長さ	289
critical shear strength	臨界せん断強さ	85
critical stress intensity factor, Kc	応力拡大係数の限界値	123
cross link[-ed]	架橋[した]	233
crystal structure	結晶構造	20
crystallization	結晶化	235
cubic	立方晶系	26, 27
cumulative cycle ratio	累計繰返し数比(Σ (ni/Ni))	134

【D】

damping capacity	振動減衰能	310
decarburizing	脱炭	76
deep drawing	深絞り	16
defect	欠陥	35
deflection	たわみ	112, 253
degree of freedom	自由度	45
degree of polymerization	重合度	232
dendrite	樹枝状晶，デンドライト	64
Deutsche Industrie-Normen	DIN(ドイツ工業規格)	107
die	金型，ダイ	276
die cast, die casting	ダイカスト(ダイキャスト，ダイキャスティング)法	15, 200
diffraction angle	回折角	34
diffusion coefficient	拡散係数	67
dislocation	転位	35, 87
dispersion	分散，分散相(材)	74, 280
dispersion hardening	分散硬(強)化	103, 280
distribution function	分布関数	268
drawing	引抜き	16
drilling	穴あけ	15, 16
ductile	延性のある	39, 93
ductile cast iron (ductile iron)	ダクタイル鋳鉄，球状黒鉛鋳鉄	187
ductile fracture	延性破壊	92
ductility	延性	95
ductile-brittle transition	延性・ぜい(脆)性遷移	121
duralumin	ジュラルミン	198

【E】

edge dislocation	刃状転位	35, 87
effective digit	有効数字	109
elastic after effect	弾性余効	82
elastic limit	弾性限度	80
elastic modulus	弾性係数	79
elastomer	エラストマー	234
electro-chemical machining	電解加工	17
electro-discharge machining	放電加工	17
electro-strictive material,	電歪材料	310
electron cloud (sea)	電子雲	24

elongation	伸び	109
embrittlement	ぜい(脆)化	95
endurance limit	耐久限度	127
endurance ratio	疲労限度比	131
energy release rate, G	エネルギー開放率	123
enstatite	エンスタタイト $MgSiO_3$	260
environmental embrittlement	環境ぜい(脆)化破壊	93
epoxy, EP	エポキシ, エポキシ樹脂	248, 282
eque-cohesive temperature, ECT	粒内, 粒界強度が交さする温度	137
equiaxed grain	等軸晶	65
equilibrium	平衡, 平衡状態	45, 46, 47
equivalent	等価	32
erosive wear	エロージョン摩耗	140
etch pit	食孔	89
eutectic reaction	共晶反応	49
eutectoidal reaction (transformation)	共析反応(変態)	71
eutectoidal steel	共析鋼	151
extra super duralumin	超超ジュラルミン	199
extrusion	押出し, 押出し成形	15, 250

【F】

FCC (face centered cubic)	面心立方晶	27
fatigue	疲労, 疲れ	126
fatigue damage	疲労損傷	133
fatigue fracture	疲労破壊	93
fatigue limit	疲労限度, 疲れ限度	127
fatigue limit diagram	耐久限度線図	130
fatigue mark	疲労縞	127
ferrite	フェライト	149
fiber reinforced metals, FRM	繊維強化金属	282
fiber reinforced plastic, FRP	繊維強化プラスチック	280
fictive temperature	ガラス転移温度, T_g	239
fillet	試験片の肩部	110
flake graphite (cast) iron	片状黒鉛鋳鉄	182
flame hardening	火炎焼入れ	165
flaw	欠陥	141
flexure test (strength)	抗折試験(強度)	113
fluorocarbon polymer	フッ素樹脂	245
flux	融剤	276
forging	鍛造	16
form factor	形状係数, a	97
formability	加工性	3
fraction	割合, 率, 分数	252
fracture appearance transition temperature, FATT	破面遷移温度	121
fracture toughness	破壊じん(靭)性	121, 123
Frank-Read source	フランク-リード源	89
free phase	遊離相	43
full annealing	完全焼なまし	162
functional materials	機能材料	1
functionally gradient material	傾斜機能材料	309

【G】

G.P. zone	ギニエプレストン集合体	74
gas hole	気泡	141
gauge length	標点(間)距離	110
glass fiber, GF	ガラス繊維	282, 283
glass fiber reinforced plastic, GFRP	ガラス繊維強化プラスチック	248, 283
glass transition	ガラス転移	239
grain boundary	結晶粒界	36, 135, 137
graphite	黒鉛, グラファイト	153, 182, 185, 262
gray (cast) iron	ねずみ鋳鉄, 片状黒鉛鋳鉄	153, 182
green powder	原料粉末の混合体	16, 276
Griffith crack	グリフィス クラック	101
grinding	研削	16
grip	試験片のつかみ部	109
grow, growth	成長	62
gun metal	砲金	213

【H】

HCP (close-packed hexagonal)	稠密六方晶	27
Hadfield steel	ハドフィールド鋼, 高マンガン鋼	180
hardenability	焼入れ性	163
hardening	焼入れ	156
hardness	硬さ	115
hardness test	硬さ試験	115
heat affected zone, HAZ	熱影響部	141, 166
heat resisting steel	耐熱鋼	178
heat treatment	熱処理	62
heterogeneous nucleation	異質核生成	63
high chromium cast iron	高クロム鋳鉄	188
high tensile strength steel	高張力鋼	172
honeycomb plate	ハニカム板	293
hot isostatic press	ホットプレス焼結法: HIP	277
hybrid composite	ハイブリッド複合材料	285
hydride	金属水素化物	306
hydronalium	ヒドロナリウム	202
hydrogen embrittlement, HE	水素ぜい(脆)性	93
hydrogen storing alloy	水素吸蔵合金	305

hypereutectic	過共晶		51
hypereutectoid	過共析		72
hyper-eutectoidal steel	過共析鋼		151
hypoeutectic	亜共晶		51
hypoeutectoid	亜共析		72
hypo-eutectoidal steel	亜共析鋼		151
hysteresis curve	ヒステリシス曲線		82

【I】

impact test	衝撃試験		120
imperfection	欠陥		35
impurities (impurity：不純，の複数形)			
	不純物		145
in-situ composite	その場複合材料		294
inclusion	介在物，非金属介在物		
		102,	141
Inconel	インコネル		220
indentation, impression	圧痕		116
indenter	圧子		116
induction hardening	高周波焼入れ		164
inflation	インフレーション法		250
ingot	インゴット		10
initiator	重合開始剤		229
injection molding	射出成形		250
inoculation	接種	65,	186
intelligent material	知的材料		310
intercrystalline fracture			
	粒界破壊		93
interference	（転位の）干渉		90
intermetallic compound			
	金属間化合物		43
International Organization for Standardization, ISO			
	国際標準化機構		108
interstitial	侵入型		43
interstitial atom	格子間原子		35
ionic bond	イオン結合		23
iron making	製鉄		8

【J】

Jominy test	ジョミニー試験	163

【K】

kaolinite	カオリナイト $Al_2(Si_2O_5)(OH)_4$	261
Kevlar	ケブラ（アラミドの商品名）	283

【L】

Lüedrs line	リューダース線	83
laminated plate	積層板	293
latent heat	潜熱	75
lattice	（結晶）格子	26
lattice parameter, lattice constant		
	格子定数	29
Lautal	ラウタル	202
lead glass	鉛ガラス	275
ledeburite	レデブライト	153
lever rule	てこの法則，てこの理	48
linear	線状の	233
linear damage law	線形被害則	134
linear fracture mechanics		
	線形破壊力学	122
linear mix rule	線形混合則	42
liquidus	液相線	46
load cell	ロードセル（電気式荷重計）	109
long range order	長範囲規則	26
low alloyed steel	低合金鋼	169
low temperature embrittlement		
	低温ぜい（脆）性	121

【M】

machining	機械加工，切削加工		16
magnesia, MgO	マグネシア		256
magneto-strictive material			
	磁歪材料		310
malleable cast iron	可鍛鋳鉄		189
maraging	マレージング		182
martensite	マルテンサイト		74
martensitic transformation			
	マルテンサイト変態		
		74,	296
mass effect	質量効果		163
matrix	金属基地，基質，母材（相）		
		103,	280
mechanical properties	機械的性質		3
melamine formaldehyde (resin)			
	メラミン（樹脂）		247
melt	溶湯（液体状態の金属）		37
melt spinning	メルトスピニング		301
melting point	融点		75
member	部材，部品		20
mer unit	高分子の基本単位		228
metal matrix composite, MMC			
	金属基複合材料		282
metal glass	非晶質金属		103
metallic bond	金属結合		24
metalloid	半金属		44
mica	雲母，マイカ， $KAl_2Si_3O_{10}(OH)_2$		262
microstructure	顕微鏡組織		20
mild steel	軟鋼		148
Miller index	ミラー指数		31
Miller-Bravais index	ミラーブラベー指数		33
milling	フライス加工		16
mixed dislocation	混合転位		88
modification	改良処理		201
modulus of elasticity	たて弾性係数		79
mold	鋳型		14
Monel metal	モネル		218
monomer	モノマー		229
monotectic reaction	偏晶反応		55
multiplication	（転位の）増殖		89

【N】

nearest neighbors atom	最近接原子	29
necking	くびれ, ネッキング	80, 238
neoprene	ネオプレン	248
network	網目状	233
Ni-hard cast iron	ニハード鋳鉄	188
nickel silver	洋白(洋銀)	213
nitriding	窒化	165
nodular graphite	球状黒鉛	185
nominal stress	公称応力	78
non-destructive test (inspection)	非破壊検査	142
nonferrous alloy	非鉄金属材料	194
non-propagating crack	停留き(亀)裂	129
normal distribution	正規分布	271
normalizing	焼ならし, 焼準	72, 162
notch	切欠き	97
notch factor	切欠き係数, β	97, 131
notch sensitivity factor	切欠感度係数	131
nucleus	核	62
Nylon, Nylon6-6	ナイロン, ナイロン6-6	230, 245

【O】

octahedron	正八面体	257
one way tension (compression)	片振引張り(圧縮)	130
orthorhombic	斜方晶系	27
over aging	過時効	74
oxygen-free copper	無酸素銅	208

【P】

packing factor	充填率	30
parallel section	平行部	109
parentheses (parenthesisの複数形)	丸かっこ記号( )	192
pearlite	パーライト	150
pearlite nose, P.N.	パーライトノーズ	154
periodic table	元素の周期表	22
peritectic reaction	包晶反応	54
phase	相	43
phase diagram	状態図	46
phase rule	相律	45
phenolic resin	フェノール樹脂	247
phosphor bronze	リン青銅	213
phosphorous deoxidized copper	燐脱酸銅	208
physical vapor deposition, PVD	物理蒸着法	17
pig iron	銑鉄	8
pile up	(転位の)集積, 堆積	90
pitting wear	転がり摩擦, ピッティング, まだら摩耗	140
plain carbon steel	普通炭素鋼	166
plane strain fracture toughness, K_{IC}	平面ひずみ破壊じん性(靭性)	123
planing	平削り	16
plastic constraint effect	塑性拘束効果	98
plastic deformation	塑性変形, 永久変形	79
plastic working	塑性加工	16
plasticity	可塑性	236
plasticizer	可塑剤	242
plateau	台地, 高原, プラトー	308
plating	メッキ(鍍金)	17
point defect	点欠陥	35
Poisson's ratio	ポアソン比：ν	123
polyamide, PA	ポリアミド	245
polyacrylonitrile, PAN	ポリアクリロニトリル	284
polybutadiene	ポリブタジエン	248
polycarbonate, PC	ポリカーボネート	230, 245
polychloroprene	ポリクロロプレン	248
polyester	ポリエステル	248
polyether ether keton, PEEK	ポリエーテルエーテルケトン	246
polyethylene, PE	ポリエチレン	228, 242, 282
polyethylene tere-phthalate, PET	ポリエチレンテレフタレート	230, 245
polyimide, PI	ポリイミド	246
polyisoprene	ポリイソプレン	248
polymethyle methacrylate, PMMA	ポリメチルメタクリレート (アクリル)	230, 244
polyoxy-methylene, POM	ポリアセタール	230, 245
polyphenylene ether	ポリフェニレンエーテル	245
polypropylen, PP	ポリプロピレン	230, 244, 282
polystyrene, PS	ポリスチレン	230, 244
polytetra-fluoro-ethylene, PTFE	ポリテトラフルオロエチレン(テフロン)	230, 244
polyvinyl chloride, PVC	塩化ビニル	230, 244
polycrystal	多結晶	37, 75
polymer fiber	高分子繊維	283
polymer matrix composite, PMC	高分子基複合材料	282
polymerization	重合	229
pore, porosity	気孔, 空孔	264
powder metallurgy	粉末冶金	16
precipitate, precipitation	析出(固相から別の固相が生成すること)	53, 74
precipitation hardening	析出硬(強)化	103

precipitation hardening stainless steel		析出硬化型ステンレス鋼	178
press forming	プレス成形		16
primary phase	初晶(液相から最初に成生(晶出)する個体の相)		47
probability density function		密度関数	268
process	工程,加工,製法,手順		14, 18
proof stress	耐力		110
punching	打抜きプレス		16
Pyrex glass	パイレックスガラス		275

[Q]

quench, quenching	焼入れ(鋼の焼入れ,溶体化処理)	74, 156

[R]

radiator	ラジエータ(放熱器)	18
radical	化学種,ラジカル	229
radiographic inspection(test)	放射線探傷法	142
rare earth	稀土類	205
recalescence	再熱	63
recovery	回復	135
recrystallization	再結晶	72, 135
red shortness	赤熱ぜい性,赤熱脆性	135
reduction of area	絞り	109
refining	精錬	8
refractory block	耐火れんが	19
refractory metal	高融点金属	225
relaxation	応力緩和,リラクゼーション	139
residual stress	内部応力,残留応力	135
retained austenite	残留オーステナイト	160
Rockwell hardness	ロックウエル硬さ:HR	117
rolling	圧延	12
root radius	底半径	97
rotational bending	回転曲げ	129
rule of mixture	線形混合則	42
rupture elongation	破断伸び	110
rupture point	破断点	81

[S]

SC (simple cubic)	単純立方晶	29
S-curve	S-曲線	155
S-N curve, S-N diagram	S-N曲線	126
sandwich plate	サンドイッチ板	293
screw dislocation	らせん転位	36, 87
season cracking	時期割れ	212
segregation	偏析	70
self diffusion	自己拡散	67
shape memorizing alloy	形状記憶合金	74, 296

shear fracture	せん断破壊	94
shearing test	せん断試験	114
Shore hardness	ショア硬さ:HS	118
short range order	短範囲規則	26
shot peening	ショットピーニグ	132
shrinkage	引巣	14
shrinkage hole	引巣	141
SIALON, silicon aluminum oxi-nitride	サイアロン	274
significant figure	有効数字	109
silica	シリカ, SiO_2	259
silica glass	シリカガラス	259
silicon carbide	炭化ケイ素, SiC	258, 274
silicon nitride	窒化ケイ素, Si_3N_4	274
silicone rubber	シリコンゴム	249
single crystal	単結晶	38, 75
sintering	焼結,焼成	16, 276
slab	鋼片(スラブ)	10
slip	滑り,すべり	84
slip	スリップ(固体粒子の懸濁液)	276
slip system	すべり系	85
slug	鉱滓	8
slurry	スラリー(懸濁液)	276
smart material	スマート材料	310
smelting	製錬	6
soda lime glass	ソーダガラス	260
solder	はんだ	223
solid solution	固溶体	43
solidification	凝固	37
solidus	固相線	46
solute atom	溶質原子(合金元素の原子)	43
solution hardening	固溶強化	43
solution treatment	溶体化処理	73, 227
solvent atom	溶媒原子(母相原子)	43
sorbite	ソルバイト	161
sound insulating material	防音材料	310
specific modulus	比弾性率,比剛性	195
specific strength	比強度	194
spheroidal graphite, SG	球状黒鉛	184
spinning	紡糸	250
spraying	溶射	17
stabilized zirconia, SZ	安定化ジルコニア	273
stacking fault	積層欠陥	36
stainless steel, SUS	ステンレス鋼	148, 176
steady creep	定常クリープ:	136
steel casting	鋳鋼品	173
steel forging	鍛鋼品	173
steel making	製鋼	9
Stellite	ステライト	220
strain	ひずみ	78
strain aging	ひずみ時効	91
strain hardening	ひずみ硬化	80
strain rate dependence	ひずみ速度依存性	98
strength	強度	78
stress	応力	78

stress amplitude	応力振幅	129
stress concentration	応力集中	97
stress corrosion cracking, SCC	応力腐食割れ	93, 178
stress induced transformation	応力誘起変態	298
stress intensity factor	応力拡大係数：K	123
stress ratio	応力比	130
stress relieving, S.R.	残留応力除去	162
structural insensitive	組織鈍感性	42
structural material	構造材料	2
structural sensitive	組織敏感性	42
structural steel	構造用鋼	166
structure	組織, 構造	14, 42
styrene butadiene rubber, SBR	スチレンブタジエンゴム	249
substitutional	置換型	43
substitutional atom	置換原子	35
subzero treatment	深冷処理, サブゼロ処理	160
super alloy	超合金	219
super duralumin	超ジュラルミン	198
super high tensile strength steel	超高張力鋼	182
super plasticity	超塑性	16, 224, 309
super-plastic material	超塑性材料	309
super-saturation	過飽和	70
surface hardening	表面硬化法	164
Systéme International d'Unités (SI unit)	SI(SI単位)	108

[T]

Teflon	テフロン	245
temper brittleness	焼もどしぜい性	161
tempering	焼もどし, 焼戻し	75, 160
tensile strength	引張強さ	81
ternary alloy	三元合金	56
test piece	試験片	107
tetragonal	正方晶系	27
tetrahedron	正四面体	257
thermal capacity	熱容量	75
thermal conductivity	熱伝導率	75
thermoplastic polymer	熱可塑性高分子	236, 282
thermosetting polymer	熱硬化性高分子	236, 282
time temperature transformation curve, T.T.T. curve	恒湿変態曲線	154
tool steel	工具鋼	148, 180
torsion test	ねじり試験	114
tough pitch copper	タフピッチ銅	208
toughness	じん(靭)性	96, 120
transcrystalline fracture	粒内破壊	93
transfer forming	トランスファ加工	250
transformation	変態	45
transformation induced plasticity	変態誘起塑性	309

transition	遷移	121, 136
transition curve	遷移曲線	121
transmission gear	トランスミッション(伝動)ギア	18
transverse test [strength]	抗折試験[強さ]	113
treatment	処理	17
tri-axial stress state	3軸応力状態	98
troostite	トルースタイト	159
true stress	真応力	81
tungsten carbide, WC	タングステンカーバイド	292
turbine blade	タービンブレード(翼)	18
turning	旋削	16
twin	双晶	91
two way loading	両振り	130

[U]

ultimate tensile strength, U.T.S.	極限引張強さ	81
ultrasonic test	超音波探傷法	142
undercool	過冷	63
uni-directional	一方向の	37, 220, 281, 295
uni-directional solidification	一方向凝固	38
unit cell	単位胞	26
unsaturated polyester	不飽和ポリエステル	248
urea formaldehyde resin	ユリア樹脂	247

[V]

vacancy	空格子点	35
Van der Waals bond	ファンデルワールス結合	25
vibration-proof material	制振材料	310
Vickers hardness	ビッカース硬さ：HV	116
visco-elasticity	粘弾性挙動	240
vulcanization	加硫	237

[W]

water toughening	水じん処理	181
weakest link theory	最弱リンク理論	270
wear	摩耗	139
Weibull distribution	ワイブル分布	269
welding	溶接	14
whisker, cat whisker	ウィスカ, ホイスカー, ひげ結晶	103
white (cast) iron	白鋳鉄	182
white metal	ホワイトメタル	222
work hardening	加工硬化	80

【Y】

yield	降伏(する)	79, 80
yield	歩留(収率)	11
yield point (strength)	降伏点(強さ)	79, 109
yielding	降伏	80

Young's modulus	弾性率, ヤング率	79
yttria	イットリア, Y_2O_3	273

【Z】

zinc blende structure	閃亜鉛構造	256
zirconia	ジルコニア, ZrO_2	273

―――著者略歴―――

野口 徹 （のぐち とおる）
1968年3月 北海道大学大学院工学研究科機械工学第二専攻 修士課程修了
1968年4月 北海道大学工学部講師
1970年10月 同 助教授
1984年10月～1985年6月 米国オハイオ州ケースウエスタンリザーブ大学客員助教授
1989年4月 北海道大学工学部教授
1997年4月 北海道大学大学院工学研究科教授
工学博士（北海道大学）

中村 孝 （なかむら たかし）
1986年3月 東京工業大学大学院 理工学研究科生産機械工学専攻 修士課程修了
1986年4月 日本ムーグ（株）入社
1991年1月 東京工業大学工学部助手
1995年5月 北海道大学工学部助教授
1997年4月 北海道大学大学院工学研究科助教授
博士（工学）（東京工業大学）

機械材料工学　　　　　　　　　　　　　　　Printed in Japan

平成13年8月10日　　初版 令和5年3月1日　　改訂版第14刷	著　者　　野　口　　徹 　　　　　　中　村　　孝 発行者　　笠　原　羊　子

発行所　工学図書株式会社

東京都文京区本駒込1-25-32
電話　03（3946）8591番
FAX　03（3946）8593番
http://www.kougakutosho.co.jp
印刷所　　恵友印刷株式会社

Ⓒ　野口　徹・中村　孝　　2001
ISBN 978-4-7692-0419-0 C3053

☆定価はカバーに表示してあります。

技術者のための
破損解析の手引き

野口 徹 著

　我々の周りの機械・構造物には、日常的にさまざまな種類の破損破壊が生じる。本書ではとくに「ありふれた破壊の的確な判断」を主眼として、破面と破壊の様相から破壊の種類を判定し、破損経過を推論して破損に至った原因を特定するための手法を解説。また、著者が扱った多くの事故についての調査事例を紹介。巻末には、著者の40年以上にわたる経験から得た調査上の留意点を、実例に基づくノウハウ集としてまとめ、読者の便宜をはかった。企業の技術者、試験研究機関の破損解析担当者のための有用な手引き書。

目 次

まえがき——本書の意図

I編　破損解析の基礎
　1 破損解析の方法
　2 破損解析の種類・分類とその概要
　3 破損解析におけるフラクトグラフィー
　4 破損解析の進め方

II編　破損事例集
　5 延性（過荷重）破壊の事例
　6 ぜい性破壊の事例
　7 疲労破壊の事例
　8 環境ぜい化による破壊の事例
　9 座屈による破壊の事例
　10 摩耗・腐食による破壊とFRP破損の事例

破損解析ノウハウ集
　1 現場調査．試料・資料の収集
　2 巨視および微視フラクトグラフィー
　3 調査手順
　4 応力の算定．力学的検討
　5 材料の調査（強度試験．分析など）
　6 破損の要因

A5判・226頁

定価：本体4,000円＋税
ISBN 978-4-7692-0498-5